U0184865

东海自由生活海洋线虫分类研究

黄 勇 郭玉清 瞿红秀 著

科学出版社

北京

内 容 简 介

　　自由生活海洋线虫是海洋小型底栖生物中数量具有显著优势和物种多样性较高的生物类群，在软底质沉积物中每平方米通常有数百万条线虫。它们占据不同的营养级，在底栖生态系统的能量流动和物质循环中发挥重要作用，其丰度和生物多样性的变化对底栖环境的动态监测具有重要意义。它们是底栖生态系统中污染扰动的指示生物，已被应用于生物监测研究。本书共描述了东海自由生活海洋线虫292种，隶属于2纲7目34科142属，其中描述新种19个。

　　目前国内有关自由生活海洋线虫研究的著作较少，本书可为从事小型底栖生物特别是自由生活海洋线虫研究、海洋生物多样性研究与保护工作的学者和专家提供基础资料及科学参考。

图书在版编目（CIP）数据

东海自由生活海洋线虫分类研究/黄勇，郭玉清，翟红秀著. —北京：科学出版社，2022.6
　ISBN 978-7-03-072564-6

　Ⅰ．①东… Ⅱ．①黄… ②郭… ③翟… Ⅲ．①东海–海洋生物–线虫动物–研究　Ⅳ.①Q959.17

中国版本图书馆 CIP 数据核字（2022）第 101063 号

责任编辑：李　迪　郝晨扬 / 责任校对：宁辉彩
责任印制：吴兆东 / 封面设计：无极书装

科 学 出 版 社 出版
北京东黄城根北街 16 号
邮政编码：100717
http://www.sciencep.com
北京建宏印刷有限公司 印刷
科学出版社发行　　各地新华书店经销

*

2022 年 6 月第　一　版　　开本：787×1092 1/16
2022 年 6 月第一次印刷　　印张：23 1/2
字数：557 000
定价：**298.00 元**
（如有印装质量问题，我社负责调换）

前　言

自由生活海洋线虫是海洋沉积环境中物种多样性较高、数量具有显著优势、分布非常广泛的小型底栖无脊椎动物类群。在大多数生境中,它们是底栖环境中数量最多的动物类群,例如,在河口和有机质较丰富的软底质沉积环境中其丰度占后生动物的95%以上,每平方米的软底质沉积物中通常含有数百万条线虫。它们在底栖生态系统中起着连接微型和大型底栖生物的作用,是许多经济鱼、虾和贝类幼体阶段的优质饵料。自由生活海洋线虫在底栖食物网中可以占据不同的营养级,在底栖生态系统的能量流动和物质循环中发挥着重要作用,其丰度和生物多样性的变化对底栖环境的动态监测具有重要意义。它们是底栖生态系统中污染扰动的指示生物,已被应用于生物监测研究。自由生活海洋线虫耐污染、耐低氧、耐高压、适应性强,它们以其特有的生理生态和生殖对策适应着极端环境,是国际底栖生态学家的重点研究对象之一,也是当今世界深海极端环境生命过程研究的热点类群。因此,自由生活海洋线虫具有较高的理论研究价值和良好的应用前景。

我国自由生活海洋线虫的研究起步较晚,中国海洋大学张志南教授于1983年对青岛湾有机质污染带海洋线虫3个新种的描述发表,开启了我国海洋线虫分类学的研究。此后,陆续有一批学者投入该领域的研究中,先后对渤海、黄海、东海及南海的自由生活海洋线虫进行了分类和多样性研究,取得了一些突破性研究成果。总体而言,目前我国关于自由生活海洋线虫的研究还非常薄弱,人才缺、成果少,至今我国自由生活海洋线虫的基本数据和多样性信息仍然缺乏,一定程度上影响了我国海洋生物资源研究利用,阻碍了自由生活海洋线虫生理、生化、分子、遗传等方面生物学研究的深入开展。作为海洋大国,我国应高度重视生物多样性的基础研究,进一步加强对自由生活海洋线虫的研究,并为建设海洋强国贡献力量。

研究估计世界上的自由生活海洋线虫超过2万种,目前报道的种类只有9850余种。我国海域已鉴定近500种,而据估计我国海域自由生活海洋线虫种类超过1000种。因此,我国自由生活海洋线虫的分类和多样性研究任重道远。

本书的出版可在一定程度上解决我国自由生活海洋线虫研究资料缺乏的问题,为我国海洋底栖生态学、海洋生物学的研究提供相关资料和方法,有助于推动我国自由生活海洋线虫的深入研究并为我国海洋线虫多样性编目、海洋生物资源的可持续利用及海洋环境监测的开展提供依据和参考。

本书相关研究工作得到国家自然科学基金项目(编号:41176107、41676146)资助。感谢"科学三号"海洋科学考察船和"东方红2号"海洋综合调查船的全体工作人员在样品采集方面提供的帮助，感谢史本泽博士、余婷婷博士、王春明博士、黄冕博士提供的研究成果和文献资料。本书参考并引用了英国自然历史博物馆霍华德·M. 普拉特（Howard M. Platt）博士、英国普利茅斯海洋研究所理查德·M. 沃里克（Richard M. Warwick）博士、瑞典自然历史博物馆奥勒科山德·霍洛瓦尚伍（Oleksandr Holovachov）博士、新西兰国家水资源和大气研究所丹尼尔·勒迪克（Daniel Leduc）博士等国外线虫分类专家的研究成果，在此一并致谢。

由于水平所限，书中不足之处在所难免，敬请各位同仁、专家批评指正！

作　者

2021 年 10 月

目　　录

第1章 绪 论

1.1 自由生活海洋线虫的研究意义

线虫为不分节，无附肢，有假体腔，具有完全消化道、神经系统和排泄系统的蠕虫状无脊椎动物，属于动物界线虫动物门 Nematoda。按照生态类型，线虫可以分为寄生生活和自由生活两大类。寄生生活线虫可以寄生在各种动植物体内，引起动植物病害，给人类造成危害。自由生活线虫可以生活在土壤、淡水和海洋沉积物中，以细菌、真菌及有机碎屑为食。其中，自由生活海洋线虫是海洋中最丰富的后生动物类群，是小型底栖生物中的优势类群，在海洋的任何底质中几乎都能发现它们的踪迹，从滨海带的高潮线一直到深海大洋的最深海沟处，从寒冷的两极直到深海脊上的高温热泉生物群落都有它们的分布。在大多数生境，自由生活海洋线虫都是数量最多的类群，占后生动物数量的 70%~90%，在某些生境中可达 90%以上。通常每平方米的海洋软底质沉积物中含有数百万条的线虫，它们的食物来源包括底栖硅藻、细菌、真菌及有机碎屑，有些种类也捕食其他小型后生动物（包括线虫）。因此，线虫可以占据不同的营养级，促进营养物质的再循环，补充新生产力对氮的需求，同时，刺激微生物的生长，加速有机质的降解，在海洋底栖生态系统的能量流动和物质循环中发挥着重要的作用。

自由生活海洋线虫较短的生活周期、较高的繁殖力和生产力、相对较广的盐度和温度、对低氧的耐受力、较高的耐污力、较低的自然死亡率、较低的呼吸损失率，以及终生底栖、种群分布与底栖环境关系密切，使其作为一种潜在的水生生态系统中人类扰动的指示生物，已经引起人们的广泛关注。尽管小型底栖动物和大型底栖动物具有一些共同的生态特性，但是小型底栖动物的许多过程发生在更小的空间尺度上和更短的时间尺度内，对环境的变化更为敏感。因此，自由生活海洋线虫作为小型底栖动物的一个重要类群，其多样性指数和群落分布格局的变化可以作为环境监测的有效工具。然而所有这些研究得以深入开展的基础是海洋线虫的分类学研究。物种是生物多样性的度量，是物种多样性最直观的体现，是基因多样性的载体和生态系统多样性的基础。因此，加强海洋线虫分类学研究是当前生物多样性研究的重要基础性工作。

1.2 自由生活海洋线虫的研究现状

线虫动物门全世界有 20 000 余种，目前报道的自由生活海洋线虫有 9850 余种（Hodda，2022），我国海域已鉴定近 500 种。据估计我国海域自由生活线虫种类超过 1000 种（张志南和周红，2003），总体来说，我国自由生活海洋线虫分类学研究还处在初期阶段，需进一步加强。

我国自由生活海洋线虫的生态学研究始于 20 世纪 80 年代,以黄河口、长江口及其邻近水域的沉积动力学调查为主。1983 年中国海洋大学张志南教授对青岛湾有机质污染带海洋线虫 3 个新种的描述发表,开启了我国海洋线虫分类学的研究,此后,陆续有一批学者投入该领域的研究中,加强了我国海域小型底栖生物生态学和自由生活海洋线虫的分类学研究,取得了一些突破性研究成果。近年来,国家自然科学基金委员会先后支持资助了"黄海自由生活海洋线虫的分类研究"、"东海自由生活线虫的分类与多样性研究"、"南海北部自由生活线虫的分类与多样性研究"、"中国红树林湿地海洋线虫分类学研究"、"红树林湿地底栖生物多样性和环境影响机制研究"等基金项目。至今,在我国海域共鉴定自由生活线虫近 500 种,包括已发表的 7 个新属 158 个新种(黄勇和张志南,2019;Sun et al.,2021;Zhai and Huang,2021),其中,渤海 57 种(Sun and Huang,2021),黄海 260 种,东海 300 余种(Zhai et al.,2020),南海 383 种(黄冕和徐奎栋,2021),初步建立了我国黄海、东海和南海自由生活线虫种名录。

1.3 东海概况

东海位于中国岸线中部的东方,北纬 21°54′~33°17′,东经 117°5′~131°3′,纵跨温带和亚热带,是西太平洋的一个边缘海。东海的总面积为 $7.7×10^5km^2$,平均水深为 349m,最深可达 2719m。东海北界以长江口北岸的启东角至韩国济州岛西南角的连线与黄海分界。东北部经朝鲜海峡、对马海峡与日本海相通。东海东面以九州岛、琉球群岛和台湾岛连线为界,与太平洋相邻接。东海南界以广东南澳岛与台湾岛南端的鹅銮鼻连线与南海分界。东海大陆架十分宽阔,总体北宽南窄,从大陆向海平缓倾斜,为世界上最广阔的大陆架之一,面积可占东海的 2/3。东海西有广阔的大陆架,东有深海槽,兼有浅海和深海的特征,但以浅海特征比较显著(冯士筰等,1999)。

东海是我国入海河流最多的海区,长江对东海的影响极其重要,此外,还有钱塘江和闽江等,大量河流的汇入为东海带来了丰富的沉积物。表面沉积自西向东形成与海岸线平行的 3 个带:近岸细粒沉积物带,中间粗粒沉积物带和外海粗粒沉积物带。长江口邻近陆架区域中值粒径表现为东粗西细、北粗南细的分布格局(杨云平等,2014)。东海西南陆架表层沉积物由岸向海粒度变粗,而且细粒与粗粒沉积物之间存在明显的界限。海洋表层沉积物中重金属含量的空间分布主要受到物质来源以及水动力条件的控制(许昆灿等,1982)。东海北部海域沉积物 Cu、Cd、Pb、Cr、Zn、Hg 6 种重金属元素的空间分布有近岸高、远岸低的特点。东经 123°以东海域重金属含量明显降低。沉积物重金属的这种空间分布格局也受到沉积物粒度和有机碳含量的重要影响,重金属的高值区与有机碳含量的高值区以及细颗粒沉积物区相对应,低值区与粗颗粒沉积物区相对应(杨显辉和金爱民,2019)。

东海的西岸是中国福建、浙江和台湾沿岸,岸线曲折,港口和海湾众多,其中最大的海湾是杭州湾。海岸类型北部多为侵蚀海岸,也有港湾淤泥质海岸,南部出现红树林海岸。潮汐类型主要为正规半日潮,舟山群岛附近为不正规半日潮。

主要参考文献

冯士筰, 李凤岐, 李少菁. 1999. 海洋科学导论. 北京: 高等教育出版社.

黄冕, 徐奎栋. 2021. 南海自由生活线虫分类及单宫目线虫系统发育研究. 青岛: 中国科学院海洋研究所博士研究生学位论文.

黄勇, 张志南. 2019. 中国自由生活海洋线虫新种研究. 北京: 科学出版社.

许昆灿, 黄水龙, 吴丽卿. 1982. 长江口沉积物中重金属的含量分布及其与环境因素的关系. 海洋学报, 4(4): 440-449.

杨显辉, 金爱民. 2019. 东海北部表层沉积物重金属地球化学研究. 科技通报, 35(6): 32-40, 46.

杨云平, 李义天, 樊咏阳. 2014. 长江口前缘沙洲演变与流域泥沙要素关系. 长江流域资源与环境, 23(5): 652-658.

张志南, 周红. 2003. 自由生活海洋线虫的系统分类学. 青岛海洋大学学报, 33(6): 891-900.

Hodda M. 2022. Phylum Nematoda: a classification, catalogue and index of valid genera, with a census of valid species. Zootaxa, 5114(1), 1-289.

Sun J, Huang M, Huang Y. 2021. Four new species of free-living marine nematode from the sea areas of China. Journal of Oceanology and Limnology, 39(4): 1547-1558.

Sun Y, Huang Y. 2021. *Paragnomoxyala papillifera* sp. nov. (Nematoda: Monhysterida) from the Bohai Sea, China. Journal of Oceanology and Limnology, 39(3): 1085-1090.

Yang X H, Jin A M. 2019. Heavy metal geochemistry of surface sediments in the Northern East China Sea. Bulletin of Science and Technology, 35(6): 32-40, 46.

Zhai H X, Huang Y. 2021. Description of new species of *Acantholaimus* Allgén, 1933 (Nematoda) from Jiaozhou Bay of China. Cahiers de Biologie Marine, 62(1): 59-64.

Zhai H X, Sun J, Huang Y. 2020. Two new *Rhabdocoma* species (Trefusiidae, Enoplida, Nematoda) from the East China Sea. Cahiers de Biologie Marine, 61(2): 229-238.

第2章　自由生活海洋线虫的形态结构

2.1　形　态　大　小

自由生活海洋线虫是生活在海洋底栖沉积物中的一种小型无脊椎动物，通常身体较小，不分节，雌雄异体，呈长梭形。身体双层套管状，外管为体壁，由角皮、皮层和纵向肌肉层组成；内管为消化系统，由口腔、咽、肠和肛门组成。两层管壁之间为一个充满液体的腔体，称为假体腔，其中包含许多细胞和其他器官，如腹腺细胞、精巢、卵巢等（Platt and Warwick，1988；Decraemer et al.，2014）。

自由生活海洋线虫通常体长约 1mm，而一些较大的种类，如一些附植线虫，体长可达数毫米。迄今为止，有记录的最小种类是 *Hapalomus minutes*（Steiner，1916）Lorenzen，1969 的雌体，体长只有 82μm，而最大种类是 *Cylicolaimus magnus*（Villot，1875）de Man，1889，体长可达 34mm。

已知的大多数自由生活海洋线虫身体为细长的梭状，两端尖细。艾普西隆线虫科 Epsilonematidae 和龙线虫科 Draconematidae 的体形分别为"ε"形和"s"形，咽部和身体中部膨大。项链线虫属 *Desmoscolex* 身体角皮具有明显的环带（图 2.1）。身体有背腹之分，两侧对称，横截面近乎圆形。腹侧具有排泄孔、雄体泄殖腔或雌体雌孔和肛门（Decraemer et al.，2014）。

2.2　体　壁　特　征

线虫的体壁由角皮、皮层和纵向肌肉层组成。表皮光滑或具有横向环纹。在许多物种中有不规则排列或成行排列的点（斑点），这些点可能只局限分布于表皮的侧面，称为侧装饰。在某些物种中，表皮具有气孔和翼状结构。

2.3　感　觉　器　官

线虫有大量的感觉结构，统称为感器（sensillum）或感觉器官，其形态可能不同。长的毛发状感器称为刚毛（seta），短的乳头状感器称为乳突（papilla）。身体表面的感器呈纵向排列或随机分布。尾部的感器可能比身体其他部分的感器长而粗壮，称为尾刚毛。尾部顶端的特殊感器称为尾端刚毛。头与咽中部之间的区域常称为颈，此处的刚毛称为颈刚毛。

前感器由两圈唇部感器、一圈头感器和一对侧面的化感器组成。头感器的排列具有固定的模式。第一圈为 6 个内唇感器（正侧位 2 个，亚侧位 4 个）环绕在口的周围，通常呈乳突状或很短的刚毛状。第二圈为 6 个外唇感器，通常呈刚毛状。第三圈为 4 个（亚腹侧 2 个，亚背侧 2 个）感器，通常为刚毛状，因此称为头刚毛。这种前感器的排列为 6+6+4 的典型模式（图 2.2B）。有的种类第二圈和第三圈的感器位于同一水平（同一圈）上，这种排列称为 6+10 模式（图 2.2C）。有的种类外唇感器呈乳突状，因此只有 4 根头刚毛（图 2.2D）。在某些种类中，可能有额外的头部刚毛位于头刚毛附近位置，称为亚头刚毛。一些线虫在咽前部有成对的色素点或眼点，位于侧面或亚背侧。

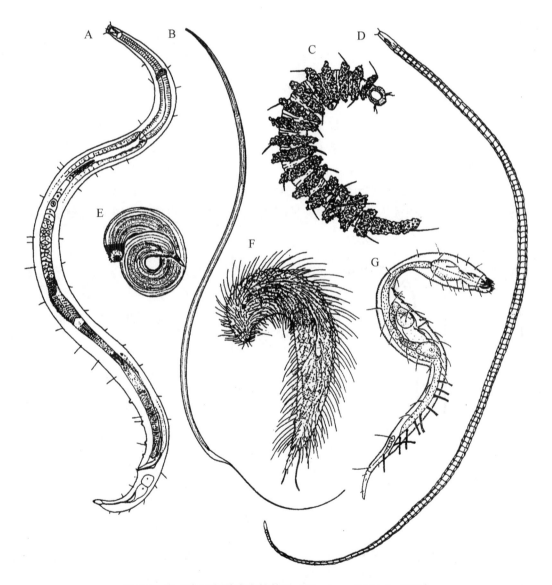

图 2.1　自由生活海洋线虫的外形（Higgins and Thiel，1988）

A. 体棘线虫 *Echinotheristus* sp.；B. 吸咽线虫 *Halalaimus* sp.；C. 项链线虫 *Desmoscolex* sp.；D. 环饰线虫 *Pselionema* sp.；E. 里克特线虫 *Richtersia* sp.；F. 多毛线虫 *Greeffiella* sp.；G. 龙跷线虫 *Dracograllus* sp.

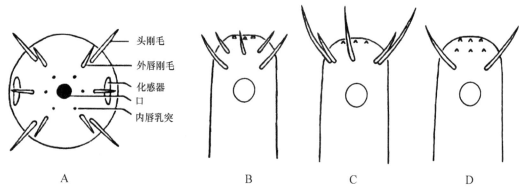

图 2.2　头感器（Warwick et al., 1998）

A. 头部顶面观；B. 头部侧面观，示感器 6+6+4 排列模式；C. 头部侧面观，
示感器 6+10 排列模式；D. 头部侧面观，示感器 6+6+4 排列模式

　　化感器是线虫的主要感器，位于头部两侧。化感器由表皮凹陷、神经和树突组成。树突由化感器腺形成。在嘴刺亚纲 Enoplia 和矛线亚纲 Dorylaimia 中，角皮凹陷通常形成袋状（图 2.3A），其中外部开口横向缝状，内陷袋内充满胶状物质（凝胶体）。色矛亚纲 Chromadoria 的角皮凹陷为圆形（图 2.3B）、单螺旋或多螺旋（图 2.3C）、横向卵圆形（图 2.3D）、纵向长环状（弯曲状）等（图 2.3E）。角皮凹陷也可能表现出二态性，在雄体中更大、更复杂。

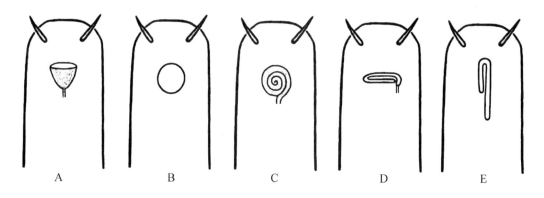

图 2.3　化感器

A. 袋状；B. 圆形；C. 螺旋状；D. 横向卵圆形；E. 纵向长环状（弯曲状）

2.4　神经系统

　　神经系统由神经环、唇乳突神经索、腹侧神经索和背侧神经索组成。神经环在咽的中部，或者在咽的中前部、中后部环绕着咽。6 个唇乳突神经索从神经环向前延伸。一个大的腹侧神经索、一个小的背侧神经索和两对侧神经索从神经环向后延伸。腹侧神经索终止于肛前神经中枢。背侧神经索和侧神经索终止于尾部。

2.5　消　化　系　统

消化系统或消化道是线虫的内管，由口腔、咽、肠和肛门 4 个部分组成。口腔形态多样，有锥状、双锥状、柱状、漏斗状、长柱状、桶状、多个室等，表明线虫摄食方式的多样性。有些种不具有口腔或口腔很小（图 2.4A），有些种的口腔无齿（图 2.4B），但许多种类的口腔有固定的体壁突出物，称为齿（图 2.4C），或者有可活动的结构，称为颚（图 2.4D）。此外，有些种的口腔可能有成排的小齿或其他突出物，如柄状、刺状结构等。

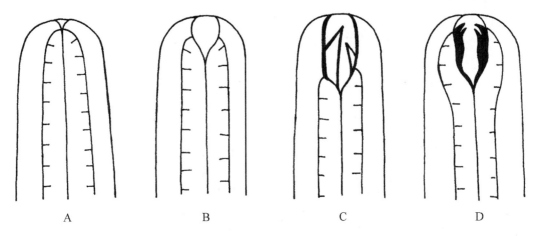

图 2.4　常见海洋线虫 4 种摄食类型口腔结构示意图（Warwick et al.，1998）
A. 1A 型；B. 1B 型；C. 2A 型；D. 2B 型

口腔后与咽相连，咽是消化道前端的肌肉组织，负责将食物吸入肠道。咽腔为明显的三辐射对称。咽呈圆柱状（图 2.5A），许多物种咽管的末端膨大成咽球。个别属、种有双咽球或多咽球（图 2.5B）。一般情况下，咽的基部有一个肌肉组织与肠相连，称为贲门，它是一个短的或伸长的锥状结构，通常具有一个单向孔，将食物输送到肠道。肠是一个单层细胞的直管。雌体的直肠连接肠道和肛门，雄体的直肠连接肠道和泄殖腔。肛门是直肠向外的开口，位于身体腹侧，雄体的直肠开口于泄殖腔，通过泄殖孔向外开口。

排泄系统由一个腺细胞（腹腺细胞）和一条排泄管组成，一般排泄管开口于咽的前部腹侧，称为排泄孔，有的种类排泄管顶端膨大成排泄囊，由排泄囊向外开口（图 2.5A）。

2.6　生　殖　系　统

自由生活海洋线虫为雌雄异体，有性生殖，卵生，极少数胎生。雄体生殖系统包括精巢、输精管、泄殖腔和交接刺等附属结构。精巢通常为 2 个（双精巢），同向平行或相对排列；有的只有一个精巢（单精巢），通常后精巢退化。精巢是由生殖细胞组成的上皮管。输精管末端分化为肌肉发达的射精管，开口于泄殖腔内。一般有一对角质化的交接刺和一个被称为引带的引导体，位于泄殖腔背面的一个囊里。有的种类肛门前具有不同形状和数量的交接辅器，如乳突状、刚毛状、管状或杯状等，有的种类无肛前辅器。

　　雌体生殖系统由卵巢、输卵管、子宫、阴道和雌孔组成。有的种类具有双子宫（双卵巢），有的种类具有单子宫（单卵巢）。卵巢直伸或反折（图 2.6A，图 2.6B），排列于肠道的左侧或右侧。子宫通过阴道开口于身体腹侧，开口称为雌孔，圆形或缝隙状，多有腺细胞围绕。双子宫线虫雌孔通常位于身体中部，而单子宫线虫则更靠近后部肛门；雌孔的位置多用雌孔至头端的距离与体长的百分比来表示。

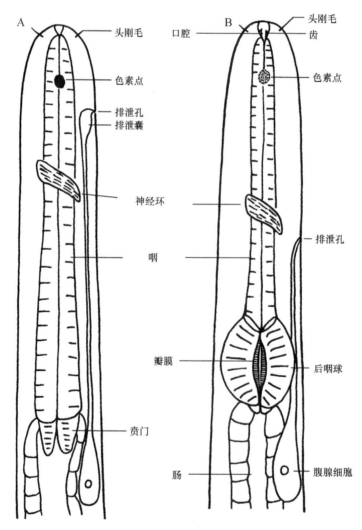

图 2.5　海洋线虫咽部特征（Warwick et al.，1998）

A. 圆柱状咽、排泄系统和眼点；B. 口腔、咽、发达的后咽球及色素点

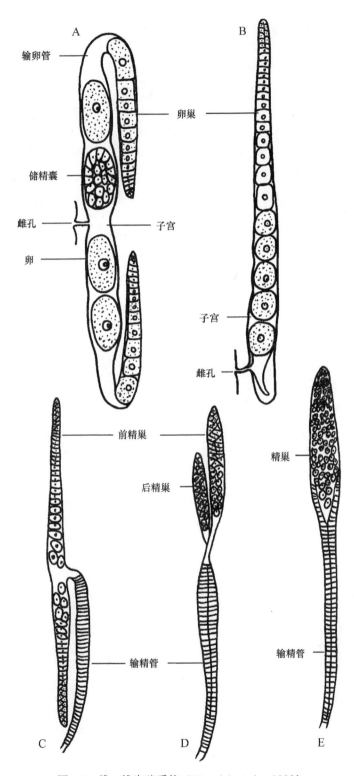

输卵管

卵巢

储精囊

雌孔

子宫

卵

子宫

雌孔

前精巢

后精巢

精巢

输精管

输精管

图 2.6　雌、雄生殖系统（Warwick et al.，1998）

A. 雌体具有 2 个相对排列、反折的卵巢；B. 雌体具有 1 个向前直伸的卵巢；C. 雄体具有 2 个相对排列的精巢；
D. 雄体具有 2 个同向排列的精巢；E. 雄体具有 1 个精巢

2.7 尾

尾是线虫肛门或泄殖孔之后的部分。尾在线虫的运动中起着重要作用，可以帮助其固定身体或作为交配期间的一个工具。线虫尾部的形状从短而宽的圆形到长丝状，但其基本形状通常为锥柱形（图 2.7）。尾的长短通常用尾长与肛径（或泄殖腔相应体径）的比值来表示。尾部通常具有 3 个尾腺细胞，有的种类 3 个尾腺细胞全部位于尾部，有的种类尾腺细胞可以向前延伸到肛门或泄殖腔之上。尾腺细胞可以分泌黏液，通过尾部终端的特殊结构——黏液管排出。有的种类尾部无尾腺细胞。有的种类有尾刚毛和尾端刚毛，有的种类无尾端刚毛。

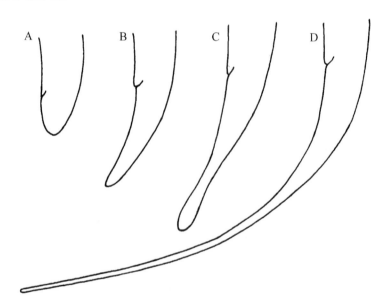

图 2.7 常见海洋线虫尾的形状示意图（Warwick et al.，1998）
A. 圆形；B. 圆锥形；C. 锥柱形（棒状）；D. 长丝状

主要参考文献

Decraemer W, Coomans A, Baldwin J G. 2014. Morphology of Nematoda // Schmidt-Rhaesa A. Handbook of Zoology. Berlin/Boston: Walter de Gruyter GmbH: 759.

Higgins R P, Thiel H. 1988. Introduction to the Study of Meiofauna. Washington, D. C.: Smithsonian Institution Press: 488.

Platt H M, Warwick R M. 1988. Free-living Marine Nematodes. Part Ⅱ: British Chromadorids. Leiden: E. J. Brill: 502.

Warwick R M, Platt H M, Somerfield P J. 1998. Free-living Marine Nematodes: Part Ⅲ. Monhysterids. Shrewsbury: Field Studies Council: 296.

第 3 章　材料与方法

3.1　样品采集与保存

2010–2019 年，研究人员在东海沿岸多个地点用直径 2.6cm 注射器改造的小型底栖生物取样管采集潮间带沉积物样本。每个采样点分别采集 3 个重复样品，采样深度为 8cm，按 0–2cm、2–5cm 和 5–8cm 分 3 层，分别装入样品瓶中，用 10%甲醛海水溶液固定保存。潮下带样品的采集通过搭载 2012 年、2013 年"科学三号"国家自然科学基金项目共享航次和中国科学院海洋研究所开放航次及 2015 年"东方红 2 号"东海科学调查共享航次进行，使用 $0.1m^2$ 改进型 Gray-O'Hara 箱式采泥器在调查站位采集一箱未受扰动的潮下带沉积物，再用直径 2.6cm 注射器改造的小型底栖生物取样管采集 3 个重复样品。

3.2　分选与制片

实验室分选：分选前在样品内加入少量 0.1%玫瑰红染液染色 24h，然后将样品倒入 500μm 和 31μm 两层套叠的网筛中，利用过滤的自来水冲洗，去除大型底栖动物、微型底栖动物以及样品中的泥沙。用适量的相对密度为 1.15 的胶态氧化硅 Ludox-TM 悬浮液 [美国西格玛奥德里齐（Sigma Aldrich）公司] 将 31μm 网筛截留的样品转移至离心管中，搅拌均匀，1800r/min 离心 10min，收集悬浮液（Jonge and Bouwman，1977）。重复上述离心步骤 2 或 3 次，将收集的悬浮液通过 31μm 网筛去除 Ludox-TM 悬浮液，用自来水冲洗截留的样品，去除残余的悬浮液，用蒸馏水把样品转移至培养皿中，在解剖镜下对小型底栖动物类群进行分选并计数。最后把线虫转移至盛有透明液（甘油、乙醇、水按照 5%：5%：90%比例配制）的胚胎培养皿中，放入干燥箱中透明约两周，待乙醇和水挥发，甘油渗入身体，使线虫身体透明，便于观察。

制片：制片时，先将载玻片（厚度 1–1.2mm）和盖玻片（厚度 0.13–0.17mm）用 0.1%盐酸浸泡 24h，用蒸馏水冲洗后，浸泡于 95%乙醇中，随时取出擦干备用。在备好的载玻片中央滴上一滴甘油，挑选直径大小一致的线虫 10–20 条，转移至甘油中并让其沉入甘油底层载玻片上。选取直径与身体直径大致相同的石英砂 3 粒，均匀放于甘油滴的边缘，然后加盖盖玻片，周边用加拿大树胶密封，贴好标签后置于干燥箱中干燥，待树胶彻底干燥后即可观察。

3.3　测量与绘图

观察和测量在微分干涉显微镜（Leica DM 2500 和 Olympus BX53）下进行，所有测量均使用显微镜所配备的软件 Leica LAS X version 3.3.3 和 cellSens Standard 1.12 进

行，所有弯曲结构均沿弯曲中线进行测量。利用相机拍照，使用绘图臂辅助绘图。凭证标本保存于聊城大学生命科学学院小型底栖生物研究室中。

3.4　鉴定与描述

利用专业术语分别对线虫雌、雄体的形态学和解剖学特征进行描述，主要包括形状、大小、角皮结构、头感器、化感器、口腔、咽、贲门、分泌-排泄系统、生殖系统、尾区和生境等，概括出特有特征或与近似种的区别特征。

术语缩写：a 表示体长与最大体宽之比；a.b.d.表示肛门或泄殖腔相应体径；b 表示体长与咽长之比；c 表示体长与尾长之比；c.b.d.表示相应体径；c' 表示尾长与肛门或泄殖孔相应体径之比；h.d.表示头刚毛着生处的头径。

主要参考文献

Jonge V N, Bouwman L A. 1977. A simple density separation technique for quantitative isolation of meiobenthos using the colloidal silica Ludox-TM. Marine Biology, 42(2): 143-148.

McIntyre A D, Warwick R M. 1984. Meiofauna techniques // Holme N A, McIntyre A D. Methods for the Study of Marine Benthos. Oxford: Blackwell Scientific Publications: 217-244.

第4章 自由生活海洋线虫分类系统

4.1 分类依据和分类系统

目前海洋线虫的鉴定主要依靠成体的形态学特征、德曼比值（a、b、c）等指标，因此必须具备雄体和雌体标本，特别是雄体标本尤其重要。通常所依据的分类性状主要有以下 13 类：①生境；②角皮结构；③体刚毛；④头区结构，包括形状，头鞘，头刚毛的数目、长度和位置；⑤化感器形状和位置；⑥口腔，包括一般结构和口腔齿的有无、排列和结构；⑦咽区，包括一般结构、辐射管和咽腺；⑧腹腺位置和腹孔；⑨贲门形状；⑩雌体生殖系统，包括卵巢数目、直伸或反转、雌孔位置、德曼系统、卵巢相对于肠的位置；⑪雄体生殖系统，包括精巢数目、交接器、副交接器、辅助器官、精巢相对于肠的位置；⑫尾区，包括一般外形、尾腺和尾腺端孔；⑬体感器。

利用 Warwick 等（1998）绘制的分属图示检索表，参考 Bezerra 等（2020）建立的国际线虫数据库（2021）、Schmidt-Rhaesa（2014）等国内外线虫分类学家的大量文献资料，按照 De Ley 和 Blaxter（2004）建立的分类系统对自由生活海洋线虫进行鉴定分类。

线虫动物门包括色矛纲 Chromadorea 和嘴刺纲 Enoplea 两个纲（De Ley and Blaxter，2004），其下分为色矛亚纲 Chromadoria、嘴刺亚纲 Enoplia 和矛线亚纲 Dorylaimia 3 个亚纲。其中，自由生活海洋线虫隶属于 3 亚纲 10 目 88 科 665 属。

自由生活海洋线虫的分类系统如图 4.1 所示。

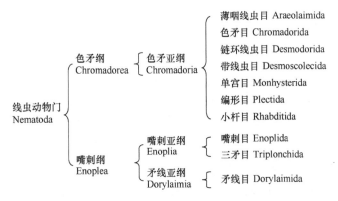

图 4.1 自由生活海洋线虫分类系统（De Ley and Blaxter，2004）

4.2 自由生活海洋线虫分目检索表

2. 口腔内具有一大的轴状齿针，化感器杯状，尾部不具有尾感器 ····················· 矛线目
2. 口腔不具有轴状齿针，化感器孔状，尾部具有尾感器 ··························· 小杆目
3. 角皮光滑或有浅环纹，化感器袋状、缝隙状或单螺旋状 ······························· 4
3. 角皮具有环纹、斑点或其他装饰，化感器圆形、螺旋形或长环形 ······················· 5
4. 6 个唇瓣常融合成 3 个，多具有头鞘、头感器、口腔颚，雌体常具有德曼系统 ········ 嘴刺目
4. 6 个唇瓣不融合，不具有头鞘、头感器、口腔颚等，杯状或柱状口腔内常具有 3 个齿状物···· 三矛目
5. 角皮具有浅环纹或斑点，化感器圆形、多圈螺旋形或长环形，雌体具有 2 个或 1 个直伸的卵巢 ····6
5. 角皮具有明显的环纹或粗点，多具有装饰物，化感器螺旋形或椭圆形，雌体具有 2 个或 1 个弯折的卵巢 ···7
6. 角皮具有浅环纹，化感器圆形 ·· 单宫目
6. 角皮具有环状斑点或侧装饰，化感器螺旋形或长环状 ····················· 薄咽线虫目
7. 角皮具有环状排列的斑点或纵棱，常具有侧装饰，前口腔具有 12 个皱褶 ··········· 色矛目
7. 角皮具有宽环纹或环带，常无侧装饰 ··· 8
8. 身体黄色或棕色，化感器螺旋形，前口腔具有 12 个皱褶 ····················· 链环线虫目
8. 身体无色，化感器圆形、椭圆形或单螺旋形，前口腔无皱褶 ·························· 9
9. 体表环带状，咽常呈圆柱状，化感器泡状、圆形或椭圆形 ····················· 带线虫目
9. 体表环纹状，咽常分化，不呈圆柱状，化感器单螺旋形，雄体常有管状或穴状肛前辅器 ····· 编形目

4.3 东海自由生活线虫种名录

线虫动物门 Nematoda Cobb，1932
　色矛纲 Chromadorea Inglis，1983
　色矛亚纲 Chromadoria Pearse，1942
　　薄咽线虫目 Araeolaimida De Coninck & Stekhoven，1933
　　　轴线虫科 Axonolaimidae Filipjev，1918
　　　　囊咽线虫属 *Ascolaimus* Ditlevsen，1919
　　　　　长囊咽线虫 *Ascolaimus elongatus*（Bütschli，1874）
　　　　轴线虫属 *Axonolaimus* de Man，1889
　　　　　毛尾轴线虫 *Axonolaimus seticaudatus* Platnova，1971
　　　　拟齿线虫属 *Parodontophora* Timm，1963
　　　　　等长拟齿线虫 *Parodontophora aequiramus* Li & Guo，2016
　　　　　三角洲拟齿线虫 *Parodontophora deltensis* Zhang，2005
　　　　　火山岛拟齿线虫 *Parodontophora huoshanensis* Li & Guo，2016
　　　　　乱毛拟齿线虫 *Parodontophora irregularis* Li & Guo，2016
　　　　　长化感器拟齿线虫 *Parodontophora longiamphidata* Wang & Huang，2016
　　　　　海洋拟齿线虫 *Parodontophora marina* Zhang，1991
　　　　　短毛拟齿线虫 *Parodontophora microseta* Li & Guo，2016
　　　　　似短毛拟齿线虫 *Parodontophora paramicroseta* Li & Guo，2016
　　　　　五垒岛湾拟齿线虫 *Parodontophora wuleidaowanensis* Zhang，2005
　　　　假拟齿线虫属 *Pseudolella* Cobb，1920
　　　　　东海假拟齿线虫 *Pseudolella donghaiensis* Wang & Huang，2016
　　　联体线虫科 Comesomatidae Filipjev，1918
　　　　拟联体线虫属 *Paracomesoma* Stekhoven，1950
　　　　　异毛拟联体线虫 *Paracomesoma heterosetosum* Zhang，1991

　　张氏拟联体线虫 *Paracomesoma zhangi* Huang & Huang，2018

　　厦门拟联体线虫 *Paracomesoma xiamenense* Zou，2001

矛咽线虫属 *Dorylaimopsis* Ditlevsen，1918

　　异突矛咽线虫 *Dorylaimopsis heteroapophysis* Huang，Sun & Huang，2018

　　乳突矛咽线虫 *Dorylaimopsis papilla* Guo et al.，2018

　　拉氏矛咽线虫 *Dorylaimopsis rabalaisi* Zhang，1992

　　特氏矛咽线虫 *Dorylaimopsis turneri* Zhang，1992

　　Dorylaimopsis sp.

霍帕线虫属 *Hopperia* Vitiello，1969

　　六齿霍帕线虫 *Hopperia hexadentata* Hope & Zhang，1995

　　中华霍帕线虫 *Hopperia sinensis* Guo，Chang & Chen，2015

　　大化感器霍帕线虫 *Hopperia macramphida* Sun & Huang，2018

后联体线虫属 *Metacomesoma* Wieser，1954

　　大化感器后联体线虫 *Metacomesoma macramphida* Huang & Huang，2018

管腔线虫属 *Vasostoma* Wieser，1954

　　短刺管腔线虫 *Vasostoma brevispicula* Huang & Wu，2011

　　长刺管腔线虫 *Vasostoma longispicula* Huang & Wu，2010

　　长尾管腔线虫 *Vasostoma longicaudata* Huang & Wu，2011

　　螺旋管腔线虫 *Vasostoma spiratum* Wieser，1954

长颈线虫属 *Cervonema* Wieser，1954

　　东海长颈线虫 *Cervonema donghaiensis* Hong，Tchesunov & Lee，2016

　　长刺长颈线虫 *Cervonema longispicula* Huang，Sun & Huang，2018

　　细尾长颈线虫 *Cervonema tenuicauda* Stekhoven，1950

雷曼线虫属 *Laimella* Cobb，1920

　　安氏雷曼线虫 *Laimella annae* Chen & Vincx，2000

　　菲氏雷曼线虫 *Laimella filipjevi* Jensen，1979

　　长尾雷曼线虫 *Laimella longicaudata* Cobb，1920

小咽线虫属 *Minolaimus* Vitiello，1970

　　近端小咽线虫 *Minolaimus apicalis* Sun，Huang & Huang，2021

　　多辅器小咽线虫 *Minolaimus multisupplementatus* Sun，Huang & Huang，2021

萨巴线虫属 *Sabatieria* Rouville，1903

　　阿拉塔萨巴线虫 *Sabatieria alata* Warwick，1973

　　塞尔特萨巴线虫 *Sabatieria celtica* Southern，1914

　　锥毛萨巴线虫 *Sabatieria conicoseta* Guo et al.，2018

　　小萨巴线虫 *Sabatieria minuta* sp. nov.

　　奇异萨巴线虫 *Sabatieria paradoxa* Wieser & Hopper，1967

　　皮思娜萨巴线虫 *Sabatieria pisinna* Vitiello，1970

　　普雷萨巴线虫 *Sabatieria praedatrix* de Man，1907

　　美丽萨巴线虫 *Sabatieria pulchra* Schnerider，1906

　　斑点萨巴线虫 *Sabatieria punctata* Kreis，1924

　　尖头萨巴线虫 *Sabatieria stenocephalus* Huang & Zhang，2006

毛萨巴线虫属 *Setosabatieria* Platt，1985

　　库氏毛萨巴线虫 *Setosabatieria coomansi* Huang & Zhang，2006

　　长突毛萨巴线虫 *Setosabatieria longiapophysis* Guo，Huang，Chen，Wang & Lin，2015

双盾线虫科 Diplopeltidae Filipjev，1918

薄咽线虫属 *Araeolaimus* de Man，1888

华丽薄咽线虫 *Araeolaimus elegans* de Man，1888

弯咽线虫属 *Campylaimus* Cobb，1920

革兰氏弯咽线虫 *Campylaimus gerlachi* Timm，1961

东方弯咽线虫 *Campylaimus orientalis* Fadeeva，Mordukhovich & Zograf，2016

小弯咽线虫 *Campylaimus minutus* Fadeeva，Mordukhovich & Zograf，2016

新双盾线虫属 *Neodiplopeltula* Holovachov & Boström，2018

满新双盾线虫 *Neodiplopeltula onusta*（Wieser，1956）Holovachov & Boström，2018

拟薄咽线虫属 *Pararaeolaimus* Timm，1961

四腺拟薄咽线虫 *Pararaeolaimus tetradenus* Leduc，2017

色矛目 Chromadorida Chitwood，1933

色矛亚目 Chromadorina Filipjev，1929

色矛科 Chromadoridae Filipjev，1917

色矛线虫属 *Chromadora* Bastian，1865

异口色矛线虫 *Chromadora heterostomata* Kito，1978

小色矛线虫属 *Chromadorella* Filipjev，1918

二型乳突小色矛线虫 *Chromadorella duopapillata* Bastian，1865

近色矛线虫属 *Chromadorina* Filipjev，1918

德国近色矛线虫 *Chromadorina germanica* Wieser，1954

前色矛线虫属 *Prochromadora* Filipjev，1922

奥氏前色矛线虫 *Prochromadora orleji*（de Man）Filipjev，1922

拟前色矛线虫属 *Prochromadorella* Micoletzky，1924

细拟前色矛线虫 *Prochromadorella gracila* Huang & Wang，2011

光线虫属 *Actinonema* Cobb，1920

镰状光线虫 *Actinonema falciforme* Shi，Yu & Xu，2018

格氏光线虫 *Actinonema grafi* Jensen，1991

厚皮光线虫 *Actinonema pachydermatum* Cobb，1920

线条线虫属 *Graphonema* Cobb，1898

阿氏线条线虫 *Graphonema amokurae*（Ditlevsen，1921）Inglis，1969

席线虫属 *Rhips* Cobb，1920

长尾席线虫 *Rhips longicauda* sp. nov.

矩齿线虫属 *Steineridora* Inglis，1969

厚矩齿线虫 *Steineridora adriactica*（Daday，1901）

双色矛线虫属 *Dichromadora* Kreis，1929

亲近双色矛线虫 *Dichromadora affinis* Gagarin & Thanh，2011

圆化感器双色矛线虫 *Dichromadora amphidisoides* Kito，1981

大双色矛线虫 *Dichromadora major* Huang & Zhang，2010

多毛双色矛线虫 *Dichromadora multisetosa* Huang & Zhang，2010

弯齿咽线虫属 *Hypodontolaimus* de Man，1886

腹突弯齿咽线虫 *Hypodontolaimus ventrapophyses* Huang & Gao，2016

新色矛线虫属 *Neochromadora* Micoletzky，1924

双线新色矛线虫 *Neochromadora bilineata* Kito，1978

折咽线虫属 *Ptycholaimellus* Cobb，1920

　　　　　长球折咽线虫 *Ptycholaimellus longibulbus* Wang，An & Huang，2015

　　　　　眼点折咽线虫 *Ptycholaimellus ocellatus* Huang & Wang，2011

　　　　　梨球折咽线虫 *Ptycholaimellus pirus* Huang & Gao，2016

　　　花斑线虫属 *Spilophorella* Filipjev，1917

　　　　　坎氏花斑线虫 *Spilophorella campbelli* Allgén，1928

　　　　　花斑线虫 *Spilophorella euxina* Filipjev，1918

　杯咽线虫科 Cyatholaimidae Filipjev，1918

　　　长杯咽线虫属 *Longicyatholaimus* Micoletzky，1924

　　　　　似颈长杯咽线虫 *Longicyatholaimus cervoides* Vitiello，1970

　　　玛丽林恩线虫属 *Marylynnia*（Hopper，1972）Hopper，1977

　　　　　科姆雷玛丽林恩线虫 *Marylynnia complexa* Warwick，1971

　　　　　纤细玛丽林恩线虫 *Marylynnia gracila* Huang & Xu，2013

　　　拟玛丽林恩线虫属 *Paramarylynnia* Huang & Zhang，2007

　　　　　丝尾拟玛丽林恩线虫 *Paramarylynnia filicaudata* Huang & Sun，2011

　　　　　细颈拟玛丽林恩线虫 *Paramarylynnia stenocervica* Huang & Sun，2011

　　　　　亚腹毛拟玛丽林恩线虫 *Paramarylynnia subventrosetata* Huang & Zhang，2007

　　　棘齿线虫属 *Acanthonchus* Cobb，1920

　　　　　濑户棘齿线虫 *Acanthonchus setoi* Wieser，1955

　　　　　三齿棘齿线虫 *Acanthonchus tridentatus* Kito，1976

　　　拟棘齿线虫属 *Paracanthonchus* Micoletzky，1924

　　　　　异尾拟棘齿线虫 *Paracanthonchus heterocaudatus* Huang & Xu，2013

　　　　　卡姆依拟棘齿线虫 *Paracanthonchus kamui* Kito，1981

　　　拟杯咽线虫属 *Paracyatholaimus* Micoletzky，1922

　　　　　黄海拟杯咽线虫 *Paracyatholaimus huanghaiensis* Huang & Xu，2013

　　　　　青岛拟杯咽线虫 *Paracyatholaimus qingdaoensis* Huang & Xu，2013

　　　绒毛线虫属 *Pomponema* Cobb，1917

　　　　　多辅器绒毛线虫 *Pomponema multisupplementa* Huang & Zhang，2014

　　　　　近端绒毛线虫 *Pomponema proximamphidum* Tchesunov，2008

　新瘤线虫科 Neotonchidae Wieser & Hopper，1966

　　　丽体线虫属 *Comesa* Gerlach，1956

　　　　　普莱特丽体线虫 *Comesa platti* Gourbault & Vincx，1992

　　　新瘤线虫属 *Neotonchus* Cobb，1933

　　　　　米克新瘤线虫 *Neotonchus meeki* Warwick，1971

　色拉枝线虫科 Selachinematidae Cobb，1915

　　　掌齿线虫属 *Cheironchus* Cobb，1917

　　　　　豪拉基湾掌齿线虫 *Cheironchus haurakiensis* Leduc & Zhao，2016

　　　　　拟吞食掌齿线虫 *Cheironchus paravorax* Castillo-Fernandez，1993

　　　考氏线虫属 *Cobbionema* Filipjev，1922

　　　　　粗考氏线虫 *Cobbionema obesus* sp. nov.

　　　　　细考氏线虫 *Cobbionema tenuis* sp. nov.

　　　伽马线虫属 *Gammanema* Cobb，1920

　　　　　大伽马线虫 *Gammanema magnum* Shi & Xu，2018

　　　软咽线虫属 *Halichoanolaimus* de Man，1886

　　　　　脊索软咽线虫 *Halichoanolaimus chordiurus* Gerlach，1955

Halichoanolaimus sp.

里克特线虫属 *Richtersia* Steiner，1916

不等里克特线虫 *Richtersia inaequalis* Riemann，1966

拟合瘤线虫属 *Synonchiella* Cobb，1933

日本拟合瘤线虫 *Synonchiella japonica* Fadeeva，1988

小化感器拟合瘤线虫 *Synonchiella micramphis* Schuurmans Stekhoven，1950

小拟合瘤线虫 *Synonchiella minuta* Vitiello，1970

合瘤线虫属 *Synonchium* Cobb，1920

尾管合瘤线虫 *Synonchium caudatubatum* Shi & Xu，2018

链环线虫目 Desmodorida De Coninck，1965

链环线虫亚目 Desmodorina De Coninck，1965

链环线虫科 Desmodoridae Filipjev，1922

链环线虫属 *Desmodora* de Man，1889

海洋链环线虫 *Desmodora pontica* Filipjev，1922

斯考德链环线虫 *Desmodora scaldensis* de Man，1889

小链环线虫属 *Desmodorella* Cobb，1933

刺尾小链环线虫 *Desmodorella spineacaudata* Verschelde，Gourbault & Vincx，1998

假色矛线虫属 *Pseudochromadora* Daday，1899

俄罗斯假色矛线虫 *Pseudochromadora rossica* Mordukhovich et al.，2015

螺旋色矛线虫属 *Chromaspirina* Filipjev，1918

Chromaspirina sp.

后色矛线虫属 *Metachromadora* Filipjev，1918

伊托后色矛线虫 *Metachromadora itoi* Kito，1978

玛瑙线虫属 *Onyx* Cobb，1891

小玛瑙线虫 *Onyx minor* Huang & Wang，2015

日照玛瑙线虫 *Onyx rizhaoensis* Huang & Wang，2015

半绕线虫属 *Perspiria* Wieser & Hopper，1967

布氏半绕线虫 *Perspiria boucheri* Sun，Zhai & Huang，2019

微咽线虫科 Microlaimidae Micoletzky，1922

离丝线虫属 *Aponema* Jensen，1978

弯刺离丝线虫 *Aponema curvispinosa* sp. nov.

托罗萨离丝线虫 *Aponema torosa*（Lorenzen）Jensen，1978

微咽线虫属 *Microlaimus* de Man，1880

东海微咽线虫 *Microlaimus donghaiensis* sp. nov.

海洋微咽线虫 *Microlaimus marinus*（Schulz，1932）

螺旋球咽线虫属 *Spirobolbolaimus* Soetaert & Vincx，1988

深海螺旋球咽线虫 *Spirobolbolaimus bathyalis* Soetaert & Vincx，1988

波形螺旋球咽线虫 *Spirobolbolaimus undulatus* Shi & Xu，2017

单茎线虫科 Monoposthiidae Filipjev，1934

单茎线虫属 *Monoposthia* de Man，1889

肋纹单茎线虫 *Monoposthia costata*（Bastian，1865）de Man，1889

裸线虫属 *Nudora* Cobb，1920

古氏裸线虫 *Nudora gourbaultae* Vanreusel & Vincx，1989

锉线虫属 *Rhinema* Cobb，1920

Metasphaerolaimus sp.
拟球咽线虫属 *Parasphaerolaimus* Ditlevsen，1918
异形拟球咽线虫 *Parasphaerolaimus dispar*（Filipjev，1918）
斧状拟球咽线虫 *Parasphaerolaimus ferrum* Liu & Guo sp. nov.
奇异拟球咽线虫 *Parasphaerolaimus paradoxus* Ditlevson，1918
球咽线虫属 *Sphaerolaimus* Bastian，1865
北欧球咽线虫 *Sphaerolaimus balticus* Schneider，1906
纤细球咽线虫 *Sphaerolaimus gracilis* de Man，1884
长刺球咽线虫 *Sphaerolaimus longispiculatus* Yang，Liu & Guo，2020
大化感器球咽线虫 *Sphaerolaimus macrocirculus* Filipjev，1918
太平洋球咽线虫 *Sphaerolaimus pacificus* Allgén，1947
笔状球咽线虫 *Sphaerolaimus penicillus* Gerlach，1956
亚球咽线虫属 *Subsphaerolaimus* Lorenzen，1978
大亚球咽线虫 *Subsphaerolaimus major* Nguyen Vu Thanh & Gagarin，2009
隆唇线虫科 Xyalidae Chitwood，1951
双单宫线虫属 *Amphimonhystera* Allgén，1929
圆形双单宫线虫 *Amphimonhystera circula* Guo & Warwick，2001
玛氏双单宫线虫 *Amphimonhystera mamalhi* Tchesunov & Mokievsky，2005
帕丽达双单宫线虫 *Amphimonhystera pallida* Tchesunov & Mokievsky，2005
拟双单宫线虫属 *Amphimonhystrella* Timm，1961
球尾拟双单宫线虫 *Amphimonhystrella bullacauda* Tchesunov & Miljutina，2005
科布线虫属 *Cobbia* de Man，1907
孟加拉科布线虫 *Cobbia bengalensis* Datta et al.，2018
异刺科布线虫 *Cobbia heterospicula* Wangle，An & Huang，2018
中华科布线虫 *Cobbia sinica* Huang and Zhang，2010
水下科布线虫 *Cobbia urinator* Wieser，1959
吞咽线虫属 *Daptonema* Cobb，1920
互生吞咽线虫 *Daptonema alternum* Wieser，1956
弯刺吞咽线虫 *Daptonema curvispicula* Tchesunov，2006
东海吞咽线虫 *Daptonema donghaiensis* Wang，An & Huang，2018
丝尾吞咽线虫 *Daptonema filiformicauda* sp. nov.
长尾吞咽线虫 *Daptonema longissimecaudatum*（Kreis，1935）
长突吞咽线虫 *Daptonema longiapophysis* Huang & Zhang，2009
新关节吞咽线虫 *Daptonema nearticulatum*（Huang & Zhang，2006）
诺曼底吞咽线虫 *Daptonema normandicum* de Man，1890
四毛吞咽线虫 *Daptonema quattuor* Liu & Guo sp. nov.
毛颈吞咽线虫 *Daptonema setihyalocella* Aryuthaka & Kito，2012
蹄状吞咽线虫 *Daptonema ungula* Liu & Guo sp. nov.
埃氏线虫属 *Elzalia* Gerlach，1957
二歧埃氏线虫 *Elzalia bifurcata* Sun & Huang，2017
格兰仕埃氏线虫 *Elzalia gerlachi* Zhang & Zhang，2006
细纹埃氏线虫 *Elzalia striatitenuis* Zhang & Zhang，2006
线荚线虫属 *Linhystera* Juario，1974
短突线荚线虫 *Linhystera breviapophysis* Yu，Huang & Xu，2014

长突线莱线虫 *Linhystera longiapophysis* Yu，Huang & Xu，2014

后带咽线虫属 *Metadesmolaimus* Stekhoven，1935

张氏后带咽线虫 *Metadesmolaimus zhangi* Guo，Chen & Liu，2016

拟格莱线虫属 *Paragnomoxyala* Jiang & Huang，2015

短毛拟格莱线虫 *Paragnomoxyala breviseta* Jiang & Huang，2015

大口拟格莱线虫 *Paragnomoxyala macrostoma* Sun & Huang，2017

拟单宫线虫属 *Paramonohystera* Steiner，1916

宽头拟单宫线虫 *Paramonohystera eurycephalus* Huang & Wu，2010

中华拟单宫线虫 *Paramonohystera sinica* Yu & Xu，2014

假双单宫线虫属 *Paramphimonhystrella* Huang & Zhang，2006

丽体假双单宫线虫 *Paramphimonhystrella elegans* Huang & Zhang，2006

宽口假双单宫线虫 *Paramphimonhystrella eurystoma* Shi，Yu & Xu，2017

中华假双单宫线虫 *Paramphimonhystrella sinica* Huang & Zhang，2006

假埃氏线虫属 *Pseudelzalia* Yu & Xu，2015

长毛假埃氏线虫 *Pseudelzalia longiseta* Yu & Xu，2015

假颈毛线虫属 *Pseudosteineria* Wieser，1956

中华假颈毛线虫 *Pseudosteineria sinica* Huang & Li，2010

张氏假颈毛线虫 *Pseudosteineria zhangi* Huang & Li，2010

吻腔线虫属 *Rhynchonema* Cobb，1920

厦门吻腔线虫 *Rhynchonema xiamenensis* Huang & Liu，2002

竿线虫属 *Scaptrella* Cobb，1917

环带竿线虫 *Scaptrella cincta* Cobb，1917

颈毛线虫属 *Steineria* Micoletzky，1922

中华颈毛线虫 *Steineria sinica* Huang & Wu，2011

棘刺线虫属 *Theristus* Bastian，1865

锐利棘刺线虫 *Theristus acer* Bastian，1865

弗莱乌棘刺线虫 *Theristus flevensis* Stekhoven，1935

异刺棘刺线虫 *Theristus varispiculus* sp. nov.

中华棘刺线虫 *Theristus sinensis* sp. nov.

编形目 Plectida Gadea，1973

覆瓦线虫科 Ceramonematidae Cobb，1933

覆瓦线虫属 *Ceramonema* Cobb，1920

龙骨覆瓦线虫 *Ceramonema carinatum* Wieser，1959

环饰线虫属 *Pselionema* Cobb，1933

迪斯环饰线虫 *Pselionema dissimile* Vitiello，1974

拟双盾线虫科 Diplopeltoididae Tchesunov，1990

拟双盾线虫属 *Diplopeltoides* Gerlach，1962

球状拟双盾线虫 *Diplopeltoides bulbosus*（Vitiello，1972）Holovachov & Boström，2017

锥尾拟双盾线虫 *Diplopeltoides conoicaudatus* Sun，Huang & Huang，2021

长化感器拟双盾线虫 *Diplopeltoides longifoveatus* Sun，Huang & Huang，2021

裸拟双盾线虫 *Diplopeltoides nudus*（Gerlach，1956）Tchesunov，2006

拱咽线虫科 Camacolaimidae Micoletzky，1924

连咽线虫属 *Deontolaimus* de Man，1880

长尾连咽线虫 *Deontolaimus longicauda*（de Man，1922）Holovachov & Boström，2015

缓连咽线虫 *Deontolaimus tardus*（de Man，1889）Holovachov & Boström，2015

纤咽线虫科 Leptolaimidae Örley，1880

　前微线虫属 *Antomicron* Cobb，1920

　　美丽前微线虫 *Antomicron elegans* de Man，1922

　　霍氏前微线虫 *Antomicron holovachovi* Zhai，Wang & Huang，2020

　拟纤咽线虫属 *Leptolaimoides* Vitiello，1971

　　斑纹拟纤咽线虫 *Leptolaimoides punctatus* Huang & Zhang，2006

　　管状拟纤咽线虫 *Leptolaimoides tubulosus* Vitiello，1971

　纤咽线虫属 *Leptolaimus* de Man，1876

　　格兰仕纤咽线虫 *Leptolaimus gerlachi* Murphy，1966

　　第八纤咽线虫 *Leptolaimus octavus* Holovachov & Boström，2013

　　第二纤咽线虫 *Leptolaimus secundus* Holovachov & Boström，2013

拟微咽线虫科 Paramicrolaimidae Lorenzen，1981

　拟微咽线虫属 *Paramicrolaimus* Wieser，1954

　　小拟微咽线虫 *Paramicrolaimus mirus* Tchesunov，1988

嘴刺纲 Enoplea Inglis，1983

嘴刺亚纲 Enoplia Pearse，1942

嘴刺目 Enoplida Filipjev，1929

嘴刺亚目 Enoplina Chitwood and Chitwood，1937

裸口线虫科 Anoplostomatidae Gerlach & Riemann，1974

　裸口线虫属 *Anoplostoma* Bütschli，1874

　　胎生裸口线虫 *Anoplostoma viviparum* Bastian，1865

前感线虫科 Anticomidae Filipjev，1918

　前感线虫属 *Anticoma* Bastian，1865

　　尖细前感线虫 *Anticoma acuminata*（Eberth，1863）Bastian，1865

　　Anticoma sp.

　头感线虫属 *Cephalanticoma* Platonova，1976

　　短尾头感线虫 *Cephalanticoma brevicaudata* Huang，2012

　　丝尾头感线虫 *Cephalanticoma filicaudata* Huang & Zhang，2007

　拟前感线虫属 *Paranticoma* Micoletzky，1930

　　三颈毛拟前感线虫 *Paranticoma tricerviseta* Zhang，2005

光皮线虫科 Phanodermatidae Filipjev，1927

　梅氏线虫属 *Micoletzkyia* Ditlevsen，1926

　　丝尾梅氏线虫 *Micoletzkyia filicaudata* Huang & Cheng，2011

　　南海梅氏线虫 *Micoletzkyia nanhaiensis* Huang & Cheng，2011

　光皮线虫属 *Phanoderma* Bastian，1865

　　隔光皮线虫 *Phanoderma segmentum* Murphy，1963

腹口线虫科 Thoracostomopsidae Filipjev，1927

　嘴咽线虫属 *Enoplolaimus* de Man，1893

　　中间嘴咽线虫 *Enoplolaimus medius* Pavljuk，1984

　表刺线虫属 *Epacanthion* Wieser，1953

　　簇毛表刺线虫 *Epacanthion fasciculatum* Shi & Xu，2016

　　多毛表刺线虫 *Epacanthion hirsutum* Shi & Xu，2016

　　长尾表刺线虫 *Epacanthion longicaudatum* Shi & Xu，2016

疏毛表刺线虫 *Epacanthion sprsisetae* Shi & Xu，2016

拟棘尾线虫属 *Paramesacanthion* Wieser，1953

东海拟棘尾线虫 *Paramesacanthion donghaiensis* sp. nov.

似三尖拟棘尾线虫 *Paramesacanthion paratricuspis* sp. nov.

腹口线虫属 *Thoracostomopsis* Ditlevsen，1918

Thoracostomopsis sp.

烙线虫亚目 Ironina Siddiqi，1983

烙线虫科 Ironidae de Man，1876

锥线虫属 *Conilia* Gerlach，1956

中华锥线虫 *Conilia sinensis* Chen & Guo，2015

烙线虫属 *Ironella* Cobb，1920

多辅器烙线虫 *Ironella multisupplementa* sp. nov.

负线虫属 *Pheronous* Inglis，1966

东海负线虫 *Pheronous donghaiensis* Chen & Guo，2015

笛咽线虫属 *Syringolaimus* de Man，1888

纹尾笛咽线虫 *Syringolaimus striatocaudatus* de Man，1888

海线虫属 *Thalassironus* de Man，1889

丝状海线虫 *Thalassironus filiformis* Huang，Huang & Xu，2019

三齿线虫属 *Trissonchulus* Cobb，1920

乳突三齿线虫 *Trissonchulus benepapillosus*（Schulz，1935）Gerlach & Riemann，1974

扁刺三齿线虫 *Trissonchulus latispiculum* Chen & Guo，2015

海洋三齿线虫 *Trissonchulus oceanus* Cobb，1920

尖口线虫科 Oxystominidae Chitwood，1935

吸烟线虫属 *Halalaimus* de Man，1888

纤细吸咽线虫 *Halalaimus gracilis* de Man，1888

伊赛氏吸咽线虫 *Halalaimus isaitshikovi* Filipjev，1927

长化感器吸咽线虫 *Halalaimus longamphidus* Huang & Zhang，2005

长尾吸咽线虫 *Halalaimus longicaudatus*（Filipjev，1927）Schneider，1939

泥生吸咽线虫 *Halalaimus lutarus* Vitiello，1970

沃氏吸咽线虫 *Halalaimus wodjanizkii* Sergeeva，1972

利亭线虫属 *Litinium* Cobb，1920

锥尾利亭线虫 *Litinium conoicaudatum* Huang & Huang，2017

线形线虫属 *Nemanema* Cobb，1920

柱尾线形线虫 *Nemanema cylindraticaudatum* de Man，1922

小线形线虫 *Nemanema minutum* Sun & Huang，2018

尖口线虫属 *Oxystomina* Filipjev，1918

美丽尖口线虫 *Oxystomina elegans* Pcaronova，1971

长尖口线虫 *Oxystomina elongata* Butschli，1874

长尾尖口线虫 *Oxystomina longicaudata* sp. nov.

大化感器尖口线虫 *Oxystomina macramphida* sp. nov.

海咽线虫属 *Thalassoalaimus* de Man，1893

粗尾海咽线虫 *Thalassoalaimus crassicaudatus* Huang & Huang，2017

长尾海咽线虫 *Thalassoalaimus longicaudatus* Vitiello，1970

奈氏海咽线虫 *Thalassoalaimus nestori* Martelli，2017

韦氏线虫属 *Wieseria* Gerlach，1956

二叉韦氏线虫 *Wieseria bicepes* Jia & Huang，2019

中华韦氏线虫 *Wieseria sinica* Huang，Sun & Huang，2018

瘤线虫亚目 Oncholaimina De Ley and Blaxter，2002

矛线虫科 Enchelidiidae Filipjev，1918

无管球线虫属 *Abelbolla* Huang & Zhang，2004

布氏无管球线虫 *Abelbolla boucheri* Huang & Zhang，2004

黄海无管球线虫 *Abelbolla huanghaiensis* Huang & Zhang，2004

大无管球线虫 *Abelbolla major* Jiang，Wang & Huang，2015

瓦氏无管球线虫 *Abelbolla warwicki* Huang & Zhang，2004

管球线虫属 *Belbolla* Andrássy，1973

黄海管球线虫 *Belbolla huanghaiensis* Huang & Zhang，2005

尖头管球线虫 *Belbolla stenocephalum* Huang & Zhang，2005

越南管球线虫 *Belbolla vietnamica* Gagarin & Nguyen Dinh Tu，2016

瓦氏管球线虫 *Belbolla warwicki* Huang & Zhang，2005

阔口线虫属 *Eurystomina* Filipjev，1921

眼点阔口线虫 *Eurystomina ophthalmophora* Filipjev，1921

拟多球线虫属 *Polygastrophoides* Sun & Huang，2016

丽体拟多球线虫 *Polygastrophoides elegans* Sun & Huang，2016

多球线虫属 *Polygastrophora* de Man，1922

九球多球线虫 *Polygastrophora novenbulba* Jiang，Wang & Huang，2015

瘤线虫科 Oncholaimidae Filipjev，1916

奇异线虫属 *Admirandus* Belogurov & Belogurova，1979

多孔奇异线虫 *Admirandus multicavus* Belogurov & Belogurova，1979

近瘤线虫属 *Adoncholaimus* Filipjev，1918

拟粗尾近瘤线虫 *Adoncholaimus paracrassicaudus* Liu & Guo sp. nov.

迈耶斯线虫属 *Meyersia* Hopper，1967

Meyersia sp.

后瘤线虫属 *Metoncholaimus* Filipjev，1918

栈桥后瘤线虫 *Metoncholaimus moles* Zhang & Platt，1983

拟八齿线虫属 *Paroctonchus* Shi & Xu，2016

南麂岛拟八齿线虫 *Paroctonchus nanjiensis* Shi & Xu，2016

显齿线虫属 *Viscosia* de Man，1890

美丽显齿线虫 *Viscosia elegans*（Kreis，1924）

裸显齿线虫 *Viscosia nuda* Kreis，1934

凹槽显齿线虫 *Viscosia scarificaio* Liu & Guo sp. nov.

瘤线虫属 *Oncholaimus* Dujardin，1845

小瘤线虫 *Oncholaimus minor* Chen & Guo，2015

多毛瘤线虫 *Oncholaimus multisetosus* Huang &Zhang，2006

青岛瘤线虫 *Oncholaimus qingdaoensis* Zhang & Platt，1983

中华瘤线虫 *Oncholaimus sinensis* Zhang & Platt，1983

厦门瘤线虫 *Oncholaimus xiamenense* Chen & Guo，2014

张氏瘤线虫 *Oncholaimus zhangi* Gao & Huang，2017

曲咽线虫属 *Curvolaimus* Wieser，1953

丝状曲咽线虫 *Curvolaimus filiformis* Zhang & Huang，2005

丝瘤线虫属 *Filoncholaimus* Filipjev，1927

前丝瘤线虫 *Filoncholaimus prolatus* Hopper，1967

桂线虫科 Lauratonematidae Gerlach，1953

桂线虫属 *Lauratonema* Gerlach，1953

东山桂线虫 *Lauratonema dongshanense* Chen & Guo，2015

大口桂线虫 *Lauratonema macrostoma* Chen & Guo，2015

长尾线虫科 Trefusiidae Gerlach，1966

非洲线虫属 *Africanema* Vincx & Furstenberg，1988

多突非洲线虫 *Africanema multipapillatum* Shi & Xu，2017

杆线虫属 *Rhabdocoma* Cobb，1920

长尾杆线虫 *Rhabdocoma longicaudata* Zhai，Sun & Huang，2020

四节毛杆线虫 *Rhabdocoma quadrisegmentata* Zhai，Sun & Huang，2020

长尾线虫属 *Trefusia* de Man，1893

东海长尾线虫 *Trefusia donghaiensis* sp. nov.

长尾线虫 *Trefusia longicaudata* de Man，1893

似三孔线虫亚目 Tripyloidina De Coninck，1965

似三孔线虫科 Tripyloididae Filipjev，1918

深咽线虫属 *Bathylaimus* Cobb，1894

阿纳托利深咽线虫 *Bathylaimus anatolii* Smirnova & Fadeeva，2011

澳洲深咽线虫 *Bathylaimus australis* Cobb，1894

小齿深咽线虫 *Bathylaimus denticulatus* Chen & Guo，2015

黄海深咽线虫 *Bathylaimus huanghaiensis* Huang & Zhang，2009

德曼棒线虫科 Rhabdodemaniidae Filipjev，1934

德曼棒线虫属 *Rhabdodemania* Baylis & Daubney，1926

小德曼棒线虫 *Rhabdodemania minor* Southern，1914

主要参考文献

Bezerra T N, Decraemer W, Eisendle-Flöckner U, et al. 2020. Nemys: World Database of Nematodes. Microlaimoidea Micoletzky, 1922. World Register of Marine Species. http://www.marinespecies.org/aphia.php?p=taxdetails&id=2152[2021-5-7].

De Ley P, Blaxter M L. 2002. Systematic position and phylogeny // Lee D L. The Biology of Nematodes. London & New York: Taylor & Francis: 1-30.

De Ley P, Blaxter M L. 2004. A new system for Nematoda: combining morphological characters with molecular trees, and translating clades into ranks and taxa. Nematology Monographs & Perspectives- Proceedings of the Fourth International Congress of Nematology, 2: 633-653.

Schmidt-Rhaesa A. 2014. Handbook of Zoology. Berlin/Boston: Walter de Gruyter GmbH: 759.

Warwick R M, Platt H M, Somerfield P J. 1998. Free-living Marine Nematodes: Part III. Monhysterids. Shrewsbury: Field Studies Council: 296.

第 5 章 薄咽线虫目 Araeolaimida De Coninck & Stekhoven，1933

5.1 轴线虫科 Axonolaimidae Filipjev，1918

5.1.1 囊咽线虫属 *Ascolaimus* Ditlevsen，1919

体长 2–6mm，表皮具有环纹，唇感器乳突状，有 4 根头刚毛，口腔由两个锥状部分组成，且口中无齿，化感器长环状，尾后端轻微膨大。

5.1.1.1 长囊咽线虫 *Ascolaimus elongatus*（Bütschli，1874）（图 5.1）

体长 2.9–4.7mm，最大体宽 33–46μm。表皮具有横向环纹。顶端具有 6 个小的乳突状外唇感器，4 根头刚毛长 18–24μm，相当于头径的 1–1.6 倍。4 列长 5–7μm 的颈刚毛，一直延伸至咽基部。化感器直径为 7–8μm，为相应体径的 0.4 倍，圆环状。口腔深 19–23μm。咽基部膨大，但没有形成咽球。尾长锥状，长为肛径的 3.5–5 倍，在前半部分呈柱状，尾腹侧分布有尾刚毛。尾腺细胞在尾端膨大。

交接刺长 50μm，为肛径的 1.4 倍，远端背侧具有 1 个弯曲的齿状突起。引带具有长 11–18μm 的引带突。

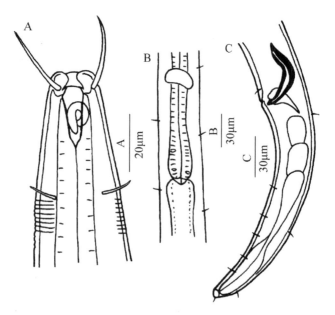

图 5.1　长囊咽线虫 *Ascolaimus elongatus*（Warwick et al.，1998）
A. 雄体头端；B. 雄体咽肠结合部；C. 雄体尾端

雌体具有 2 个伸展的卵巢，雌孔位于距头端 60%–63%处。

分布于潮下带泥质沉积物中。

5.1.2　轴线虫属 *Axonolaimus* de Man，1889

表皮具有环纹，唇感器乳突状，有 4 根头刚毛，口腔由两个锥状部分组成，且口中无齿，化感器长环状，雌体双子宫。

5.1.2.1　毛尾轴线虫 *Axonolaimus seticaudatus* Platnova，1971（图 5.2）

体长 1.8–2.3mm，最大体宽 55–59μm（*a*=31–39）。表皮光滑无纹饰。口腔由两个锥状部分组成，前者被深切分为 6 个唇瓣，每一个唇瓣在顶端分叉。口环简单，围绕着口，

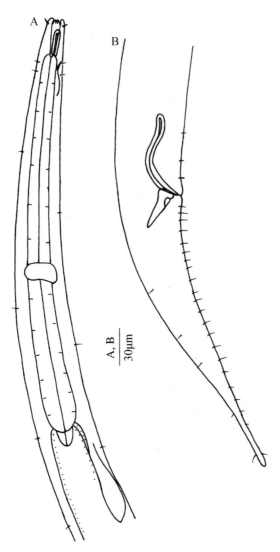

图 5.2　毛尾轴线虫 *Axonolaimus seticaudatus*

A. 雄体咽部；B. 雄体尾端

位于前、后锥状部分的边界处。具有 6 个小的乳突状唇感器。化感器长环状。在口腔基部或口腔后有 4 组颈刚毛，雌体每组 3 根刚毛，雄体每组 2 根。具有 4 根头刚毛，长为头径的 0.6–1.0 倍。咽逐渐向基部变粗，但不膨大形成咽球。排泄细胞呈水滴状，几乎位于贲门的正后方。排泄孔位于口腔基部，长度小于口腔。

交接刺非常弯曲，近端加厚，远端尖锐。弧长 67–76μm，弦长 51–64μm。引带长 26–28μm，具有 2 个不对称的齿状引带突。具肛前刚毛，无肛前辅器。尾长 189–233μm，整体呈锥状，在距末端 1/6 处呈柱状。在尾的亚腹侧具有 20 对长约 10μm 的尾刚毛，其余尾刚毛散生。在接近尾尖处有 4 根尾端刚毛。

雌体双卵巢，直伸，但后卵巢末端通常弯曲，雌孔位于距头端 48%–54%处。尾部形态与雄体相同，尾长 198–230μm。尾部刚毛的数量较少，具有 4 根尾端刚毛。

分布于潮下带泥沙质沉积物中。

5.1.3 拟齿线虫属 *Parodontophora* Timm，1963

体长 1–2mm，表皮具有横纹，口腔圆柱状，头端具有 6 个排成 1 圈的齿状物，4 根头刚毛，尾锥柱状。

5.1.3.1 等长拟齿线虫 *Parodontophora aequiramus* Li & Guo，2016（图 5.3）

身体长梭状，向两端渐细。雄体体长 1432–1832μm，最大体宽 46–90μm。角皮具有细条纹。头端圆钝，内唇感器不明显，外唇感器乳突状；4 根头刚毛长 3–4μm，相当于 25%–40%的头径，着生于头的前部，距离头端 4.2–5μm。颈刚毛长 3μm，在亚背面、亚腹面排列成 4 纵排，每排 3 或 4 根。体刚毛短而分散。化感器半环形，具有 1 个短的背臂和 1 个长的腹臂，通常背侧臂是腹侧臂长的 0.36–0.55 倍。化感器稍长于口腔，其长度是口腔长度的 1–1.3 倍。神经环位于咽的中后部，占咽长的 58%–67%。口腔分为两部分，前部圆锥形，后部圆柱形，壁角质化加厚，深 27–33μm，宽 4–5μm，前端具有 6 个二叉状的齿状物。咽圆柱状，长 146–174μm，占总体长的 13%，基部 1/5 膨大，形成咽球。贲门小，圆锥状。排泄系统明显，排泄细胞长卵圆形或矩圆形，紧邻贲门下方。排泄孔位于口腔中间位置。尾锥柱状，长 125–161μm，为泄殖孔相应体径的 4.8 倍，锥状部分具有 5 对亚腹刚毛，柱状部分具有不规则分布的短刚毛，末端稍膨大，无尾端刚毛。3 个尾腺共同开口于尾的末端。

雄体生殖系统具有 2 个伸展的精巢，前精巢位于肠的右侧，后精巢位于肠的左侧。交接刺长 34–44μm，为泄殖孔相应体径的 1.1–1.8 倍，向腹面弯曲，近端头状，远端渐尖。引带背面具有直伸的 11–15μm 长的尾状突，在腹面中间具有 1 个突起。无肛前辅器。

雌体类似于雄体。生殖系统具有 2 个相对排列的伸展的卵巢，等长，长 402–502μm。前卵巢位于肠的右侧，后卵巢位于肠的左侧。雌孔位于身体中部稍后。

分布于厦门白哈礁岛潮间带泥沙质沉积物中。

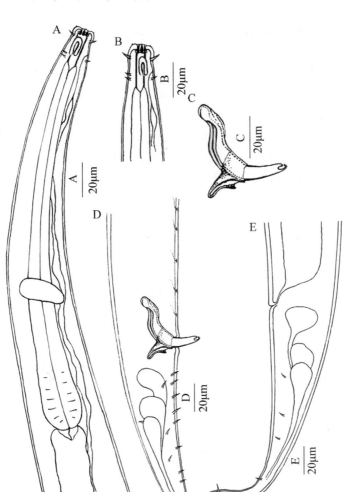

图 5.3　等长拟齿线虫 *Parodontophora aequiramus*

A. 雄体咽部；B. 雌体头端；C. 交接刺和引带；D. 雄体尾端；E. 雌体尾端

5.1.3.2　三角洲拟齿线虫 *Parodontophora deltensis* Zhang，2005（图 5.4）

身体长梭状，向两端渐细。雄体体长 1080–1490μm，最大体宽 36–50μm，头径 11–14μm。角皮具有细条纹。头端圆钝，内唇感器不明显，外唇感器乳突状；4 根头刚毛长 4.2μm，着生于头的前部，距离顶端 4.2–5μm。颈刚毛长 3μm，在亚背面、亚腹面排列成 4 纵排，每排 3 或 4 根。体刚毛短而分散。化感器半环形，具有 1 根短的背臂和 1 根长的腹臂，通常背侧臂是腹侧臂长的 0.45 倍。化感器稍长于口腔，其长度是口腔长度的 1.16 倍。神经环位于咽的中后部，占咽长的 63%。口腔分为两部分，前部圆锥形，后部圆柱形，壁角质化加厚，深 27–33μm，宽 4–5μm，前端具有 6 个二叉状的齿状物。咽圆柱状，长 146–174μm，占总体长的 13%，基部 1/5 膨大，形成咽球。贲门小，圆锥状。排泄系统明显，排泄细胞长卵圆形或矩圆形，紧邻贲门下方。排泄孔位于口腔中间位置。尾锥柱状，长 125–161μm，为泄殖孔相应体径的 4.8 倍，锥状部分具有 5 对亚腹刚毛，柱状部分具有不规则分布的短刚毛，末端稍膨大，无尾端刚毛。3 个尾腺共同开口于尾的末端。

雄体生殖系统具有 2 个伸展的精巢，前精巢位于肠的右侧，后精巢位于肠的左侧。交接刺长 38.9μm，为泄殖孔相应体径的 1.1–1.8 倍，向腹面弯曲，近端头状，远端渐尖。引带背面具有直伸的 11–15μm 长的尾状突，在腹面中间具有 1 个突起。无肛前辅器。

雌体类似于雄体。生殖系统具有 2 个相对排列的伸展的卵巢，长 402–502μm。前卵巢位于肠的右侧，后卵巢位于肠的左侧。阴道长 11–13μm，相当于雌孔相应体径的 21%–25%。

分布于潮下带泥质沉积物中。

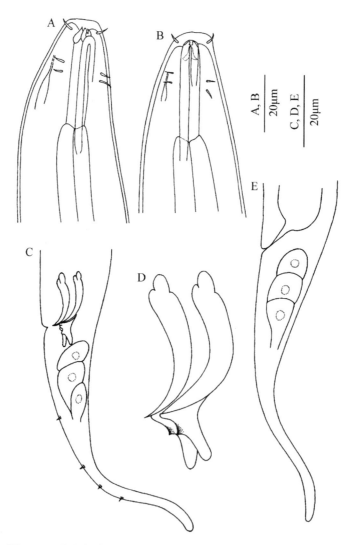

图 5.4　三角洲拟齿线虫 *Parodontophora deltensis*（Zhang，2005）
A. 雄体头端；B. 雌体头端；C. 雄体尾部；D. 交接刺和引带；E. 雌体尾部

5.1.3.3　火山岛拟齿线虫 *Parodontophora huoshanensis* Li & Guo，2016（图 5.5）

体长 1235–1408μm，最大体宽 42–72μm。侧面角皮有轻微条纹。唇区基本呈圆形，具有 6 根外唇刚毛。头刚毛长 3–4μm，相当于头径的 27%–33%，距头端 3μm。亚头刚毛 2–3μm。体刚毛分散，长 2–3μm。化感器距头端 3μm，钩状，背支较短，腹支平行于背支且较长。背支长度为腹支长度的 0.54–0.65 倍，整个化感器长度为口腔长度的 0.77–0.83 倍。口腔长 26–29μm，宽 4–6μm，圆柱形，明显硬化。口腔尖有 6 个分叉齿，前齿比后齿窄。咽始于口腔基部，肌肉发达，基部逐渐膨大。贲门小，圆锥形，被肠组织包围。排泄细胞位于咽基部稍后，细长椭圆形，长 56–91μm，相当于咽长的 34%–60%。神经环位于咽的 63%–65% 处。排泄孔位于口腔前部，靠近头刚毛的位置。尾长 130–146μm，前部圆锥形，后部圆柱形，末端尖，无尾端刚毛。具有 3 个尾腺细胞。

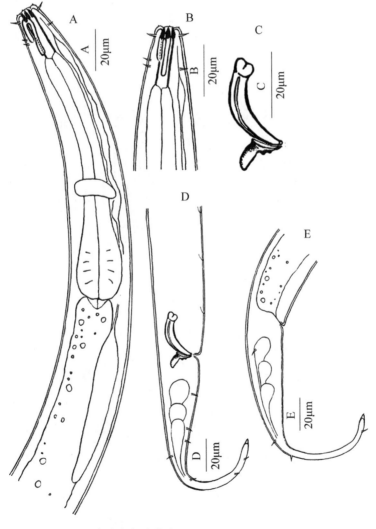

图 5.5　火山岛拟齿线虫 *Parodontophora huoshanensis*
A. 雄体咽部；B. 雌体头端；C. 交接刺和引带；D. 雄体尾部；E. 雌体尾部

雄体生殖系统双精巢，相对且伸展，前精巢位于肠的左侧，后精巢位于肠的右侧。交接刺长 34–35μm，成对，等长，弯曲，近端呈头状。引带突长 11–13μm，加厚的边缘延伸成 2 个小突起。具有 6 个肛前辅器。

雌体生殖系统双卵巢，伸展，前卵巢位于肠的右侧，后卵巢位于肠的左侧。雌孔在身体总长度的 50%处。阴道短，壁厚，垂直于体轴。外阴腺体位于阴道前后。

分布于福建省漳州市火山岛潮间带砂质沉积物中。

5.1.3.4 乱毛拟齿线虫 *Parodontophora irregularis* Li & Guo，2016（图 5.6）

体长 1088–1355μm，最大体宽 46–61μm。侧面角皮有细条纹。唇区稍呈圆形，具有 6 根外唇刚毛。头刚毛 4–5μm，相当于头径的 31%–42%，距头端 3–4μm。亚头刚毛 2–3μm，排列不规则。体刚毛分散，长 2–3μm。化感器距头端 2–3μm，钩状，背侧较短，腹侧平行于背侧且较长。背支长度为腹支长度的 0.33–0.41 倍，整个化感器长度为口腔长度的 0.93–1.07 倍。口腔长 27–30μm，宽 4–6μm，圆柱形，明显角质化。口腔前端有 6 个分叉齿。咽始于口腔基部，肌肉发达，基部逐渐膨大。贲门小，

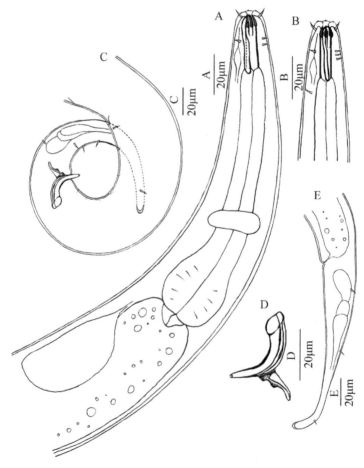

图 5.6 乱毛拟齿线虫 *Parodontophora irregularis*
A. 雄体咽部；B. 雌体头端；C. 雄体尾部；D. 交接刺和引带；E. 雌体尾部

圆锥形，被肠组织包围。排泄细胞位于咽基部稍后，细长椭圆形，长 46–63μm，相当于咽长的 32%–42%。神经环位于咽的 64%–67%处。排泄孔位于口腔前部，靠近头刚毛的位置。尾长 130–146μm，前部圆锥形，后部圆柱状，末端尖，无尾端刚毛。具有 3 个尾腺细胞。

雄体生殖系统双精巢，相对且伸展，前精巢位于肠的左侧，后精巢位于肠的右侧。输精管发育良好。交接刺长 33–36μm，成对，等长，弯曲，近端头状。引带突长 12–14μm，加厚的边缘延伸成 2 个小突起。具有约 9 个小的肛前辅器。

雌体生殖系统双卵巢，伸展，前卵巢位于肠的右侧，后卵巢位于肠的左侧。雌孔在身体总长度的 49%–51%处。阴道短，壁厚，垂直于体轴。

分布于福建省漳州市火山岛潮间带砂质沉积物中。

5.1.3.5　长化感器拟齿线虫 *Parodontophora longiamphidata* Wang & Huang，2016（图 5.7）

个体长柱状，向两端渐细。雄体体长 1200–1275μm，最大体宽 50–55μm，头径 9–13μm，为咽基部体径的 25%。角皮具有细条纹，无颈刚毛和体刚毛。头端圆钝，

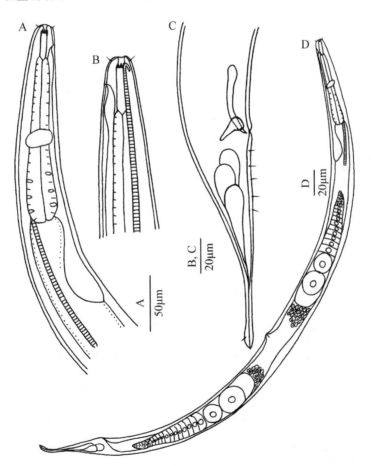

图 5.7　长化感器拟齿线虫 *Parodontophora longiamphidata*

A. 雄体咽部；B. 雄体头端，示口腔、化感器、排泄系统；C. 雄体尾部，示交接刺、
引带和尾腺细胞；D. 雌体，示生殖系统

内唇感器不明显，外唇感器乳突状；4 根头刚毛长 4μm，着生于头的前部，距离顶端 5μm。化感器羊角状弯曲，具有 1 条长的梯形臂，从咽的顶端一直延伸至肠的前端，长达 280μm，约为口腔长度的 10 倍，宽 5μm，有横纹。神经环位于咽的中前部，距离头端 85–102μm，占咽长的 47%。口腔分为两部分，前部圆锥形，后部圆柱形，壁角质化加厚，深 29μm，宽 8μm，前端具有 6 个齿状物。咽圆柱状，长 162–180μm，占总体长的 14%，基部稍膨大，不形成咽球。贲门小，圆锥状。排泄系统明显，排泄细胞较大，长卵圆形，位于肠的前端，距离头端 255μm。排泄孔位于口腔中间位置，距离头端 20μm。尾锥柱状，长 125–128μm，为泄殖孔相应体径的 3.3–4.3 倍，锥状部分具有 2 排亚腹刚毛，末端稍膨大，具有 3 根 4μm 长的尾端刚毛。3 个尾腺共同开口于尾的末端。

雄体生殖系统具有 2 个伸展的精巢，前精巢位于肠的右侧，后精巢位于肠的左侧。交接刺长 36μm，为泄殖孔相应体径的 1.3 倍，向腹面弯曲，近端头状，远端渐尖。引带三角形，背面具有 1 对细的 13μm 长的引带突。无肛前辅器。

雌体类似于雄体，但尾稍长，无尾刚毛。生殖系统具有 2 个相对排列的伸展的卵巢，前卵巢长 240μm，位于肠的右侧；后卵巢长 290μm，位于肠的左侧。子宫内具有长圆形的卵。雌孔位于身体中部。

分布于浙江省乐清湾北部西门岛潮间带泥滩中。

5.1.3.6　海洋拟齿线虫 *Parodontophora marina* Zhang，1991（图 5.8）

个体长梭状，向两端渐细。雄体体长 1465–1664μm，最大体宽 45–46μm，头径 11–12μm。角皮光滑。头端圆钝，内唇感器不明显，外唇感器乳突状；4 根头刚毛长 6–7.5μm，着生于头的前部。具有短的颈刚毛，亚背面 3 对，亚腹面 1 对。体刚毛短而分散。化感器半环形，其长度短于口腔，长 18–19μm，是口腔长度的 60%–70%，腹侧臂稍长。神经环位于咽的中后部，占咽长的 62%–67%。排泄系统明显，排泄细胞较大，长卵圆形或矩圆形，长 74–93μm，位于肠的前端。排泄孔位于口腔中间位置。口腔分为两部分，前部圆锥形，后部圆柱形，壁角质化加厚，深 26–30μm，前端具有 6 个爪状齿。咽圆柱状，向基部逐渐增粗，基部 1/4 膨大，形成咽球。贲门小，圆锥状。尾锥柱状，长 139μm，为泄殖孔相应体径的 5.3 倍，锥状部分具有 5 对亚腹刚毛；柱状部分具有不规则分布的短刚毛，末端稍膨大，无尾端刚毛。3 个尾腺共同开口于尾的末端。

雄体生殖系统具有 2 个伸展的精巢，前精巢位于肠的右侧，后精巢位于肠的左侧。交接刺长 33–38μm，为泄殖孔相应体径的 1.4 倍，向腹面弯曲，近端双头状，远端渐尖，腹面具有翼膜。引带背侧具直伸的 12–15μm 长的尾状突，在腹面中间具 1 突起。无肛前辅器。

雌体类似于雄体，尾稍长。生殖系统具有 2 个相对排列的伸展的卵巢，前卵巢位于肠的右侧，后卵巢位于肠的左侧。子宫内具有长圆形的卵。雌孔位于身体中前部，距头端距离为体长的 47%–51%。

分布于潮间带和潮下带泥沙质沉积物中。

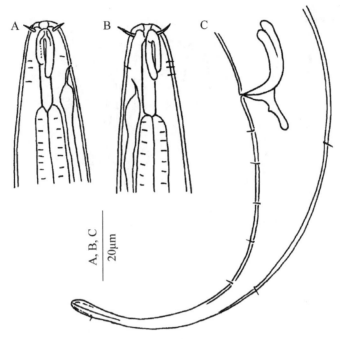

图 5.8　海洋拟齿线虫 Parodontophora marina

A. 雄体头端，示头刚毛、口腔、化感器；B. 雌体头端，示排泄管；C. 雄体尾端，示交接刺、引带

5.1.3.7　短毛拟齿线虫 Parodontophora microseta Li & Guo，2016（图 5.9）

体长 1266–1717μm，最大体宽 41–84μm。侧面角皮有细条纹。唇区基本呈圆形，具有 6 根外唇刚毛。头刚毛长 3–4μm，相当于头径的 19%–29%，距头端 3–4μm。亚头刚毛 1μm，背侧和腹侧各排列 2 根。体刚毛长 2–3μm，排列于化感器两侧，呈两纵列，从口腔基部延伸至尾的锥状部分。化感器距头端 3–4μm，钩状，具有横纹，背支较短，腹支平行于背支且较长。背支长度为腹支长度的 13%–16%，整个化感器长度为口腔长度的 1.71–2.1 倍。口腔长 33–35μm，宽 6–7μm，圆柱形，明显角质化。口腔前端有 6 个分叉齿。咽始于口腔基部，肌肉发达，基部逐渐膨大。贲门小，圆锥形，被肠组织包围。排泄细胞位于咽基部稍后，细长椭圆形，长 63–84μm，相当于咽长的 34%–41%。神经环位于咽的 58%–63%处。排泄孔位于口腔前部，靠近头刚毛的位置。尾长 168–218μm，前部圆锥形，后部圆柱形，末端尖，无尾端刚毛。具有 3 个尾腺细胞。

雄体生殖系统双精巢，相对且伸展。交接刺长 44–46μm，成对，等长，弯曲，近端头状。引带具有引带突，长 14–16μm，加厚的边缘延伸成 2 个小突起。具有 1 根肛前刚毛，长 3–4μm，13–15 个纤毛状辅器排列于肛前。

雌体生殖系统双卵巢，伸展，前卵巢位于肠的右侧，后卵巢位于肠的左侧。雌孔位于身体中部。阴道短，壁厚，垂直于体轴。外阴腺体位于阴道前后。

分布于福建省泉州市洛阳江红树林泥质沉积物中。

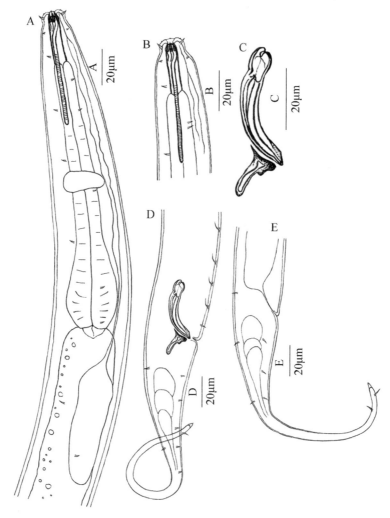

图 5.9 短毛拟齿线虫 *Parodontophora microseta*

A. 雄体咽部；B. 雌体头端；C. 交接刺和引带；D. 雄体尾部；E. 雌体尾部

5.1.3.8 似短毛拟齿线虫 *Parodontophora paramicroseta* Li & Guo，2016（图 5.10）

体长 1054–1723μm，最大体宽 42–91μm。侧面角皮有细条纹。唇区呈圆形，具有 6 根外唇刚毛。头刚毛长 3–4μm，相当于头径的 20%–29%，距头端 3–4μm，头刚毛处有明显收缩。亚头刚毛 1μm，背侧和腹侧各排列一根。体刚毛长 2–3μm，排列于化感器两侧，呈两纵列，从口腔基部延伸至尾的锥状部分。化感器距头端 3–4μm，钩状，背支较短，腹支平行于背支且较长，背支长度为腹支长度的 19%–21%，整个化感器长度为口腔长度的 1.35–1.5 倍。口腔长 32–34μm，宽 6–7μm，圆柱形，明显角质化。口腔前端具有 6 个分叉齿。咽始于口腔基部，肌肉发达，基部逐渐膨大。贲门小，圆锥形，被肠组织包围。排泄细胞位于咽基部稍后，长椭圆形，长 53–70μm，相当于咽长的 33%–37%。神经环位于咽的 57%–67%处。排泄孔位于口腔前部，靠近头刚毛的位置。尾长 164–212μm，前部圆锥形，后部圆柱形，末端尖，无尾端刚毛。具有 3 个尾腺细胞。

　　雄体生殖系统双精巢，相对且伸展。交接刺长 44–48μm，成对，等长，弯曲，近端头状。引带具有引带突，长 14–15μm，加厚的边缘延伸成 2 个小突起。具有 1 根肛前刚毛，长约 3μm，11 或 12 个刚毛状辅器排列于肛前。

　　雌体生殖系统双卵巢，伸展，前卵巢位于肠的右侧，后卵巢位于肠的左侧。雌孔位于身体中部 50%–52%处。阴道短，壁厚，垂直于体轴。外阴腺体位于阴道前后。

　　分布于福建省宁德市红树林泥质沉积物中。

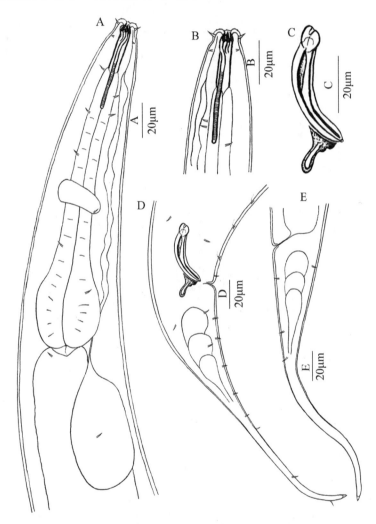

图 5.10　似短毛拟齿线虫 *Parodontophora paramicroseta*
A. 雄体咽部；B. 雌体头端；C. 交接刺和引带；D. 雄体尾部；E. 雌体尾部

5.1.3.9　五垒岛湾拟齿线虫 *Parodontophora wuleidaowanensis* Zhang，2005（图 5.11）

　　身体长柱状，向两端渐细。角皮具有细条纹。6 个外唇感器乳突状，4 根头刚毛，长 4μm，着生于头的前部，距离顶端 5μm。颈刚毛长 3μm，亚腹侧和亚背侧各两组，咽部不规则分布着颈刚毛。体刚毛分散。尾腹侧锥状部分有 6 对尾刚毛，柱状部分不规则分散着尾刚毛。口腔分为前、后两部分，前部稍锥状，后部具有平行的角质化壁，长21–25μm，宽5.5–6μm。口腔柱状部分的顶端有6个分叉的小齿。化感器弯曲呈钩状，具有横纹。背臂有1个较短的弯臂，长8–10μm，腹臂较长，为72–106μm。整个化感器相当于2.5–3.1倍的口腔长。咽与口腔相连，逐渐向后部变宽，在最后1/4处形成1个咽球。神经环位于咽距近端58%–62%处，排泄孔开口于口腔中部位置。尾锥柱状。

雄体生殖系统具有2个伸展的精巢，前精巢位于肠的右侧，后精巢位于肠的左侧。交接刺长39–49μm，成对，近端膨大呈圆形，引带具有14μm长的尾状突。无肛前辅器。

雌体生殖系统具有2个相对排列的伸展的卵巢，前卵巢长398μm，位于肠的右侧；后卵巢长368μm，位于肠的左侧。雌孔位于身体中前部。

分布于潮下带泥沙质沉积物中。

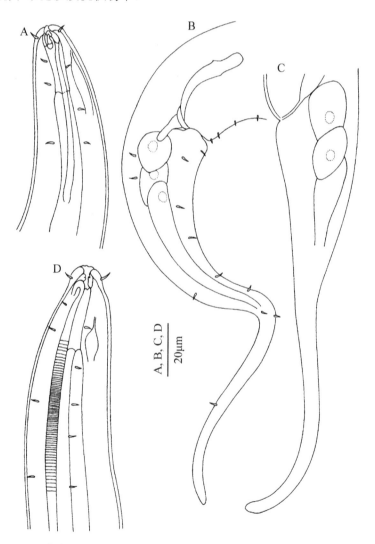

图5.11　五垒岛湾拟齿线虫 *Parodontophora wuleidaowanensis*（Zhang，2005）

A. 雄体头端；B. 雄体尾部；C. 雌体尾部；D. 雌体头端

5.1.4　假拟齿线虫属 *Pseudolella* Cobb，1920

该属个体口腔大，圆柱状，具有角质化的壁和膨大的基部。口腔前部具有 3 个弯曲的齿。化感器钩状，具有伸长的腹臂。

5.1.4.1　东海假拟齿线虫 *Pseudolella donghaiensis* Wang & Huang，2016（图 5.12）

身体圆柱状。雄体体长 1228–1313μm，最大体宽 37–41μm，头径 10–15μm。角皮具有细条纹。头端圆钝，内唇感器不明显，外唇感器乳突状；4 根头刚毛较短，长约 2μm，着生于头的前部。颈刚毛长 2μm，在亚侧面排列成 4 纵列，每列 2 或 3 根。化感器长环状，腹侧分支长约 50μm，超过口腔基部。口腔圆柱状，长 47–50μm，基部向四周拱起呈球形，口腔前庭具有 3 个向外弯曲且圆钝的齿。咽长 148–156μm，

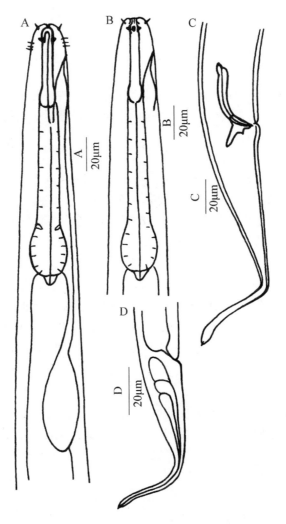

图 5.12　东海假拟齿线虫 *Pseudolella donghaiensis*

A. 雄体头端，示口腔齿、化感器、咽球和排泄系统；B. 雌体前端；C. 雄体尾端，示交接刺、引带；D. 雌体尾部

基部膨大形成咽球。贲门较小，圆锥状。神经环不明显。排泄细胞较大，长卵圆形，位于肠的前端。排泄孔位于口腔中间位置。尾锥柱状，长 126–148μm，为泄殖孔相应体径的 4.7 倍，锥状部分约占尾长的 2/3，柱状部分占 1/3，无尾刚毛。3 个尾腺共同开口于尾端突起。

雄体生殖系统具有 2 个反向排列的伸展的精巢，前精巢位于肠的右侧，后精巢位于肠的左侧。交接刺长 35–49μm，为泄殖孔相应体径的 1.1 倍，向腹面弯曲，近端双头状，其下膨大，然后向远端渐尖。引带桶状，背面具有直伸的 15–23μm 长的尾状突，腹面中间突起。无肛前辅器。

雌体类似于雄体。生殖系统具有 2 个相对排列的伸展的卵巢，前卵巢位于肠的左侧，后卵巢位于肠的右侧。雌孔位于身体中部。

分布于浙江省乐清湾北部西门岛潮间带泥滩中。

5.2　联体线虫科 Comesomatidae Filipjev，1918

5.2.1　拟联体线虫属 *Paracomesoma* Stekhoven，1950

该属个体角皮具有横向排列的环纹或装饰点。头感器排列成 3 圈。口腔圆柱状，壁角质化，具有 3 个或 6 个刺状齿。交接刺细长，引带板状，无引带突，具有肛前辅器。

5.2.1.1　异毛拟联体线虫 *Paracomesoma heterosetosum* Zhang，1991（图 5.13）

个体细长。雄体体长 2754–3860μm，最大体宽 31–34μm。角皮光滑，无装饰。头部直径 15μm，基部稍微收缩。头感器排列成 6+6+4 的模式，内唇感器乳突状，外唇感器刚毛状，长 17μm，4 根头刚毛较长，为 28–36μm，着生于化感器前边位置，紧邻外唇刚毛之下。颈部具有 4 纵列长约 13μm 的颈刚毛。化感器螺旋形，具有 3.5 圈，直径 10μm，为相应体径的 67%，位于头刚毛着生处。口腔锥状，壁角质化加厚，深 13μm，前端具有 3 个角质化的小齿。咽柱状，前端包围着口腔，基部膨大，但不形成显著的后咽球。贲门小，圆锥状，被肠组织包围。神经环位于咽的中后部，为咽长的 56%。排泄系统明显，腹腺细胞较大，位于肠的前端，排泄孔位于神经环之后，为咽长的 60%–73%。尾锥柱状，长度为泄殖孔相应体径的 5.9–7.1 倍，锥状部分和柱状部分各为尾长的一半，锥状部分具有亚腹刚毛。尾端稍膨大，具有 3 根 20–22μm 长的尾端刚毛和突出的黏液管开口。

雄体生殖系统具有 2 个反向排列的伸展的精巢，前精巢位于肠的左侧，后精巢位于右侧。交接刺细长，略向腹面弯曲，长 188μm，为泄殖孔相应体径的 6.4–7.5 倍。引带板状，长 26μm，背面具有 1 个 3μm 长的突起物。肛前具有 26–32 个小的乳突状肛前辅器。

雌体类似于雄体，但尾稍长，为泄殖孔相应体径的 7.5 倍。生殖系统具有前、后 2 个反向排列的伸展的卵巢，前卵巢位于肠的左侧，后卵巢位于肠的右侧。雌孔位于身体中部，距头端距离为体长的 50%–53%。

分布于潮间带沙滩中。

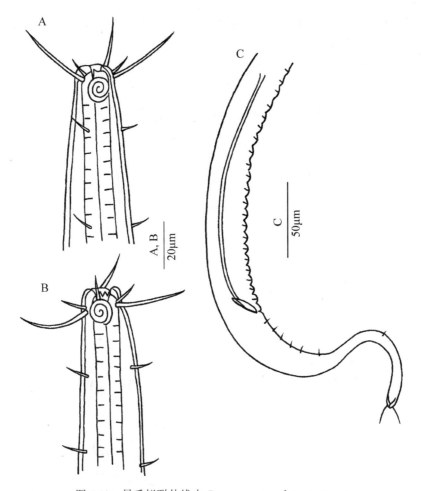

图 5.13　异毛拟联体线虫 *Paracomesoma heterosetosum*

A. 雄体前端，示头刚毛、口腔齿、化感器；B. 雌体前端；C. 雄体尾端，示交接刺、引带和肛前辅器（Zhang，1991）

5.2.1.2　厦门拟联体线虫 *Paracomesoma xiamenense* Zou，2001（图 5.14）

身体柱状，向两端渐细。雄体体长 1.7–2.0mm，最大体宽 46.0–50.4μm。头感器排列成 6+6+4 的模式，内唇感器乳突状，外唇感器刚毛状，长 3μm，有 4 根头刚毛，长 9μm，位于化感器前方，距顶端 5μm 处。化感器螺旋形，具有 3 圈，直径 11μm，为相应体径的 69%，前边位于头刚毛着生处。口腔杯状，壁角质化加厚，具有 3 个角质化的小齿。咽柱状，长 249μm，基部膨大，但不形成显著的后咽球。贲门小，圆锥状，被肠组织包围。神经环位于咽的 60% 处。排泄系统明显，腹腺细胞较大，位于肠的前端，排泄孔位于神经环之后，距头端 169μm。

雄体生殖系统具有 2 个反向排列的伸展的精巢。交接刺细长，成对，不等长，长的一根为 203μm，为肛径的 5.8 倍，短的一根为 188μm，为肛径的 5.5 倍。引带板状，无引带突，长 34μm。肛前具 2 纵排 29 对小的乳突状肛前辅器。尾锥柱状，长 172–218μm，是肛径的 6–7 倍。具有 3 根尾端刚毛。

雌体类似于雄体。生殖系统具有前、后 2 个反向排列的伸展的卵巢，前卵巢位于肠的左侧，后卵巢位于肠的右侧。2 个储精囊分别位于雌孔两侧。雌孔位于身体中前部，距头端距离为体长的 40%。

分布于福建省厦门潮间带泥滩中。

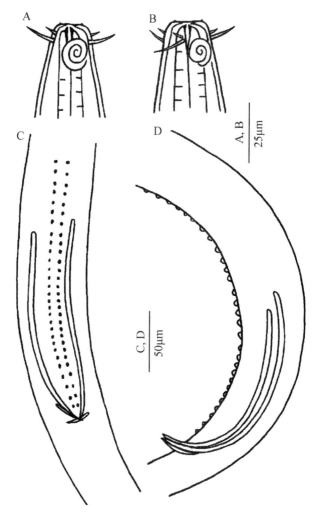

图 5.14　厦门拟联体线虫 *Paracomesoma xiamenense*（Zou，2001）

A. 雄体头部；B. 雌体头部；C. 雄体泄殖腔处腹面观，示交接刺、引带和肛前辅器；D. 雄体泄殖腔处侧面观

5.2.1.3　张氏拟联体线虫 *Paracomesoma zhangi* Huang & Huang，2018（图 5.15）

雄体体长 1508–1868μm，最大体宽 38–44μm。角皮具有环状排列的圆点，无侧装饰。有体刚毛，长 4μm。头部直径 12–14μm，基部稍微收缩。头感器排列成 6+6+4 的模式，内唇感器乳突状；外唇感器刚毛状，外唇刚毛长 4μm；4 根头刚毛较长，为 9–10μm，紧邻外唇刚毛之下，距头端距离为 0.5 倍头径处。化感器螺旋形，具有 3 圈，直径 9μm，为相应体径的 70%，前边位于头刚毛着生处。口腔锥状，深 12–14μm，前端具有 3 个角质化的小齿。咽柱状，长 174–216μm，为体长的 12%，基部膨大，但没有形成显著的后咽球。贲门锥状。神经环位于咽的中前部。腹腺细胞较大，位于肠的前端，排泄孔紧邻

神经环之后，具有 1 个大的排泄囊。尾锥柱状，长 167–200μm，为泄殖孔相应体径的 6 倍，锥状部分和柱状部分各为尾长的一半，具有尾刚毛。尾端稍膨大，具有 2 根 7–10μm 长的尾端刚毛和突出的黏液管开口。

　　雄体生殖系统具有 2 个反向排列的伸展的精巢，前精巢位于肠的左侧，后精巢位于右侧，输精管内具有卵圆形精子。交接刺细长，略向腹面弯曲，长 126–152μm，为泄殖孔相应体径的 4.6 倍，近端角质化加厚。引带板状，长 20μm，无引带突。具有 30–39 个细管状肛前辅器，肛前具有 1 根短的刚毛。

　　雌体稍大，体长 1839–1880μm，最大体宽 56–61μm，头刚毛较长，达 15μm。生殖系统具有 2 个反向排列的伸展的卵巢，前卵巢位于肠的左侧，后卵巢位于肠的右侧。输卵管内有椭圆形的卵。雌孔前、后各有 1 个卵圆形的受精囊，充满椭圆形的精子细胞。雌孔位于身体中前部，突出，距离头端为体长的 44%–46%。

　　分布于潮下带泥沙质沉积物中。

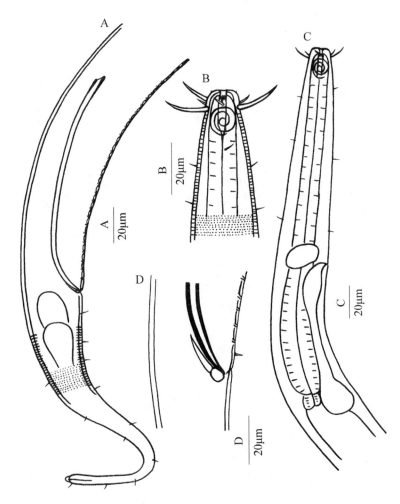

图 5.15　张氏拟联体线虫 *Paracomesoma zhangi*

A. 雄体尾端，示交接刺、引带和肛前辅器；B. 雄体头端，示头刚毛、口腔齿、化感器；
C. 雄体咽部；D. 雄体泄殖腔处侧面观

5.2.2 矛咽线虫属 *Dorylaimopsis* Ditlevsen，1918

角皮具有横向排列的斑点和纵向排列的粗点状侧装饰。口腔圆柱状，前端具有3个齿。头感器排列成6+6+4的模式。交接刺伸长。引带具有尾状突，具有肛前辅器。

5.2.2.1 异突矛咽线虫 *Dorylaimopsis heteroapophysis* Huang，Sun & Huang，2018（图 5.16）

雄体柱状，向两端渐细，体长 1632–1784μm，最大体宽 43–51μm。角皮具有环状排列的圆点，具有侧装饰。在咽部和尾部侧装饰由 3 排纵向的大点组成，身体其他部分的侧装饰由 2 排纵向排列的大点组成。有体刚毛，长 4μm。头部直径 11–12μm，在头刚毛处稍微收缩。头感器排列成6+6+4的模式，内唇感器乳突状，外唇感器刚毛状，较短，

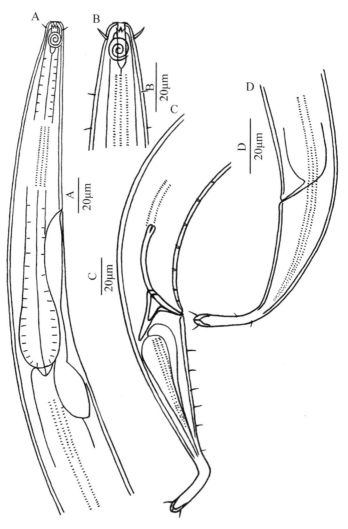

图 5.16 异突矛咽线虫 *Dorylaimopsis heteroapophysis*
A. 雄体咽区，示侧装饰和排泄系统；B. 雄体头端，示口腔齿、化感器；
C. 雄体尾端，示交接刺、引带和肛前辅器；D. 雌体尾端

4 根头刚毛长 5.0–5.5μm。化感器螺旋形，具有 3 圈，直径 9μm，为相应体径的 69%，前边紧邻头刚毛着生处。口腔较大，前部杯状，后部柱状，深 15–17μm，宽 3μm，前端具有 3 个角质化的齿。咽柱状，长 185–206μm，为体长的 11%，基部膨大，但不形成显著的后咽球。贲门锥状，长 9μm。神经环位于咽的中部。排泄系统明显，腹腺细胞较大，位于肠的前端，排泄孔位于咽的中后部，距头端 115μm。尾锥柱状，长 116–123μm，为泄殖孔相应体径的 3.1–4.0 倍，锥状部分占尾长的 2/3，具有 2 列 6–8 对亚腹刚毛。尾端稍膨大，具有 3 根 5–6μm 长的尾端刚毛和突出的尾腺开口。

雄体生殖系统具有 2 个反向排列的伸展的精巢，前精巢位于肠的左侧，后精巢位于肠的右侧，输精管内具有卵圆形精子。交接刺长 60–69μm，为泄殖孔相应体径的 2 倍，略向腹面弯曲呈弧形，近端头状具中裂。引带长 10μm，具有 2 个不等长的尾状引带突，右边 1 个短，长 9μm，左边 1 个长，长 22μm。具有 11 或 12 个细管状肛前辅器。

雌体生殖系统具有 2 个反向排列的伸展的卵巢，前卵巢位于肠的左侧，后卵巢位于肠的右侧，雌孔位于身体中部。

分布于潮下带泥质沉积物中。

5.2.2.2　拉氏矛咽线虫 *Dorylaimopsis rabalaisi* Zhang，1992（图 5.17）

雄体纺锤状，向两端渐细，体长 1506–1960μm。角皮具有环状排列的圆点，具有侧装饰。在咽部和尾部侧装饰由 3 排纵向的不规则的大点组成，身体其他部分的侧装饰由 2 排纵向排列的均匀的大点组成，侧装饰宽 9μm，是相应体径的 19%。颈刚毛长 5μm，体刚毛长 4μm，排列成 8 纵列。头部直径 13μm。头感器排列成 6+6+4 的模式，内唇感器乳突状，外唇感器刚毛状，较短，长 2μm。4 根头刚毛长 9μm。化感器螺旋形，具有 2.5 圈，直径 11μm，为相应体径的 70%，前边缘紧邻头刚毛着生处。口腔较大，前部杯状，后部柱状，深 16μm，壁角质化。口腔前端具有 3 个角质化的三角形齿。咽柱状，长 212μm，为体长的 14%。基部膨大，但不形成显著的后咽球。贲门心脏形。神经环位于咽的中部。排泄系统明显，腹腺细胞较大，位于咽肠的连接处，排泄孔位于神经环的下面，为咽长的 59%。尾锥柱状，长 145μm，为泄殖孔相应体径的 4 倍，锥状部分为尾长的 2/3，具有亚腹刚毛和亚背刚毛。尾端稍膨大，具有 3 根 6.5–8.0μm 长的尾端刚毛和突出的尾腺开口。具有 3 个尾腺细胞。

雄体生殖系统具有 2 个反向排列的伸展的精巢。交接刺长 80–86μm，为泄殖孔相应体径的 2.4 倍，向腹面弯曲呈弓形，近端头状，具有腹面开口，远端渐尖并向腹面弯曲。引带具有 2 个等长的尾状引带突，长约 24μm。具有 14–21 个细管状肛前辅器。

雌体尾较长，为泄殖孔相应体径的 4.5 倍，无尾刚毛。生殖系统具有 2 个反向排列的伸展的卵巢，前卵巢位于肠的左侧，后卵巢位于肠的右侧，每个卵巢都具有 1 条长的输卵管。输卵管内有椭圆形的卵。雌孔前、后各有 1 个卵圆形的受精囊，充满椭圆形的精子细胞。雌孔位于身体中部，距头端距离为体长的 49%。

分布于潮下带泥质沉积物中。

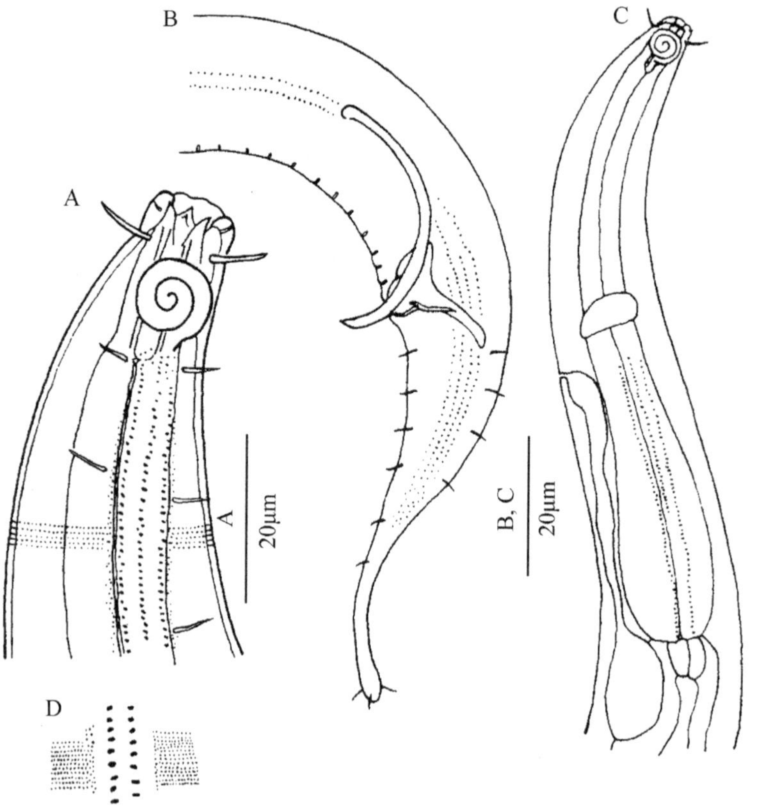

图 5.17 拉氏矛咽线虫 *Dorylaimopsis rabalaisi*（Zhang，1992）
A. 雄体前端，示头刚毛、口腔齿、化感器和侧装饰；B. 雄体尾端，示交接刺、引带和肛前辅器；
C. 雄体咽部；D. 侧装饰点

5.2.2.3 特氏矛咽线虫 *Dorylaimopsis turneri* Zhang，1992（图 5.18）

雄体纺锤状，向两端渐细，头基部略收缩，体长 1550–1610μm。角皮具有环状排列的圆点，具有侧装饰。在咽的中前部和尾端侧装饰点不规则，身体其他部分的侧装饰由 5 排纵向排列的均匀的大点组成，身体中间部位侧装饰宽 11μm，是相应体径的 29%。颈刚毛长 3.5–4.5μm，尾部刚毛长 5–6μm，体刚毛长 4μm，排列成 8 纵列。头部直径 10μm。头感器排列成 6+6+4 的模式，内唇感器乳突状，外唇感器刚毛状，较短，后面的 4 根头刚毛长 7μm。化感器螺旋形，具有 2.5 圈，直径 8μm，为相应体径的 70%，前边缘紧邻头刚毛着生处。口腔前部杯状，后部柱状，深 16μm，周壁角质化。口腔前端具有 3 个角质化的三角形齿。咽柱状，长 180μm，为体长的 12%，基部膨大，但不形成显著的后咽球。贲门小，圆形。神经环位于咽的中部，距头端距离为咽长的 53%。排泄系统明显，腹腺细胞较大，位于肠的前端，排泄孔位于神经环的下面，为咽长的 57%。尾锥柱状，长 114μm，为泄殖孔相应体径的 3.8 倍，锥状部分占尾长的 2/3，具有亚腹刚毛和亚背刚毛。尾端稍膨大，具有 3 根 7–8μm 长的尾端刚毛和突出的黏液管开口。具有 3 个尾腺细胞。

雄体生殖系统具有 2 个反向排列的伸展的精巢。交接刺长 62μm，为泄殖孔相应体径的 2 倍，向腹面弯曲呈弓形，近端头状，远端圆钝。引带具有 2 个等长的尾状引带突，长约 20μm，为交接刺长的 32%。具有 1 根短的肛前刚毛和 11–17 个细管状肛前辅器。

雌体较雄体大，具有较长的尾。生殖系统具有 2 个反向排列的伸展的卵巢。输卵管内有椭圆形的卵。雌孔前、后各有 1 个卵圆形的受精囊，充满椭圆形的精子细胞。雌孔位于身体中部，距头端距离为体长的 49%。

分布于潮下带粉砂质沉积物中。

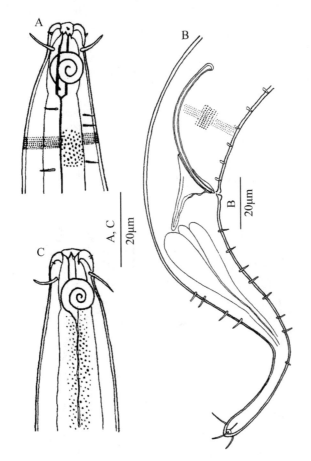

图 5.18　特氏矛咽线虫 Dorylaimopsis turneri（Zhang，1992）
A. 雄体头端，示头刚毛、口腔齿、化感器、侧装饰；B. 雄体尾端，示交接刺、引带和肛前辅器；
C. 雌体头端，示头刚毛、口腔齿和化感器

5.2.2.4　乳突矛咽线虫 Dorylaimopsis papilla Guo et al.，2018（图 5.19）

身体较粗，纺锤状，向两端渐细，头基部略收缩。雄体体长 2008–2392μm，最大体宽 92–116μm。角皮具有环状排列的圆点，圆点开始于化感器顶端，具有侧装饰。在咽的基部侧装饰由 4 或 5 排纵向排列的均匀的大点组成，身体中间部位侧装饰 2 排，在肛门位置有 4 排点或更多。侧装饰 8–10μm 宽，相当于体径的 9%–10%。头感器 3 圈，内唇感器和外唇感器小，但很明显，头刚毛长 3.7–4.2μm。化感器螺旋形，具有 2.5 圈，直径 10–11μm，为相应体径的 47%–55%，前边缘紧邻头刚毛着生处。口腔管状，深 18–21μm，周壁角质化。口腔前端有 3 个角质化的三角形齿。排泄孔位于神经环的下

面，为咽长的 56%。贲门明显。

雄体生殖系统具有 2 个反向排列的伸展的精巢。交接刺弯曲，长为泄殖孔相应体径的 1.5–1.8 倍，向腹面弯曲呈弓形，近端头状，远端圆钝。具有 16–18 个小的乳突状肛前辅器。引带长具有 2 个 37–40μm 长的引带突。尾锥柱状，长 211–216μm，锥状部分为尾长的 1/2。一些刚毛分散在尾的锥状部分，具有 3 根 5μm 长的尾端刚毛和突出的黏液管开口。

雌体较雄体大。生殖系统具有 2 个反向排列的伸展的卵巢。输卵管内有椭圆形的卵。雌孔前、后各有 1 个卵圆形的受精囊，充满椭圆形的精子细胞。雌孔位于身体中部，距头端距离为体长的 47%。

分布于福建省潮间带和潮下带泥沙质沉积物中。

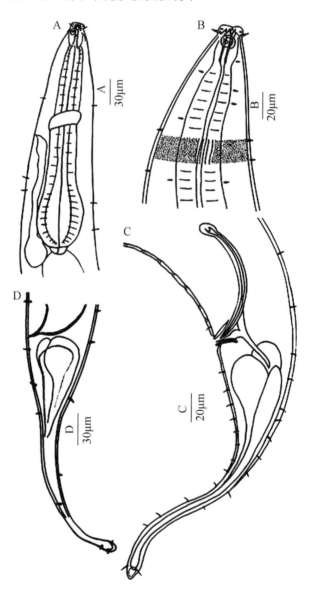

图 5.19　乳突矛咽线虫 *Dorylaimopsis papilla*
A. 雄体咽部；B. 雄体头端；C. 雄体尾部；D. 雌体尾部

5.2.2.5　*Dorylaimopsis* sp.（图 5.20）

　　身体柱状，向两端渐细。体长 1457–1586μm，最大体宽 55–56μm。角皮具有环状排列的圆点，圆点开始于化感器顶端，终止于尾的柱状部分，具有侧装饰。在咽部、肠、尾部侧装饰由 3 排纵向排列的均匀的大点组成（5μm 宽），身体其他部位侧装饰 2 排（2μm 宽）。头感器 3 圈，内唇感器小，但很明显，外唇感器刚毛状，长 2μm。头刚毛长 4μm。口腔锥状，深 19μm，宽 3μm，周壁角质化。口腔前端具有 3 个角质化的三角形齿。化感器螺旋形，具有 2.5 圈，直径 9μm，为相应体径的 64%，前缘紧邻头刚

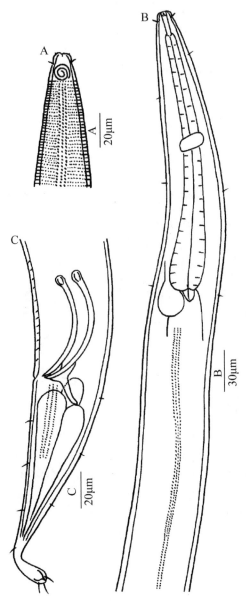

图 5.20　*Dorylaimopsis* sp.

A. 雄体头端；B. 雄体前部；C. 雄体尾部

毛着生处。咽柱状，基部膨大，但不形成显著的后咽球。贲门小，圆形。神经环位于咽的中部，距头端距离为咽长的 53%。贲门锥状，被肠组织包裹。神经环位于咽的中部。腹腺细胞位于肠的前端，排泄孔未见。

雄体生殖系统具有 2 个反向排列的伸展的精巢。交接刺成对，弯曲，等长，长为泄殖孔相应体径的 1.9–2.0 倍，向腹面弯曲呈弓形，近端头状，远端圆钝。引带具有尾状引带突，长 12–16μm。具有多个小的孔状肛前辅器。尾锥柱状。具有 3 根 4–5μm 长的尾端刚毛和突出的尾腺开口。具有 3 个尾腺细胞。

雌体生殖系统具有 2 个反向排列的伸展的卵巢。雌孔前、后各有 1 个卵圆形的受精囊，充满椭圆形的精子细胞。雌孔位于身体中部。

分布于潮下带泥沙质沉积物中。

5.2.3 霍帕线虫属 *Hopperia* Vitiello，1969

表皮具有不规则的点状侧装饰，不呈纵向排列。口腔柱状，内有 3 个或 6 个刺状齿。交接刺短而弯曲，引带一般具有引带突。

5.2.3.1 六齿霍帕线虫 *Hopperia hexadentata* Hope & Zhang，1995（图 5.21）

雄体柱状，向两端渐细。体长 2.1–2.5mm，最大体宽 39μm。角皮具有环状排列的

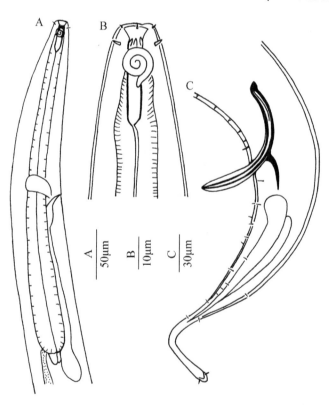

图 5.21 六齿霍帕线虫 *Hopperia hexadentata*（Hope and Zhang，1995）

A. 雄体咽部；B. 雄体头部；C. 雌体尾部

圆点，具有侧装饰，侧装饰由排列不规则的粗点组成，不呈纵排。头感器呈 6+6+4 排列，内唇感器不明显，6 个外唇感器乳突状，4 根头刚毛长 3–4μm。颈刚毛和体刚毛稀疏，长 2–4μm。口腔前部杯状，后部柱状，深 22–26μm，宽 4–5μm，内有 6 个齿。咽柱状，长 322–366μm，逐渐向基部膨大。神经环位于咽的 42%–45% 处。排泄系统具有 1 个腹腺细胞，位于肠的前端，排泄孔邻近神经环。尾锥柱状，长 203–221μm，为泄殖孔相应体径的 3–4 倍。尾端具有 3 根短的尾端刚毛，长 4–5μm。3 个尾腺细胞分别开口于黏液管末端。

雄体生殖系统具有 2 个反向排列的伸展的精巢，前精巢位于肠的左侧，后精巢位于肠的右侧。交接刺弯曲，长 113–122μm。引带具有引带突，长 33–41μm。肛前具 12–14 个孔状辅器，从肛前 17–25μm 延伸到 240–340μm。肛前有 1 根刚毛状感器。

雌体生殖系统双卵巢，直伸。雌孔位于距身体头端 47% 处。

分布于潮下带泥沙质沉积物中。

5.2.3.2　大化感器霍帕线虫 *Hopperia macramphida* Sun & Huang，2018（图 5.22）

雄体柱状，向两端渐细，体长 1220μm，最大体宽 39μm。角皮具有环状排列的

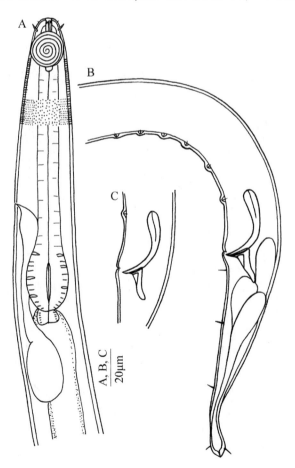

图 5.22　大化感器霍帕线虫 *Hopperia macramphida*

A. 雄体咽部，示头刚毛、口腔齿、化感器和排泄系统；B. 雄体后部，示交接刺、引带和肛前辅器；
C. 雄体泄殖孔区，示交接刺、引带和肛前辅器

圆点，具有侧装饰，侧装饰由排列不规则的粗点组成，不呈纵列。无体刚毛。头部直径 15μm，在头刚毛处稍微收缩。头感器不发达，内唇感器不明显，6 个外唇感器乳突状，4 根头刚毛长 4μm。螺旋形化感器较大，具有 5 圈，直径 22μm，为相应体径的 96%，前边缘紧邻头刚毛着生处，距离头端 6μm。口腔前部杯状，后部柱状，深 30μm，宽 5μm，前端具有 3 个角质化的齿。咽柱状，长 170μm，为体长的 14%。基部膨大形成咽球。贲门心脏形。神经环不明显。排泄系统发达，腹腺细胞较大，位于肠的前端，排泄孔位于咽球前部，距头端 110μm。尾锥柱状，长 122μm，为泄殖孔相应体径的 3.7 倍，锥状部分占尾长的 2/3，具 3 或 4 根腹刚毛；柱状部分短，末端膨大呈棒状，具有 3 根短的尾端刚毛和突出的黏液管开口。具有 3 个尾腺细胞。

雄体生殖系统具有 2 个反向排列的伸展的精巢，前精巢位于肠的左侧，后精巢位于肠的右侧。交接刺短，长 47μm，为泄殖孔相应体径的 1.4 倍，略向腹面弯曲，近端膨大，中间具有角质化的隔板，向远端逐渐变细。引带具有粗的尾状突，长 14.5μm。肛前具有 6 个乳突状辅器，从肛前 32μm 延伸到 130μm，辅器之间的距离越来越近。

未发现雌体。

分布于潮下带泥沙质沉积物中。

5.2.3.3 中华霍帕线虫 *Hopperia sinensis* Guo，Chang & Chen，2015（图 5.23）

雄体柱状，向两端渐细。体长 1750–2095μm，最大体宽 39–56μm。唇部膨大，外唇

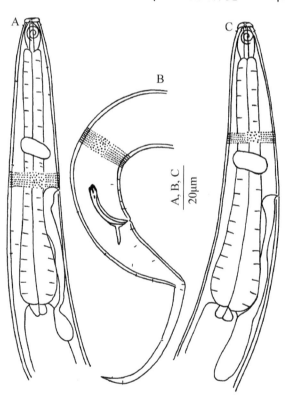

图 5.23 中华霍帕线虫 *Hopperia sinensis*
A. 雄体咽部；B. 雄体尾部；C. 雌体咽部

刚毛处收缩。角皮具有环状横向排列的圆点，从化感器处延伸至尾部，具有侧装饰，侧装饰由排列不规则的粗点组成，从化感器后 3–5μm 开始，这些点状的侧装饰从咽部和尾部逐渐向中间变大。头感器呈 6+6+4 排列，内唇感器乳突状，6 个外唇感器刚毛状，长约 2μm，4 根头刚毛长 2.4–2.8μm。螺旋形化感器较大，具有 2.25–2.5 圈，为相应体径的 53%–61%，距离头端 5μm。口腔由两部分组成，前部杯状，后部柱状，深 18–21μm，末端被肌肉组织包裹。3 个角质化等长的尖齿位于口腔前、后两部分的连接处。咽柱状，长 322–366μm，逐渐向基部膨大，但未形成咽球。贲门小。排泄细胞小，位于肠的最前端。尾锥柱状，长 162–173μm，具有短的尾刚毛，但不具有尾端刚毛。

雄体生殖系统具有 2 个反向排列的伸展的精巢。交接刺弯曲，近端头状，具有短的中央隔膜；远端锥状，长 113–122μm，为泄殖孔相应体径的 1.3–1.5 倍。引带具有尾状引带突，长 11–16μm。肛前具 13 或 14 个管状辅器和 1 个刚毛状感器。

雌体尾较长，生殖系统双卵巢，直伸，前卵巢位于肠的左侧，后卵巢位于肠的右侧。雌孔位于距身体头端 44%–47% 处。

分布于福建省泉州市洛阳江红树林沉积物中。

5.2.4　后联体线虫属 *Metacomesoma* Wieser，1954

角皮具有横向排列的斑点，无侧装饰。头感器排成 6+6+4 的模式，外唇刚毛与头刚毛等长。化感器螺旋形。口腔杯状，无齿。交接刺伸长，引带无引带突。

5.2.4.1　大化感器后联体线虫 *Metacomesoma macramphida* Huang & Huang，2018（图 5.24）

雄体柱状，向两端渐细，体长 1322μm，最大体宽 34μm。角皮具有环状排列的圆点，无侧装饰。有体刚毛，长 4μm。头部直径 11μm。头感器排列成 6+6+4 的模式，内唇感器和外唇感器均为乳突状，4 根头刚毛很短，约 2μm，距头端 1 个头径。螺旋形化感器较大，具有 4.5 圈，直径 12μm，为相应体径的 86%，前边距离头端 10μm。口腔较小，无齿。咽柱状，长 252μm，为体长的 19%。后 1/3 咽壁皱褶加厚，无后咽球。贲门较小，锥状，被肠组织围绕。神经环不明显。排泄孔距离头端 140μm。尾锥柱状，长 118μm，为泄殖孔相应体径的 4.1 倍，锥状部分和柱状部分各占尾长的一半，锥状部分具有 5 根腹刚毛。尾端稍膨大，具有 2 根 2μm 长的尾端刚毛和突出的黏液管开口。

雄体生殖系统具有 2 个并列排列的伸展的精巢，距离泄殖孔分别为 460μm 和 506μm。交接刺细长，向腹面弯曲，长 136μm，为泄殖孔相应体径的 4.7 倍，近端头状，远端尖锐。引带板状，长 18μm，无引带突。没有发现肛前辅器。

未发现雌体。

分布于潮下带泥质沉积物中。

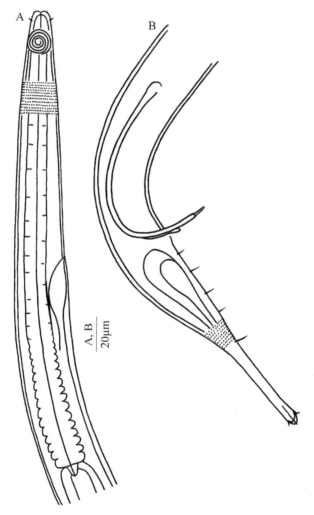

图 5.24　大化感器后联体线虫 *Metacomesoma macramphida*

A. 雄体咽部，示头刚毛、化感器、排泄孔；B. 雄体尾部，示交接刺、引带

5.2.5　管腔线虫属 *Vasostoma* Wieser，1954

角皮具有横向排列的装饰点，无侧装饰。头感器排成 6+10 的模式。口腔圆柱状，前端具有 3 个齿。交接刺长或短，引带具有尾状引带突，具有肛前辅器。

5.2.5.1　短刺管腔线虫 *Vasostoma brevispicula* Huang & Wu，2011（图 5.25）

雄体细长，向两端渐尖，体长 2119–2521μm，最大体宽 37–48μm。角皮具有环状排列的圆点，无侧装饰。体刚毛短，主要分布在咽区。头部直径 13μm，为咽基部体径的 28%。在头刚毛着生处稍微收缩，使头部突出。内唇感器不明显，外唇感器乳突状，4 根头刚毛短，长 3.0–3.5μm，着生于头下凹缩处，距头端 5μm 左右。化感器螺旋形，具有 2.5 圈，直径 9.0–9.5μm，为相应体径的 63%，前边位于头刚毛处，距头端 7μm。口腔前部杯状，后部柱状，深 14μm，前端具有 3 个角质化的齿状突起。咽柱状，长

200–206μm，为体长的 8%–9%。基部膨大，形成长梨形的咽球。贲门较大，卵圆形。神经环位于咽的中前部，距头端 92–94μm。排泄系统明显，腹腺细胞位于肠的前端，排泄孔位于咽的中部，距头端 108–128μm，为咽长的 51%。尾锥柱状，长 133–149μm，为泄殖孔相应体径的 4.1 倍，锥状部分占尾长的 2/3，具有多数短的尾刚毛。尾端膨大呈棒状，具有 3 根 4μm 长的尾端刚毛。具有 3 个尾腺细胞和突出的黏液管开口。

雄体生殖系统具有 2 个伸展的精巢。交接刺较短，长 52–57μm，为泄殖孔相应体径的 1.5 倍，向腹面稍弯曲呈弧形，近端 1/3 具中裂，远端渐尖。引带背面具有 2 个细长且直的尾状突，长 22–26μm。具有 1 根短的肛前刚毛和 8–10 个小的管状肛前辅器。

雌体略大于雄体，尾较长，无尾刚毛。生殖系统具有 2 个反向排列的伸展的卵巢，输卵管内有椭圆形的卵。雌孔位于身体中前部，距头端距离为体长的 43%。

分布于潮下带泥质沉积物中。

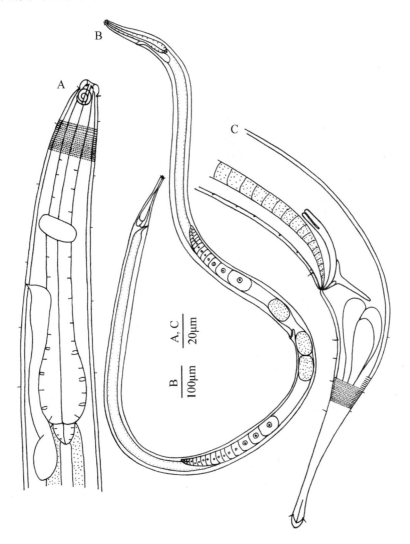

图 5.25 短刺管腔线虫 Vasostoma brevispicula
A. 雄体咽部，示头刚毛、口腔齿、化感器；B. 雌体，示生殖系统；C. 雄体后部，示交接刺、引带和肛前辅器

5.2.5.2 长刺管腔线虫 *Vasostoma longispicula* Huang & Wu，2010（图 5.26）

雄体柱状，向两端渐细，体长 2020–2265μm，最大体宽 39–42μm。头部直径 12μm，为咽基部体径的 32%，在头刚毛着生处略微收缩，使头部突出。角皮具有环状排列的圆点，无侧装饰。体刚毛短，主要分布在咽区。内唇感器不明显，外唇感器乳突状，4 根头刚毛长 6μm，着生于头下凹缩处，距头端 6μm。化感器螺旋形，具有 2.5 圈，直径 9μm，为相应体径的 60%，位于口腔中间位置。口腔前部杯状，后部柱状，深 20–22μm，前端具有 3 个角质化的三角形齿。咽柱状，长 192–223μm，为体长的 10%。基部稍膨大，但不形成咽球。神经环位于咽的中部，距头端 90–91μm。排泄系统明显，排泄细胞位于肠的前端，排泄孔位于咽的中后部，距头端 124μm，为咽长的 65%。尾锥柱状，长为泄殖孔相应体径的 4 倍，锥状部分占尾长的 2/3，柱状部分占 1/3，具有短的尾刚毛。尾端稍膨大，具有 3 根尾端刚毛，长 5μm。

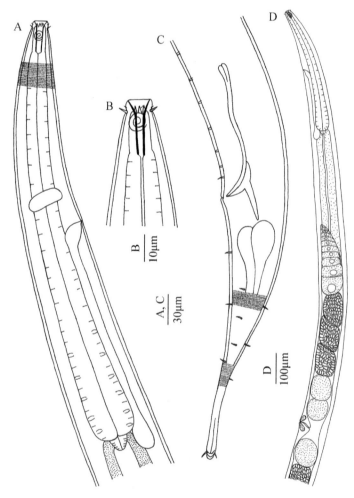

图 5.26 长刺管腔线虫 *Vasostoma longispicula*
A. 雄体咽部，示头刚毛、口腔齿、化感器和排泄系统；B. 雄体头部；C. 雄体尾部，示交接刺、引带和肛前辅器；D. 雌体前半部，示生殖系统

雄体生殖系统具有 2 个伸展的精巢。交接刺细长，弯曲，长 134μm，近端膨大，具有中间隔膜，远端渐尖。引带背面具有 2 个细长的尾状突，长 35μm。肛前具有 1 根 3μm长的肛前刚毛和 15～17 个小的管状肛前辅器。

雌体尾稍长，为 262μm，无尾刚毛。生殖系统具有 2 个反向排列的伸展的卵巢，成熟卵长圆形。雌孔前、后各有 1 个椭圆形的受精囊。雌孔位于身体中前部，距头端距离为体长的 46%。

分布于潮下带泥沙质沉积物中。

5.2.5.3　长尾管腔线虫 *Vasostoma longicaudata* Huang & Wu，2011（图 5.27）

雄体柱状，向两端渐细。头部直径 12μm，为咽基部体径的 32%，在头刚毛着生处稍微收缩，使头部突出。雄体体长 2020–2265μm，最大体宽 39–42μm。角皮具有环状排列的圆点，无侧装饰。体刚毛短，主要分布在咽区。内唇感器不明显，外唇感器乳突状，

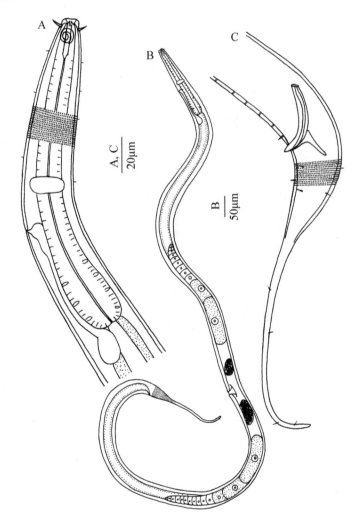

图 5.27　长尾管腔线虫 *Vasostoma longicaudata*

A. 雄体咽部，示头刚毛、口腔齿、化感器和排泄系统；B. 雌体，示生殖系统；C. 雄体尾部，示交接刺、引带和肛前辅器

4 根头刚毛长 6μm，着生于头下凹缩处，距头端 6μm。化感器螺旋形，具有 2.5 圈，直径 9μm，为相应体径的 60%，位于口腔的中间位置。口腔前部杯状，后部柱状，深 20–22μm，前端具有 3 个角质化的三角形齿。咽柱状，长 192–223μm，为体长的 10%。基部稍膨大，但不形成咽球。贲门不明显。神经环位于咽的中部，距头端 90–91μm。排泄系统明显，腹腺细胞位于肠的前端，排泄孔位于咽的中后部，距头端 124μm，为咽长的 65%。尾锥柱状，较长，为 185–202μm，为泄殖孔相应体径的 6.6 倍，锥状部分占尾长的 1/3，柱状部分占 2/3，细长呈丝状，具有短的尾刚毛。尾端不膨大，无尾端刚毛。黏液管开口不明显。

雄体生殖系统具有 2 个伸展的精巢。交接刺粗短，长 42–44μm，为泄殖孔相应体径的 1.4 倍，略向腹面弯曲，具有翼膜。引带背面具有 2 个细长的尾状突，长 15–16μm。肛前具有 1 根 3μm 长的肛前刚毛和 8 个小的管状肛前辅器。

雌体生殖系统具有 2 个反向排列的伸展的卵巢，成熟卵长圆形。雌孔前、后各有 1 个椭圆形的受精囊。雌孔位于身体中前部。

分布于潮下带泥沙质沉积物中。

5.2.5.4　螺旋管腔线虫 *Vasostoma spiratum* Wieser，1954（图 5.28）

体长 1.4–1.9mm，头径 12–14μm，相当于咽基部相应体径的 38%。表皮具有斑点，

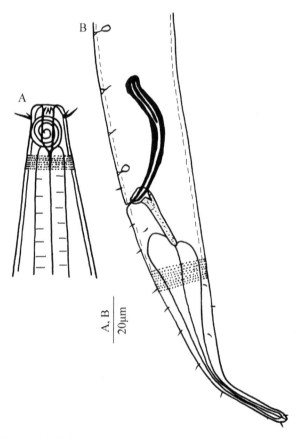

图 5.28　螺旋管腔线虫 *Vasostoma spiratum*（Wieser，1954）

A. 雄体头端；B. 雄体后部

但没有侧装饰。头部明显收缩，唇感器明显，外唇刚毛 3μm，头刚毛 9.0–9.5μm。化感器螺旋形，具有 4 圈，直径 11–12μm，占相应体径的 75%。口腔圆柱状，深 13μm，前端具有 3 个齿。

交接刺弧形，角质化，长 60μm，相当于 1.8 倍肛径，近端头状，中央隔膜约占交接刺长度的 2/5。具有 11 个肛前辅器。尾长相当于 4 倍肛径，柱状部分占 30%–40%。

雌体生殖系统双卵巢，相对，直伸，雌孔位于身体中部，距头端距离为体长的 49%–54%。

分布于潮下带泥质沉积物中。

5.2.6　长颈线虫属 *Cervonema* Wieser，1954

表皮具有环状横纹，颈部细长，外唇刚毛和头刚毛等长，分别排列成 2 圈，化感器螺旋形，具有 4.3–7.0 圈，距头端较远。口腔小。交接刺短，直伸或稍弯曲。引带有或无。肛前辅器乳突状或不存在。尾锥柱状（Fonseca and Bezerra，2014；Hong et al.，2016）。

5.2.6.1　东海长颈线虫 *Cervonema donghaiensis* Hong，Tchesunov & Lee，2016（图 5.29）

身体细长，体长 1389–1578μm。角皮具有细环纹。头颈部明显狭窄。头感器呈 3 圈

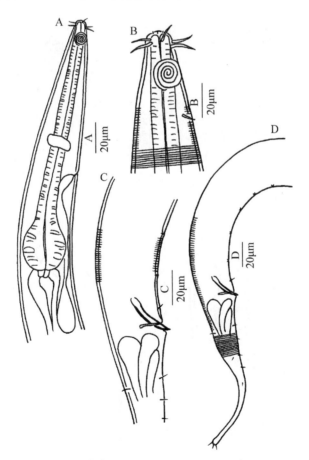

图 5.29　东海长颈线虫 *Cervonema donghaiensis*（Wieser，1954）

A. 雄体咽部；B. 雄体头端；C. 雄体泄殖腔处；D. 雄体后部

排列，内唇感器乳突状，外唇感器刚毛状，位于距头端 0.3 倍头径处，略微短于头刚毛。4 根头刚毛仅位于外唇刚毛之后，距头端 40%–50%头径处。体刚毛约 3μm 长，分布在身体表面。螺旋形化感器较大，具有 4.3–5.0 圈。口腔较小，锥状，无齿。咽柱状，向后逐渐加粗，形成后咽球。神经环位于咽长的 47%–57%处。排泄孔位于神经环之后。贲门发达，半圆形，被肠组织包裹。腹腺细胞较小，位于贲门的前面。

雄体生殖系统具有 2 个反向排列的伸展的精巢。交接刺成对，等长，略弯曲，近端头状，远端尖锐。引带较小，背面具有 1 个小的弱角质化的引带突，引带的远端随交接刺一起伸出泄殖孔。肛前具有 1 根短刚毛和 8 个小的乳突状肛前辅器。尾锥柱状，柱状部分占尾长的 36%–55%，尾端稍膨大，具有 3 根 5–7μm 长的尾端刚毛和突出的黏液管开口。

雌体稍大。生殖系统具有 2 个反向排列的伸展的卵巢，前、后各有 1 个卵圆形的受精囊，充满精子细胞。雌孔位于身体中部，距头端距离为体长的 40%–49%。

分布于潮下带泥质沉积物中。

5.2.6.2　长刺长颈线虫 *Cervonema longispicula* Huang，Sun & Huang，2018（图 5.30）

身体细长，具有伸长的颈部和丝状尾部。雄体体长 1211–1373μm，最大体宽 30–34μm。

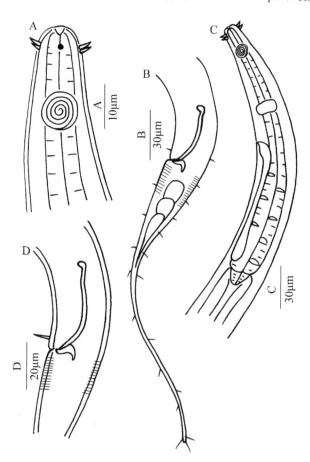

图 5.30　长刺长颈线虫 *Cervonema longispicula*
A. 雄体前端，示头刚毛、化感器；B. 雄体尾端，示交接刺和引带；C. 雌体咽部；D. 雄体泄殖腔处

角皮具有不明显的细环纹。头径 10–11μm。内唇感器不明显，外唇感器刚毛状，粗钝，呈锥形，长 5μm，位于距头端 50%头径处，4 根头刚毛紧邻外唇刚毛之下，粗钝，长 4–5μm。螺旋形化感器较大，具有 4.5 圈，直径 10μm，为相应体径的 63%，前边距离头端 1.6 倍体径。口腔较小，无齿。咽柱状，长 182–222μm，为体长的 17%，向后逐渐加粗，但不形成后咽球。神经环距离头端 60μm，为咽长的 30%。贲门发达，锥形。腹腺细胞较小，位于贲门的前面，排泄孔位于神经环之后，距离头端 95μm。尾锥柱状，长 198–270μm，为泄殖孔相应体径的 7.9–7.4 倍，柱状部分占尾长的 2/3，较细，呈丝状，尾上分布较多的尾刚毛，长 4–5μm。尾端稍膨大，具有 3 根 7μm 长的尾端刚毛和突出的黏液管开口。

雄体生殖系统具有 2 个反向排列的伸展的精巢，前精巢位于肠的左侧，后精巢位于肠的右侧。交接刺细长，向腹面略弯曲，45–48μm 长，为泄殖孔相应体径的 1.6–1.9 倍，近端头状，远端渐尖。引带较小，背面具有 1 个钩状的引带突。无肛前辅器，肛前具有 1 根 4μm 长的短刚毛。

雌体稍大，体长 1411μm，无尾刚毛。生殖系统具有 2 个反向排列的伸展的卵巢，前卵巢位于肠的左侧，后卵巢位于肠的右侧。卵巢较短，输卵管粗管状，成熟卵椭圆形。雌孔前、后各有 1 个卵圆形的受精囊，充满椭圆形的精子细胞。雌孔位于身体中部，距头端距离为体长的 48%。

分布于潮下带泥质沉积物中。

5.2.6.3　细尾长颈线虫 Cervonema tenuicauda Stekhoven，1950（图 5.31）

身体柱状，颈部细长，体长 1175–1192μm。头径 8–9μm。角皮具有细环纹。体刚毛约 3μm 长，随机分布在身体表面。头部明显狭窄。头感器呈 3 圈排列，内唇感器乳突状，不明显，外唇感器刚毛状，与 4 根头刚毛均长 4μm，相当于 44%的头径。螺旋形化感器较大，具有 5.5 圈。直径 10.7μm，相当于 70%的相应体径。口腔较小，锥状，无齿。咽柱状，长 196μm，向后逐渐加粗，形成后咽球，最宽处达 27μm。神经环位于咽的中部（50%咽长）。腹腺细胞较小，位于贲门的后面。排泄孔位于神经环之前，距头端 121μm。贲门发达，被肠组织包裹。尾 174μm 长，相当于 6.9 倍肛径，尾锥柱状，柱状部分占尾长的 62%，具有 3 根 4μm 长的尾端刚毛。

雄体生殖系统具有 2 个反向排列的伸展的精巢，前精巢位于肠的左侧，后精巢位于肠的右侧。交接刺成对，等长，几乎直伸，长 24μm。引带较小，板状，位于交接刺的背面，无引带突。无肛前辅器。

雌体稍大。生殖系统具有 2 个反向排列的伸展的卵巢，前卵巢位于肠的左侧，后卵巢位于肠的右侧。前、后各有 1 个卵圆形的受精囊，充满精子细胞。雌孔圆形，位于身体中部，距头端距离为体长的 47%–50%。

分布于潮下带泥质沉积物中。

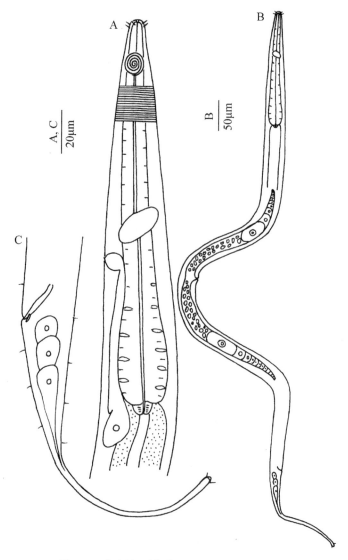

图 5.31 细尾长颈线虫 *Cervonema tenuicauda*
A. 雄体咽部；B. 雌体，示生殖系统；C. 雄体尾部

5.2.7 雷曼线虫属 *Laimella* Cobb，1920

表皮具有横纹或环状密集的斑点。口腔不发达，内有 3 个齿。肛前辅器小或无。尾长，尾锥柱状，后端丝状。

5.2.7.1 安氏雷曼线虫 *Laimella annae* Chen & Vincx，2000（图 5.32）

身体细长，两端渐尖。头部圆钝，头径 10μm，表皮有条纹。体刚毛长 6–8μm，咽部尤其明显。第一圈颈刚毛位于距头端 20μm 处。内唇感器不明显，6 根外唇刚毛长约 5μm。4 根头刚毛长 9–16μm。化感器螺旋形，具有 3 圈，直径 8–10μm，相当于相应体径的 70%。口腔管状，狭窄，内有 3 个齿。咽柱状，具有 1 个发达的后咽球，最宽处

26μm。神经环位于咽 50%处。排泄细胞明显，位于贲门后，排泄孔开口于神经环前，距头端 85–105μm。尾长 370–510μm，相当于 12.1–16.8 倍肛径，尾锥柱状，锥状部分占尾长的 18%，其余丝状。无尾端刚毛。

雄体生殖系统双精巢，前精巢位于肠的左侧，后精巢位于肠的右侧。交接刺成对，等长，略微弯曲，长 42μm，相当于 1.3 倍肛径。引带具有 1 个 16μm 长的引带突。有不明显的肛前辅器。

雌体生殖系统具有 2 个反向排列的伸展的卵巢，前卵巢位于肠的左侧，后卵巢位于肠的右侧。前、后各有 1 个卵圆形的受精囊，充满精子细胞。雌孔圆形，位于身体中部。

分布于潮下带泥质沉积物中。

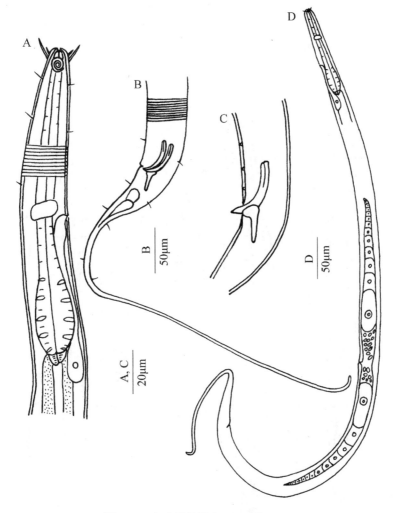

图 5.32　安氏雷曼线虫 *Laimella annae*
A. 雄体咽部；B. 雄体尾部；C. 雄体泄殖腔处；D. 雌体

5.2.7.2　菲氏雷曼线虫 *Laimella filipjevi* Jensen，1979（图 5.33）

身体细长，两端渐尖，体长 1064–1251μm。表皮有横纹。头感器呈 3 圈排列，内唇感器乳突状，6 根外唇刚毛位于 20% 头径处。4 根头刚毛几乎位于同 1 圈，明显长于外唇刚毛。体刚毛长 4μm。化感器螺旋形，具有 2.75–3.25 圈，直径 8–10μm。口腔锥状，狭窄，内有 3 个齿。咽柱状，长 150μm，具有 1 个发达的后咽球。神经环位于咽 40%–50% 处。排泄细胞明显，位于贲门后，排泄孔开口于神经环后。贲门半圆形，突出，被肠组织包裹。尾长为 12.1–16.8 倍肛径，尾锥柱状，柱状部分细长丝状，占尾长的 67%–75%，尾端刚毛约 2μm，尾部刚毛分布在尾的锥状部分。3 个尾腺细胞开口于尾尖。

雄体生殖系统双精巢，前精巢位于肠的左侧，后精巢位于肠的右侧。交接刺成对，具有翼膜，近端头状，远端尖锐。引带弱角质化，具有长的引带突。肛前具有 1 根肛前刚毛和 9 个小的乳突状辅器。

雌体生殖系统具有 2 个反向排列的伸展的卵巢，前卵巢位于肠的左侧，后卵巢位于肠的右侧。前、后各有 1 个卵圆形的受精囊，充满精子细胞。雌孔圆形，位于身体中部腹面，距离头端为体长的 46%–51%。

分布于潮下带黏土质沉积物中。

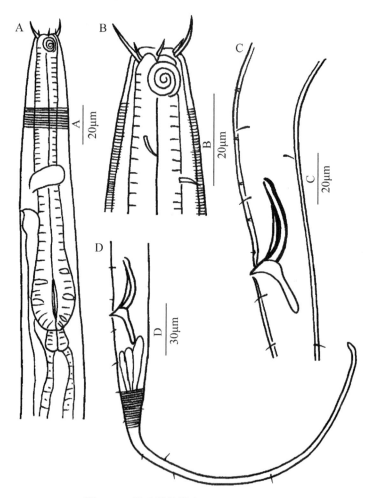

图 5.33　菲氏雷曼线虫 *Laimella filipjevi*
A. 雄体咽部；B. 雄体头部；C. 雄体泄殖腔区；D. 雄体尾部

5.2.7.3　长尾雷曼线虫 *Laimella longicaudata* Cobb，1920（图 5.34）

身体柱状，两端渐尖，体长 1.8–1.9mm。表皮具有点状环纹，点状环纹之间的间隔很小，以至于呈横向的条纹状。6 根外唇刚毛 7μm，4 根头刚毛 20–22μm，排列成 1 圈。咽部有 4 圈颈刚毛，肛门和尾部分散着许多体刚毛。化感器螺旋形，具有 3.25 圈，直径 10–11μm。口腔狭窄，柱状，弱角质化。咽具有后咽球。尾锥柱状，后部细长，呈丝状，长约 12 倍肛径。

交接刺弯曲，弓形，长 49μm，相当于 1.2 倍肛径，引带具有细长的尾状引带突。肛前具有 5 个小的乳突状辅器。

分布于潮下带泥质沉积物中。

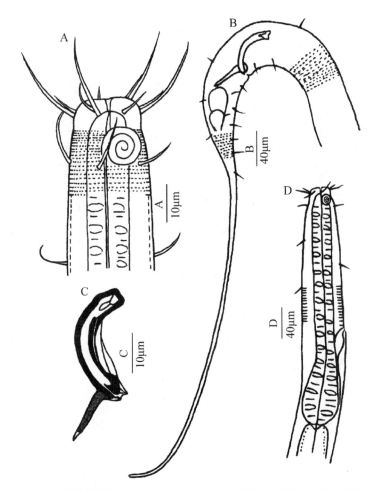

图 5.34　长尾雷曼线虫 *Laimella longicaudata*（Platt and Warwick，1988）
A. 雄体头端；B. 雄体尾部；C. 交接刺和引带；D. 雌体咽部

5.2.8　小咽线虫属 *Minolaimus* Vitiello，1970

表皮具有环状排列的装饰点和纵向排列规则的较大的点状侧装饰。6 个外唇感器和

4 个头感器刚毛状。口腔小，无齿。具有杯状辅器。尾锥柱状，具有较长的柱状部分。

5.2.8.1 近端小咽线虫 *Minolaimus apicalis* Sun，Huang & Huang，2021（图 5.35）

身体较小，体长 695–904μm。表皮具有横向点状环纹，颈部点较大，其他部分点较小。侧装饰由 3 列较大的点和 1 列皮孔组成，从咽中部延伸至尾的锥状部分。头部渐尖。口腔小，杯状，轻微角质化，无齿。内唇感器未见，6 根外唇刚毛和 4 根头刚毛几乎等长，排列于 1 圈，每根长约 2μm。化感器螺旋形，具有 4 圈，紧邻头端。咽柱状，基部膨大呈咽球。贲门不明显。神经环位于咽的中部。排泄孔未见。尾锥柱状，长为 6.5 倍肛径，尾端膨大。短的尾刚毛分散在尾部。

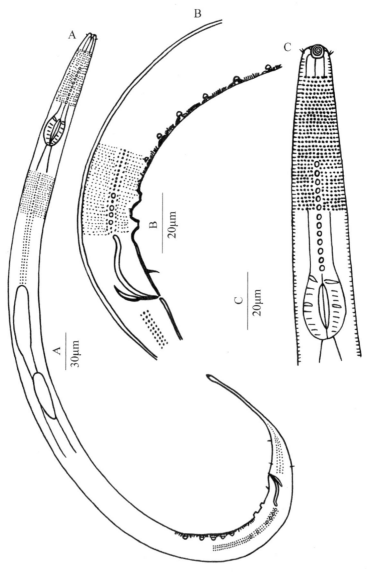

图 5.35　近端小咽线虫 *Minolaimus apicalis*

A. 雄体；B. 雄体泄殖腔区；C. 雌体咽部

雄体生殖系统双精巢，相对且直伸。前精巢距近端 235μm，后精巢距近端 298μm。交接刺长为 1.8 倍肛径，细长，弯曲。引带小，具有 1 个弯曲的引带突。肛前具有 2 个乳突状辅器和 6 个杯状辅器，辅器间的表皮角质化加厚并皱褶，形成环形的壁，围绕着每个辅器。远端一个辅器位于肛前 15μm，最近端一个辅器距肛门 107μm。1 根肛前刚毛位于肛门和最后一个辅器的中间，长约 3μm。

雌体生殖系统双卵巢，相对且反折，前卵巢位于肠的右侧，后卵巢位于肠的左侧。2 个椭圆形的储精囊位于雌孔两侧，内有精子细胞。阴道宽且直，角质化严重，长度相当于 0.25 倍肛径。雌孔位于身体中前部，距离头端为体长的 36.5%。

分布于潮下带泥质沉积物中。

5.2.8.2　多辅器小咽线虫 *Minolaimus multisupplementatus* Sun, Huang & Huang, 2021（图 5.36）

身体梭状，具有锥状头部和丝状尾，体长 3305μm，表皮具有横向点状环纹，侧装饰由 2 列较大的粗点组成，从化感器后延伸至尾的锥状部分。侧装饰宽 5–6μm。皮孔未见。

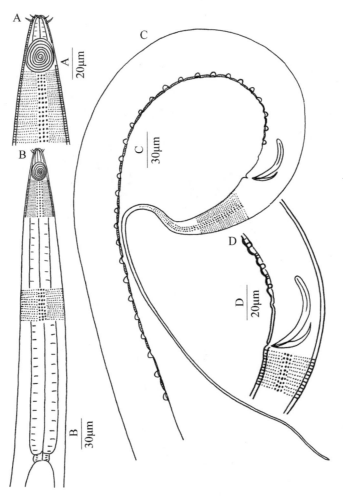

图 5.36　多辅器小咽线虫 *Minolaimus multisupplementatus*

A. 雄体头端；B. 雄体咽部；C. 雄体后部；D. 雄体泄殖腔区

头部渐尖。口腔小，无齿。6 个内唇感器乳突状，6 个外唇感器刚毛状，长 3μm，4 根头刚毛长约 4μm。化感器螺旋形，具有 7 圈，占相应体径的 90%。咽柱状，基部不膨大。贲门锥状。神经环位于咽的 37%处。排泄孔未见。尾长约为 15 倍肛径，丝状部分占尾长的 1/3，无尾端刚毛。

雄体生殖系统双精巢，相对且直伸。交接刺长为 1.5 倍肛径，弯曲且具有中央隔膜。引带弯曲，与交接刺平行，无引带突。肛前具有 1 个小的乳突状辅器和 29 个杯状辅器，靠近肛门处的几个辅器间距较小，前面的辅器间距较大，第 1 个辅器与最前端的辅器距肛门分别为 35μm 和 520μm。

雌体未发现。

分布于潮下带泥质沉积物中。

5.2.9　萨巴线虫属 *Sabatieria* Rouville，1903

表皮具有装饰点，有或无侧装饰，4 根头刚毛长于外唇感器。杯状口腔，无齿。化感器螺旋形，位于头刚毛之后。交接刺短，引带具有引带突。具有肛前辅器。

5.2.9.1　阿拉塔萨巴线虫 *Sabatieria alata* Warwick，1973（图 5.37）

体长 2.8–3.2mm，最大体宽 61–83μm。表皮具有环状排列的装饰点。侧面的斑点大

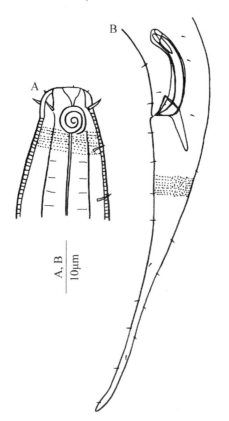

图 5.37　阿拉塔萨巴线虫 *Sabatieria alata*（Warwick，1973）

A. 雌体头端；B. 雄体尾部

而稀疏，且无规则排列。口腔由 6 个锥状唇瓣围成，每个唇瓣上具有 1 个小的乳突状感器。具有 6 根短的外唇刚毛和 4 根较长的头刚毛，每根长 5.0–5.5μm。颈刚毛短而稀疏，化感器螺旋形，雄体具有 3.0–3.2 圈，雌体具有 2.8–3.0 圈，直径 10–11μm。口腔杯状，无齿。尾较长，尾锥柱状，柱状部分较细，占尾长的一半，无尾端刚毛。

交接刺成对，等长且弯曲。近端稍膨大，每根交接刺中部有 1/3 中缝，腹侧具有侧翼，指向远端。引带三角形，背侧具有 1 对尾状引带突。肛前具有 21 个小的辅器，向前延伸至两个尾长的距离。

雌体双卵巢，前、后反向排列，等长且反折。

分布于潮下带砂质沉积物中。

5.2.9.2　塞尔特萨巴线虫 Sabatieria celtica Southern，1914（图 5.38）

体长 1.8–3.3mm，最大体宽 48–72μm。表皮具有成排的密集斑点。侧装饰的斑点大而稀疏，咽部和尾部无规则排列，但在身体中部成排排列。6 根短的外唇刚毛和 4 根长的头刚毛分别长 8μm 和 20μm，颈刚毛比一般的体刚毛略长。多位于身体侧面。化感器螺旋形，具有 2.5 圈，直径 11–16μm。尾长相当于 3.1–4.1 倍肛径，尾锥柱状，锥状和柱状部分各占尾长的 1/2。

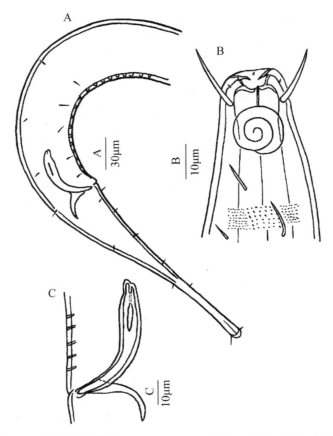

图 5.38　塞尔特萨巴线虫 Sabatieria celtica（Platt and Warwick，1988）

A. 雄体尾部；B. 雄体头端；C. 交接刺、引带和肛前辅器

交接刺长 46–60μm，弯曲，具有中央隔膜。引带明显弯曲，长约为交接刺的一半，但远端界限不明显。肛前具 16–21 个管状辅器，向前间距逐渐加大。

分布于潮下带泥沙质沉积物中。

5.2.9.3 锥毛萨巴线虫 *Sabatieria conicoseta* Guo et al.，2018（图 5.39）

体长 1.4–2.3mm，最大体宽 39–75μm。表皮具有成排的斑点，开始于化感器中部，终止于尾的锥状部分。侧面的斑点大而稀疏，且无规则排列。头感器 3 圈排列，6 个内唇感器和 6 个外唇感器乳突状，4 根头刚毛长 1.4–2.1μm。体刚毛锥状，不均匀地分布在亚腹侧和亚背侧。化感器螺旋形，具有 2.25 圈，直径 7–8μm，相当于相应体径的 42%–64%，距头端 4–6μm。口腔杯状，基部有齿。咽基部轻微膨大，但未形成咽球。神经环位于咽的中部，相当于咽长的 49%–56%。排泄孔距近端 107–133μm，排泄细胞位于贲门处。尾锥柱状，较长，为 131–189μm，相当于 4.8–5.3 倍肛径。

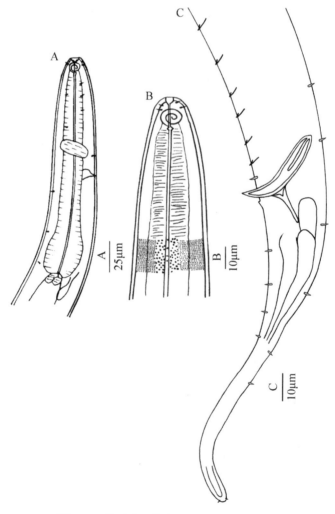

图 5.39 锥毛萨巴线虫 *Sabatieria conicoseta*

A. 雄体咽部；B. 雄体前部；C. 雄体后部

交接刺成对，较宽，远端稍弯曲，长度相当于 1.4–1.7 倍肛径，近端稍膨大，每条交接刺近端一半长度具有角质化中央隔膜。引带背侧具有 12–15μm 长的引带突。肛前具有 12–15 个管状辅器，向前间距逐渐增大，无肛前刚毛。

雌体比雄体个体更大，尾更长。双卵巢，大小相同，相对且反折。雌孔位于距近端 44%–46%处。

分布于福建省红树林泥质沉积物中。

5.2.9.4　小萨巴线虫 *Sabatieria minuta* sp. nov.（图 5.40）

个体较小，短于 1mm。表皮具有成排的斑点，开始于化感器前缘，终止于尾的柱状部分。无侧装饰，体刚毛短而稀疏。内唇感器不明显，6 个外唇感器乳突状，4 根头刚毛长 2μm。化感器螺旋形，具有 2.5 圈，化感器前缘位于头刚毛下方。口腔小，杯状，轻微角质化。咽柱状，基部稍膨大，不形成咽球。贲门小，神经环位于咽的中部。排泄孔位于神经环下方，排泄细胞位于咽基部。尾锥柱状，长为 3.7 倍肛径。尾端膨大，具有 3 根 2μm 长的尾端刚毛。尾腹侧具有 2 排亚腹刚毛。3 个尾腺细胞明显。

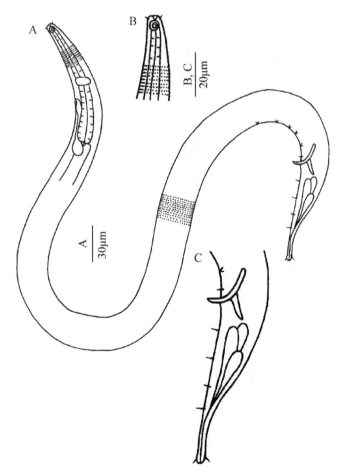

图 5.40　小萨巴线虫 *Sabatieria minuta* sp. nov.
A. 雄体；B. 雄体头端；C. 雄体尾部

雄体生殖系统双精巢，相对且直伸。交接刺棒状，向腹面弯曲呈弧形，近端圆钝，远端锥形，长 29–30μm，相当于 1.1–1.2 倍肛径。引带背侧具有 11μm 长的引带突。具有 5 个乳突状肛前辅器，远端的 4 个间距均匀，第五个间距增大。

雌体生殖系统双卵巢，相对且反折。2 个储精囊位于雌孔两侧，内有精子细胞。雌孔喇叭形，位于身体中部。

小萨巴线虫因其辅器较少，具有直的引带突、短的头刚毛和成对的颈刚毛，归为属内的 *pulchra* 组，小萨巴线虫与皮思娜萨巴线虫 *Sabatieria pisinna* Vitiello，1970 和前皮思娜萨巴线虫 *S. propissina* Vitiello，1976 最为相似，个体都较小。然而小萨巴线虫与皮思娜萨巴线虫的区别主要在于其交接刺细长，具有较长的引带突、更长的尾以及 5 个乳突状肛前辅器。小萨巴线虫与前皮思娜萨巴线虫的区别在于头刚毛短，无侧装饰。小萨巴线虫与属内其他种的区别在于个体较小，属内其他种的个体都长于 1mm。

分布于潮下带泥质沉积物中。

5.2.9.5 奇异萨巴线虫 *Sabatieria paradoxa* Wieser & Hopper，1967（图 5.41）

体长 1.5–1.7mm，最大体宽 42–65μm，咽基部体径 38–39μm，咽长 135–140μm。头径

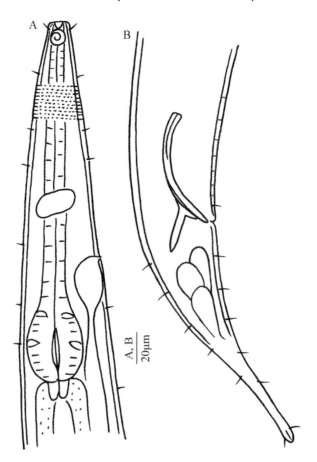

图 5.41 奇异萨巴线虫 *Sabatieria paradoxa*

A. 雄体咽部；B. 雄体尾部

12–13μm。内唇感器与外唇感器乳突状，头刚毛 5–6μm，相当于 38%–46%头径。颈刚毛短，分散，体刚毛比颈刚毛更加稀疏。化感器螺旋形，具有 2.25 圈，直径 7–10μm，相当于 54%相应体径。侧装饰明显，侧面点的间距明显更宽。尾长 140–142μm，相当于 3.2–4.1 倍肛径。尾刚毛 4–7μm 长。

雄体生殖系统双精巢，相对且直伸。交接刺 60–70μm 长，相当于 1.7–1.8 倍肛径。细长，前半部分中间具有隔膜，近端头状，远端尖锐。引带具有 25–27μm 长的引带突。肛前具有 17–19 个小的辅器。

分布于潮下带泥质沉积物中。

5.2.9.6　皮思娜萨巴线虫 *Sabatieria pisinna* Vitiello，1970（图 5.42）

体长 657–895μm，最大体宽 42–65μm，咽基部体径 22–31μm，咽长 126–147μm。头径 9.7–10μm。内唇感器与外唇感器乳突状，头刚毛 2.5μm，相当于 25%头径。颈刚毛短，分散，体刚毛比颈刚毛更加稀疏。化感器螺旋形，具有 2.5–3 圈，直径 7.7–8μm，相当于 54%相应体径。无侧装饰。尾短，长 50–77μm，相当于 2.75 倍肛径。尾部刚毛和尾腺细胞可见。

雄体生殖系统双精巢，相对且直伸。交接刺长 29–38μm，相当于 1.3 倍肛径。细长，中间具有隔膜，远端尖锐。引带具有 10–13μm 长的引带突。无肛前辅器。

分布于潮下带泥质沉积物中。

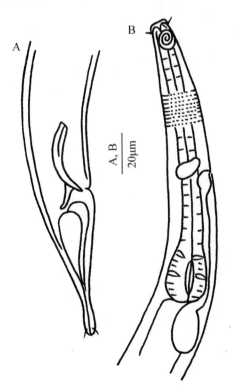

图 5.42　皮思娜萨巴线虫 *Sabatieria pisinna*

A. 雄体尾部；B. 雄体咽部

5.2.9.7 普雷萨巴线虫 *Sabatieria praedatrix* de Man，1907（图 5.43）

体长 1.8mm，最大体宽 52μm（*a*=38）。表皮具有成排的斑点，侧面具有纵向伸长的大的点。6 个内唇感器乳突状，头刚毛与外唇感器约 7μm，相当于 50% 头径。体刚毛在颈部和尾部比较发达，但在身体中部较为稀疏。化感器螺旋形，具有 2.5 圈，直径 8μm，相当于 60% 相应体径。尾锥柱状，长相当于 4 倍肛径，尾部 2/3 为锥状部分。具有短的尾刚毛和尾端刚毛。

交接刺长 66μm，相当于 1.7–1.8 倍肛径，细长，中间具有隔膜，近端膨大，具有中间隔膜，远端具有 1 个三角形的角质化结构。引带具有长的引带突。肛前具有 17 个小的管状辅器。

分布于潮下带泥质沉积物中。

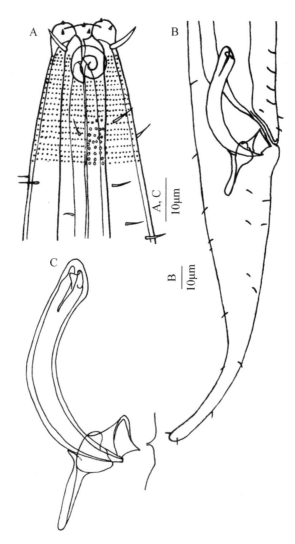

图 5.43　普雷萨巴线虫 *Sabatieria praedatrix*（Platt and Warwick，1988）

A. 雄体头端；B. 雄体尾部；C. 交接刺和引带

5.2.9.8 美丽萨巴线虫 *Sabatieria pulchra* Schnerider，1906（图 5.44）

［异名：*Sabatieria breviseta* Stekhoven，1935；*Sabatieria clavicauda* Filipjev，1918］

身体纺锤形，体长 1.3–2.3mm，最大体宽 62–98μm（*a*= 23–31）。整个身体角皮具有横向排列的装饰点。侧面的圆点不规则，咽部和尾部的圆点比身体中部的大。具有 6 根短的外唇刚毛；4 根长的头刚毛，头刚毛长 6–7μm，为头径的 40%–50%。体刚毛短而稀疏，呈 4 纵列。化感器螺旋形，具有 2.5 圈，直径 9–10μm，为相应体径的 0.6 倍。尾长为肛径的 3.0–3.5 倍，大部分为圆锥形，具有圆形膨大的末端，着生 3 根尾端刚毛。

交接刺长 58–62μm，为肛径的 1.3–1.5 倍，向腹侧弯曲，近端圆形，具有中央隔膜。引带有 1 对长且直的尾状突，长 19–22μm，中间有明显的片状结构。肛前具有 7–9 个管状辅器，向前间隔变小。

分布于潮下带泥质沉积物中。

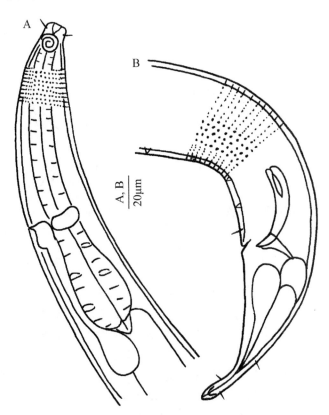

图 5.44 美丽萨巴线虫 *Sabatieria pulchra*
A. 雄体咽部；B. 雄体尾部

5.2.9.9 斑点萨巴线虫 *Sabatieria punctata* Kreis，1924（图 5.45）

体长 1.1–1.2mm，最大体宽 32–41μm（*a*=28–36）。与美丽萨巴线虫特征相似，不同之处在于：角皮具有横向排列较大的侧装饰点，但在咽部和尾部排列不整齐、不规则。头刚毛长 4μm，为头径的 40%。化感器螺旋形，具有 3.0 圈，直径 8.5μm，为相应体径的 0.7 倍。尾长为肛径的 3.0–3.5 倍，大部分为圆锥形，具有圆形膨大的尖端，着生 3 根尾端刚毛。

交接刺长为肛径的 1.2–1.5 倍，弯曲，近端圆形，具有中央隔膜。引带具有 1 对长且直的尾状突，长 19–22μm，引带中央不明显。肛前具有 6–9 个管状辅器，向前间隔较小。

分布于潮间带和潮下带泥沙沉积物中。

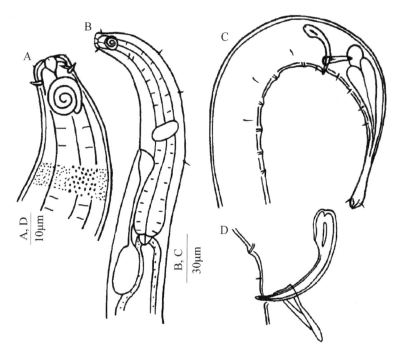

图 5.45 斑点萨巴线虫 *Sabatieria punctata*（Platt and Warwick，1988）
A. 雄体头端；B. 雄体咽部；C. 雄体后部；D. 交接刺、引带和肛前辅器

5.2.9.10 尖头萨巴线虫 *Sabatieria stenocephalus* Huang & Zhang，2006（图 5.46）

体长 2.16–2.25mm，最大体宽 68–69μm。身体头端呈锥形，头径 16μm，咽基部直径为相应体径的 24%。角皮具有横排装饰点，从化感器前边延伸到尾的柱形部分。两侧具有大的不规则的侧装饰点。体刚毛短而稀疏，呈 4 排纵向排列。化感器螺旋形，具有 3 圈，直径 15μm，为相应体径的 79%。化感器前边至头端的距离约为 10μm。具有 6 个乳突状的外唇感器，4 根头状刚毛长 11–12μm。杯状口腔，口腔壁角质化，具有齿状边。咽圆柱状，基部稍膨大。神经环距头端 130μm，为咽长的 48%。排泄孔位于神经环后方，距头端 165μm，排泄细胞大而明显。尾长 195–230μm，为肛径的 3.8–4.6 倍，细长，尾锥柱形，圆柱形部分约占总长度的 2/3，末端膨大，具有 3 根尾端刚毛，长约 7μm。

雄体生殖系统具有双精巢，反向伸展排列。交接刺成对，短粗，稍弯曲，长 55–58μm，为肛径的 1.1 倍，近端膨大，远端渐尖。引带具有 1 对尾状突，长 23–29μm。肛前具有 15 个乳突状辅器，后 5 个排列较紧密。

雌体生殖系统具有双卵巢，卵巢反向伸展排列。雌孔位于体长的 48%。尾长 250–258μm，为肛径的 5 倍，无尾刚毛；柱状部分末端膨大，着生 3 根尾端刚毛。具有

3 个尾腺细胞。

分布于潮下带泥质沉积物中。

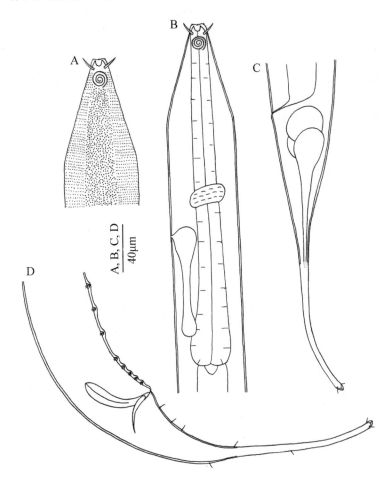

图 5.46　尖头萨巴线虫 Sabatieria stenocephalus
A. 雄体头端；B. 雌体咽部；C. 雌体尾部；D. 雄体尾部

5.2.10　毛萨巴线虫属 Setosabatieria Platt，1985

角皮具有横向环纹，不具有装饰点。有 4 根头刚毛；化感器螺旋形；颈刚毛纵向成排排列。口腔小，无齿。引带具有尾状突。具有小的肛前辅器。

5.2.10.1　库氏毛萨巴线虫 Setosabatieria coomansi Huang & Zhang，2006（图 5.47）

雄体柱状，两端渐尖，体长 1580–1983μm，最大体宽 50–62μm。角皮不具有环状排列的圆点，但有横向排列的细环纹，无侧装饰。头径 15–21μm。颈部具有明显的 4 排纵向排列的颈刚毛，每排 6–8 根，每根长 7–11μm。体刚毛短而稀疏。内唇感器不明显，外唇感器乳突状，4 根头刚毛较长，为 11–16μm，位于口腔基部，距头端约 10μm。化感器螺旋形，具有 3.5 圈，直径 11–13μm（为相应体径的 60%–70%）。口腔杯状。咽基部膨大,但不形成真正的咽球。神经环至头端的距离为119–140μm(为咽长的53%–55%)。排泄系统明显,腹腺细胞距头端147–154μm。尾锥柱状,长153–200μm,为泄殖孔相应体径的3.9–4.8倍;末端稍膨大,具有3根11–14μm长的尾刚毛。

交接刺均匀细长,略向腹面弯曲,长42–70μm,为泄殖孔相应体径的1.4倍,远端渐尖。引带背部具有较直的尾状突,长17–21μm。具有15个小的乳突状肛前辅器。

雌体生殖系统具有2个反向排列的伸展的卵巢。雌孔位于身体中部,距头端距离为体长的47%–49%。

分布于潮下带泥沙质沉积物中。

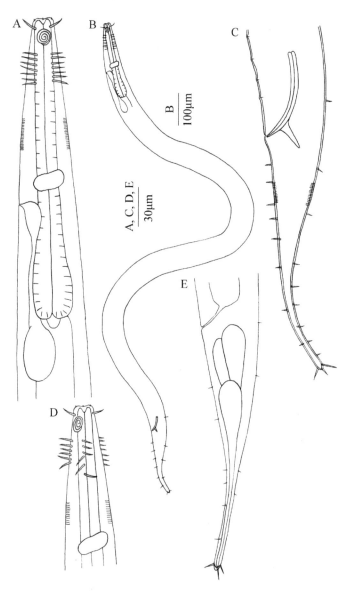

图5.47 库氏毛萨巴线虫 *Setosabatieria coomansi*

A. 雄体咽部,示头刚毛、化感器、颈刚毛和排泄系统;B. 雄体;C. 雄体尾部,
示交接刺、引带和肛前辅器;D. 雌体前端;E. 雌体尾部

5.2.10.2　长突毛萨巴线虫 *Setosabatieria longiapophysis* Guo，Huang，Chen，Wang & Lin，2015（图 5.48）

体长 2380–2810μm，最大体宽 42–58μm。角皮无点状纹饰，但全身可见横向细环纹。由于头鞘收缩，头部比身体的其他部分尖。内唇感器明显，外唇感器刚毛状，长 2μm。4 根头刚毛长 16–19μm（为头径的 1–1.2 倍）。颈刚毛长度类似于头刚毛，呈 4 排纵向排列，每排 7–9 根。化感器螺旋形，具有 2.75–3 圈，直径 15–17μm，占相应体径的 49%–69%。口腔杯状。咽基部逐渐膨大，但没有形成真正的咽球。神经环至头端距离为咽长的 61%–65%。贲门小，肌肉发达，被肠道组织包围。排泄孔位于神经环后。尾圆锥形，为肛径的 5.3–6.0 倍，尾部具有大量的尾刚毛。尾端膨大，具有 3 个尾端刚毛，长 12μm。具有尾腺细胞和突出的黏液管。

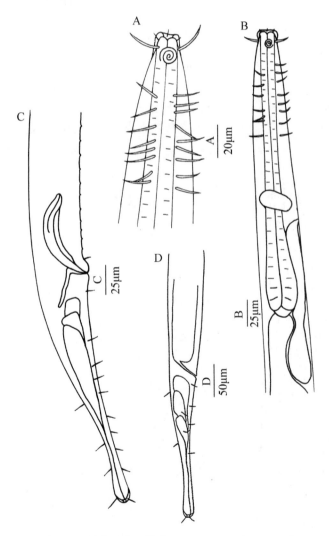

图 5.48　长突毛萨巴线虫 *Setosabatieria longiapophysis*

A. 雄体头端；B. 雌体头端；C. 雄体尾端，示交接刺；D. 雌体尾端

雄体精巢相对排列，伸展。前精巢位于肠的左侧，后精巢位于肠的右侧。交接刺成对，等长，弯曲，近端头状，具有角质化中央隔膜。引带背面具有直的 31–37μm 长的尾状突。具有 15 或 16 个小的肛前辅器，向前间距变大。

雌体与雄体相似，但化感器直径较小；雌孔至头端的距离为体长的 49%–50%。

分布于厦门鼓浪屿潮间带砂质沉积物中。

5.3　双盾线虫科 Diplopeltidae Filipjev，1918

5.3.1　薄咽线虫属 *Araeolaimus* de Man，1888

体长 1–3mm。角皮光滑或具有环纹。化感器为环形或纵向伸长的环形。口腔窄，锥状。咽中部膨大呈球状。具有色素点，后期可能会消失。尾锥状。

5.3.1.1　华丽薄咽线虫 *Araeolaimus elegans* de Man，1888（图 5.49）

体长 0.6–1.1mm，最大体宽 17–27μm（*a*= 28–42）。身体短粗，圆柱形。角皮具有细环纹，颈刚毛和尾刚毛短、稀疏。头端尖，口腔张开，唇瓣和唇感器不明显。口腔狭窄，长约为头径的 1 倍。4 根头刚毛着生在头端，长为头径的 50%。颈刚毛短，分散在几个独立的位置（在化感器处，化感器与色素点之间，咽膨大处的前、后端附近，咽膨大处与神经环之间）。化感器香肠状，位于口腔基部，为头径的 1.0–1.8 倍，至头端

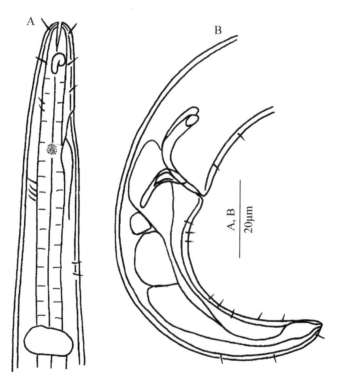

图 5.49　华丽薄咽线虫 *Araeolaimus elegans*（Kito，1976）

A. 雄体前部；B. 雄体尾部

距离约为相应体径的 0.38 倍。色素点距头端为头径的 4.3–5.2 倍。咽纤细，在 1/3 处膨大。神经环较宽，至头端距离为咽长的 61%。排泄孔位于化感器和色素点之间，不明显。排泄囊靠近色素点，腹腺细胞大，至头端的距离为咽长的 168%。尾渐细，末端钝，具有尾腺细胞；雄体尾长为肛径的 3.4–3.7 倍，雌体尾长为肛径的 4.1–5.5 倍。

　　雄体生殖系统双精巢，后精巢短而反折。泄殖孔至头端的距离为体长的 57%。交接刺较长，为肛径的 1.2–1.8 倍，明显弯曲。引带突长 8–10μm，为交接刺的 30%–40%。尾部腹侧具有多排尾刚毛。

　　雌体卵巢成对，几乎等长，相对排列，反折，长度约为体长的 20%。雌孔位于身体中部，至头端的距离为体长的 50%–52%。

　　分布于潮下带泥质沉积物中。

5.3.2　弯咽线虫属 *Campylaimus* Cobb，1920

　　体长 0.5–1.5mm。角皮具有环纹。头感器短或不明显。口腔小，位于头端背侧。化感器为长钩状，腹臂从头端延伸到尾端。尾圆锥状或锥柱状。

5.3.2.1　革兰氏弯咽线虫 *Campylaimus gerlachi* Timm，1961（图 5.50）

　　体长 337–540μm，最大体宽 14–21μm。角皮具有浅环纹。头端尖，头鞘明显。

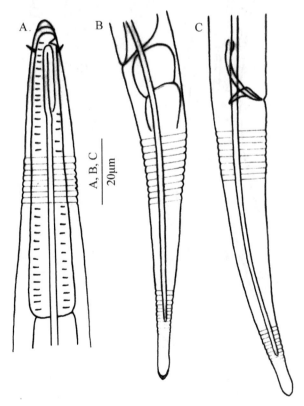

图 5.50　革兰氏弯咽线虫 *Campylaimus gerlachi*

A. 雄体咽部；B. 雌体尾部；C. 雄体尾部，示交接刺和引带口腔位于头端腹侧。口腔处有 4 根头刚毛，长 0.5μm。化感器长环状，具有 2 个平行的臂，位于头刚毛和口腔后面，长臂与身体的侧翼相连，从头端基本延伸到尾端；侧翼宽 3.2μm 或为相应体径的 17%–25%。咽基部膨大。尾锥柱状，末端膨大。

交接刺长 17–18μm，弯曲，近端头状。引带后具有尾状突。尾长为肛径的 7 倍。

雌体体长 410–500μm。雌孔位于身体中部，至头端的距离为体长的 50%–58%，轻微角质化。尾长为肛径的 4–7 倍。

分布于潮下带泥质沉积物中。

5.3.2.2 东方弯咽线虫 *Campylaimus orientalis* Fadeeva，Mordukhovich & Zograf，2016 （图 5.51）

身体呈纺锤形，体长 608–854μm，有明显的角质化头鞘。口腔小，菱形，在身体背侧。内唇感器和外唇刚毛不明显。4 根短的头刚毛（2.5–3.0μm）排列不对称：背侧刚毛位于腹侧

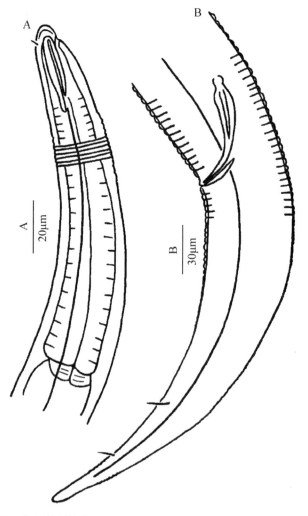

图 5.51 东方弯咽线虫 *Campylaimus orientalis*（Fadeeva et al.，2016）

A. 雄体咽部；B. 雄体尾部

刚毛稍下方。化感器明显，具有 2 个平行的臂，与口腔基部相连；背臂（32–40μm）比腹臂（37–43μm）稍短，两臂之间有间隙。身体侧翼狭窄，从化感器基部延伸到尾端。咽大部分为圆柱形，肌肉发达，基部逐渐膨大，不形成咽球。神经环位于咽后部。贲门短，被肠组织包围。腹腺细胞不明显。尾锥柱状，长 123–135μm（为肛径的 4.6–5.9 倍），尾端渐细。

雄体生殖系统具有 1 个前精巢。交接刺等长，稍弯曲，近端头状。引带管状，长 7μm。2 对尾刚毛较短：一对长 4μm，位于泄殖孔后 63μm；另一对位于泄殖孔后 90μm。

雌体与雄体形状相似。卵巢成对，反向伸展。前、后卵巢分别位于肠的左、右两侧。雌孔位于腹侧；输卵管短，无角质化。雌孔周围有 2 个腺体。

分布于深海泥质沉积物中。

5.3.2.3　小弯咽线虫 *Campylaimus minutus* Fadeeva，Mordukhovich & Zograf，2016（图 5.52）

身体短小，纤细，体长 323–558μm。角皮环纹浅。口腔开口位于头端背侧，窄小。唇部感器不明显。4 根头刚毛长 1.5μm，2 根着生于口腔，2 根位于口腔下面。无体刚毛。化感器明显，具有 2 个平行的臂，在口腔后面相连；背臂稍短（25–35μm 或为咽部长度的 25%–44%）。化感器的腹臂（3–4μm 宽）与身体侧翼（4μm 宽）完全融合，无分界。侧翼从化感器基部一直延伸到尾端。咽圆柱形，咽球不明显。神经环位于咽后部。贲门发达，

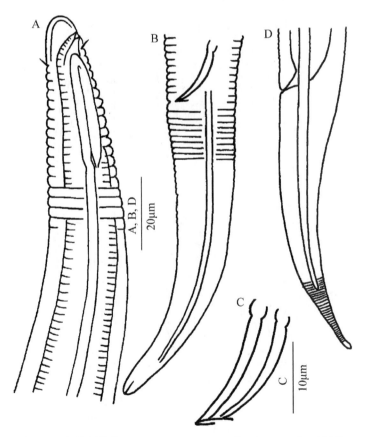

图 5.52　小弯咽线虫 *Campylaimus minutus*（Fadeeva et al.，2016）

A. 雌体头端；B. 雄体尾部；C. 交接刺和引带；D. 雌体尾部

被肠组织包裹。腹腺细胞不明显。尾长锥形，末端角质化，向腹部弯曲。雄体尾长为肛径的 4.1–5.3 倍，雌体尾锥柱状，长为肛径的 2.1–5.7 倍。尾刚毛不明显。

雄体生殖系统双精巢，2 个精巢短，伸展。交接刺成对，纤细，稍弯曲，近端头状，远端渐尖。引带明显，片状，背部具 1 对尾状突（长 2–4μm）。

雌体生殖系统双卵巢，反向伸展，不反折。前、后卵巢分别位于肠的左、右两侧。雌孔横向缝状，位于身体中后部腹侧（至头端的距离为体长的 54%–60%）。

分布于深海泥质沉积物中。

5.3.3 新双盾线虫属 *Neodiplopeltula* Holovachov & Boström，2018

角皮具有横向环纹；侧翼不明显。具有 6 个乳突状外唇感器，4 根头刚毛。化感器长环形（或倒"U"形），背臂通常长于腹臂。口腔近圆柱形，通常不对称。咽近圆柱形，粗细较均匀。3 个尾腺细胞分别开口于尾的末端。

5.3.3.1 满新双盾线虫 *Neodiplopeltula onusta*（Wieser，1956）Holovachov & Boström，2018（图 5.53）

身体圆柱形，尾端渐细，体长 1.0–1.5mm。除光滑的唇区和尾端外，整个身体

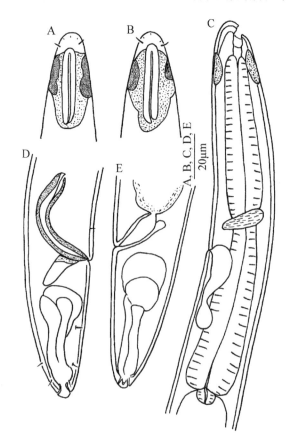

图 5.53 满新双盾线虫 *Neodiplopeltula onusta*（Holovachov and Boström，2018）

A. 雄体头端；B. 雌体头端；C. 雌体咽部；D. 雄体尾部；E. 雌体尾部

角皮具有横向环纹。体刚毛在咽部和尾部可见。内唇感器不明显。外唇感器乳突状，位于唇顶端。头刚毛长 3.0–6.5μm。颈刚毛乳突状，呈 4 排，着生于化感器附近，每行 1 或 2 根。化感器位于角质垫上，长 32–44μm，宽 5–8μm，倒 "U" 形，背部比腹部长 1.0–2.0μm。口腔位于头端背部。口腔近圆柱形。咽圆柱形，基部逐渐膨大，未形成明显咽球。食管壁厚度分布均匀，瓣膜不明显。排泄孔位于神经环下方，在咽部的 3/5 处；排泄管很短，排泄细胞小，在腹侧与咽后部相邻。尾圆锥状，末端钝圆形。3 个尾腺细胞分别开口于尾末端。

雄体生殖系统具有相对排列的双精巢；前精巢伸展，后精巢反折。交接刺对称，弧形弯曲。引带片状，具 1 对尾状突，形状可变。

雌体生殖系统具双子宫，双卵巢反向伸展，分别位于肠的左、右两侧。雌孔横向，位于身体中后部。输卵管直，储精囊明显，充满卵圆形精子细胞。

分布于潮下带泥质沉积物中。

5.3.4　拟薄咽线虫属 *Pararaeolaimus* Timm，1961

身体短粗。雄体化感器大，长环形。雌体化感器小。口腔位于头的顶端，杯状，口腔壁轻微角质化。排泄系统具有 2–4 对腹腺细胞，位于腹侧。交接刺短；引带有或无，无引带突。尾为圆锥形。

5.3.4.1　四腺拟薄咽线虫 *Pararaeolaimus tetradenus* Leduc，2017（图 5.54）

个体短小，体长 373–572μm，圆柱形，向两端渐细，头端圆形，尾端圆锥形。角皮

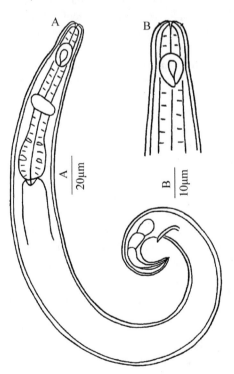

图 5.54　四腺拟薄咽线虫 *Pararaeolaimus tetradenus*
A. 雄体侧面观；B. 雌体头端

光滑，体刚毛不明显。内、外唇感器不明显；4 根头状刚毛短，长 1μm。化感器较大，至头端为相应体径的 1.2 倍，长环形，腹侧未闭合。口腔小，深 4μm，杯状，无齿；口腔壁角质化不明显。咽圆柱形，基部膨大，无明显咽球。神经环位于咽中部。排泄系统明显，有 2 对大的排泄细胞，大小为（16–19）μm×（16–25）μm，位于腹侧，咽偏后。贲门长 16μm，未被肠组织包围。

雄体生殖系统具有 2 个短而相对的精巢，前精巢位于肠的左侧，后精巢位于肠的右侧。具有成熟的球形精子细胞，大小为 3μm×4μm。交接刺成对，等长，几乎直伸，长为泄殖孔相应体径的 1.1 倍，近端不膨大形成头状。引带、肛前辅器和肛前刚毛不明显。尾圆锥状，具有 3 个尾腺细胞。

雌体与雄体相似，但德曼比值 a 和 c 值较小。化感器明显较小。尾较长。生殖系统具有双卵巢，前卵巢在肠的左侧，后卵巢在肠的右侧。储精囊不明显。雌孔近身体中部。

分布于潮下带泥质沉积物中。

主要参考文献

Fadeeva N, Mordukhovich V, Zograf J. 2016. Revision of the genus *Campylaimus* (Diplopeltidae, Nematoda) with description of four new species from the Sea of Japan. Zootaxa, 4107(2): 222-238.

Fonseca G, Bezerra T N. 2014. Order Araeolaimida De Coninck & Schuurmans Stekhoven, 1933 // Schmidt-Rhaesa A. Handbook of Zoology. Berlin/Boston: Walter de Gruyter GmbH: 465-486.

Holovachov O, Boström S. 2017. Three new and five known species of *Diplopeltoides* Gerlach, 1962 (Nematoda, Diplopeltoididae) from Sweden, and a revision of the genus. European Journal of Taxonomy, 369: 135.

Holovachov O, Boström S. 2018. *Neodiplopeltula* gen. nov. from the west coast of Sweden and reappraisal of the genus *Diplopeltula* Gerlach, 1950 (Nematoda, Diplopeltidae). European Journal of Taxonomy, 458: 134.

Hong J, Tchesunov A, Lee W. 2016. Revision of *Cervonema* Wieser, 1954 and *Laimella* Cobb, 1920 (Nematoda: Comesomatidae) with descriptions of two species from East Sea, Korea. Zootaxa, 4098(2): 333-357.

Hope W D, Zhang Z N. 1995. New nematodes from the Yellow Sea, *Hopperia hexadentata* n. sp. and *Cervonema deltensis* n. sp. (Chromadorida: Comesomatidae), with observations on morphology and systematics. Invertebrate Biology, 114(2): 119-138.

Jensen P. 1979. Revision of Comesomatidae (Nematoda). Zoologica Scripta, 8(2): 81-105.

Kito K. 1976. Studies on the free-living marine nematodes from Hokkaido, Ⅰ. Journal of the Faculty of Science, 20(3): 568-578.

Leduc D. 2017. Four new nematode species (Araeolaimida: Comesomatidae, Diplopeltidae) from the New Zealand continental slope. Zootaxa, 4237(2): 244-264.

Platonova T A. 1971. Exploration of the fauna of the seas Ⅷ (ⅩⅥ). Fauna and flora of the Possjet Bay of the Sea of Japan. Zoological Institute of the Academy of Sciences of the USSR, 8(41): 72-108.

Platt H M, Warwick R M. 1988. Free-living Marine Nematodes Part Ⅱ: British Chromadorids. Leiden: E. J. Brill: 502.

Schmidt-Rhaesa A. 2014. Handbook of Zoology. Volume 2. Nematoda. Berlin/Boston: Walter de Gruyter GmbH: 465-486.

Sun J, Huang M, Huang Y. 2021. Four new species of free-living marine nematode from the sea areas of China. Journal of Oceanology and Limnology, 39(4): 1547-1558.

Warwick R M. 1973. Free-living marine nematodes from the Indian Ocean. Bull Br Mus Nat Hist Zool, 25(3): 85117.

Warwick R M, Platt H M, Somerfield P J. 1998. Free-living Marine Nematodes Part Ⅲ. Monhysterids.

Shrewsbury: Field Studies Council: 296.

Wieser W. 1954. Free-living marine nematodes Ⅱ. Chromadoroidea. Acta Univ Lund (N.F.2), 50(16): 1-148.

Zhang Z N. 1991. Two new species of marine nematodes from Bohai Sea, China. Journal of Ocean University of Qingdao, 21(2): 49-60.

Zhang Z N. 1992. Two new species of the genus *Dorylaimopsis* Ditlevsen, 1918 (Nematoda: Adenophora, Comesomatidae) from the Bohai Sea, China. Chinese Journal of Oceanology and Limnology, 10(1): 31-39.

Zhang Z N. 2005. Three new species of free-living marine nematodes from the Bohai Sea and Yellow Sea, China. Journal of Natural History, 39(23): 2109-2123.

Zou C Z. 2001. Research on free-living marine nematodes near Xiamen Island: new and known species of family Comesomatidae (Nematoda). Journal of Oceanography in Taiwan Strait, 20: 48-53.

第6章 色矛目 Chromadorida Chitwood，1933

6.1 色矛科 Chromadoridae Filipjev，1917

6.1.1 色矛线虫属 *Chromadora* Bastian，1865

角皮具有环状排列的斑点和纵向排列的侧装饰点。口腔锥状，具有 1 个背齿和 2 个实心亚腹齿。具有 4 根头刚毛。肛前辅器杯状。尾锥状。

6.1.1.1 异口色矛线虫 *Chromadora heterostomata* Kito，1978（图 6.1）

体长 751–887μm，最大体宽 22–28μm（*a*=29–40）。角皮具有环状排列的小圆点，

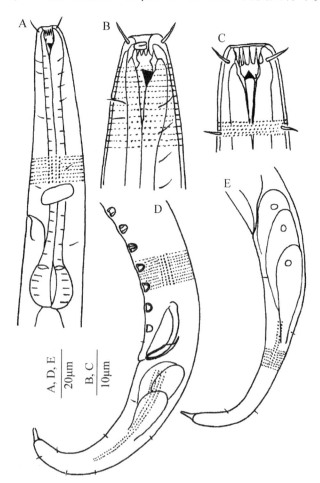

图 6.1 异口色矛线虫 *Chromadora heterostomata*（Kito，1978）

A. 雄体前端；B. 雄体头端；C. 雄体头端腹面观；D. 雄体尾部；E. 雌体尾部

侧装饰由 4 排纵向排列的大圆点组成，但在头部和尾部前端排列不规则。头部平截，具有 4 根头刚毛，内唇乳突和外唇乳突不明显。颈刚毛距头端约 15μm；具有两根相邻的腹侧刚毛，4 根亚腹刚毛间距约 5μm。化感器环状，位于口腔前端，宽 3μm。口腔较深，口腔壁厚，齿前膨大。在膨大的基部具有显著的大背齿和 2 个小的腹齿，口腔侧壁基部角皮加厚，形成 2 个齿状突出物。咽细长，前端膨大，包围口腔，基部具有明显咽球。神经环包围咽，位于距咽前端 3/5 处。排泄孔开口位于神经环后部。

雄体具有 1 个伸展的精巢，泄殖孔距头端 468μm。交接刺等长，弓状，具翼；近端头状，远端钝。引带远端包裹交接刺，为交接刺长度的 60%；远端和背侧部分角质化，背侧远端有缺口。具有 12 个肛前辅器，间距几乎相等，最前面一个距泄殖孔 115μm，最后一个辅器和泄殖孔之间有 1 根短的刚毛。尾渐细，具有 3 个尾腺细胞，末端黏液管长 6μm。

雌体具有 2 个相对反折的卵巢。雌孔位于身体中部稍前的位置。每个子宫内有一个卵，大小为（40–54）×（23–28）μm。尾比雄体长，尾锥柱状。

分布于潮下带泥沙沉积物中。

6.1.2　小色矛线虫属 *Chromadorella* Filipjev，1918

角皮均匀，具有横向环状排列的点，具有 2–4 列纵向排列的侧装饰大点。化感器呈横向弯曲的卵圆形。口腔具有 3 个实心齿。咽基部具有双咽球。具有 5–12 个杯状肛前辅器（大多数为 5 个）。

6.1.2.1　二型乳突小色矛线虫 *Chromadorella duopapillata* Bastian，1865（图 6.2）

体长 1.0mm 左右（a=27–33）。角皮具有不均匀的小斑点，侧装饰由 2 列纵向排列的大的圆点组成，在咽基部稍后出现，在尾部后 1/3 处消失。4 根头刚毛长 8μm，为头径的 70%。颈刚毛和尾刚毛较短；体刚毛稀疏。化感器为横向弯曲的椭圆形，宽 6–7μm，为头径的 50%–60%，位于头刚毛位置。口腔锥形，具有小而不明显的齿。咽基部具有发达的咽球。雄体尾长为泄殖孔相应体径的 4.5 倍，雌体则为 7 倍；尾末端无横纹。

交接刺"L"形弯曲，长 29–33μm，为泄殖孔相应体径的 1.0 倍。引带板状，长为交接刺的一半。8 个杯状肛前辅器延伸至泄殖腔前约 100μm；前 4 个比后 4 个大。

分布于潮间带细沙沉积物中。

6.1.3　近色矛线虫属 *Chromadorina* Filipjev，1918

角皮具有横向环状排列的均匀的圆点，无侧装饰；具有 4 根头刚毛；3 个实心齿；化感器缝状；肛前辅器有或无；体长 0.5–1.0mm。

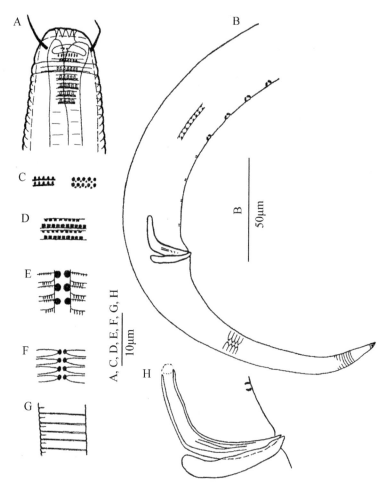

图 6.2 二型乳突小色矛线虫 *Chromadorella duopapillata*（Platt and Warwick，1988）
A. 雄体头端；B. 雄体尾端；C—G. 分别为颈前端、颈中部、身体中部、尾前端、尾后端侧装饰；H. 雄体泄殖孔区

6.1.3.1 德国近色矛线虫 *Chromadorina germanica* Wieser，1954（图 6.3）

[异名：*Chromadorina minor* Wieser，1954]

体长 0.8mm，最大体宽 27–31μm（*a*=27–30）。角皮具有环状排列的小圆点；无侧装饰。具有 6 个小的圆形乳突状唇感器，4 根头刚毛长 8μm（0.7 h.d.）。颈部具有 4 纵列颈刚毛，长 8μm；体刚毛稀少，尾部较多。口腔内具有 1 个大的实心背齿和 2 个较小的等长的亚腹齿。距头端 1.5 倍的头径处具有明显的色素点，色素点几乎一直延伸到咽球。咽球卵圆形，与咽的柱状部分区别明显。尾锥柱状，雄体尾长为泄殖腔相应体径的 3.5–3.6 倍，雌体尾长为泄殖腔相应体径的 4.3–4.6 倍；末端黏液管突出。

交接刺长 27μm（1.2 a.b.d.），弓状，近端膨大，呈头状，向腹侧弯曲，远端圆钝，腹侧具翼。引带长 16–17μm，远端具 1 对侧面附属物，每个具有 3 个小齿。具有 17 或 18 个杯状肛前辅器；泄殖孔前具有 1 根短的肛前刚毛。

分布于潮间带藻类和细沙中。

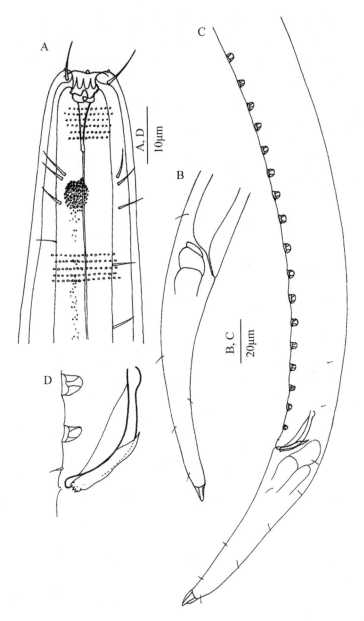

图 6.3　德国近色矛线虫 *Chromadorina germanica*（Platt and Warwick，1988）
A. 雌体头端；B. 雌体尾端；C. 雄体尾端；D. 雄体泄殖孔区

6.1.4　前色矛线虫属 *Prochromadora* Filipjev，1922

具有 3 个实心齿，其中背齿较大；角皮光滑，无侧装饰；具有肛前辅器；尾锥状。

6.1.4.1　奥氏前色矛线虫 *Prochromadora orleji*（de Man）Filipjev，1922（图 6.4）

体长 0.6mm，最大体宽 33–37μm（*a*=16–18）。角皮具有环状排列的圆点；无侧装饰。4 根头刚毛长 6μm（0.5 h.d.）。亚背侧具有众多长的体刚毛。化感器螺旋形，横向卵圆形，约具有 1.5 圈，位于头状刚毛位置。色素点圆形，距头端的距离为头径的 1.5 倍左右，被 2 对长约 6μm 的颈刚毛包围。口腔具有 1 个大而实心的背齿，未见亚腹齿。咽球大而圆。尾锥柱状，雄体尾长为泄殖腔体径的 3.0 倍，雌体尾长为泄殖腔体径的 4.0 倍，更纤细。具有突出的黏液管开口。

交接刺长 31–37μm（1.5 a.b.d）。具有 16–18 个肛前辅器。

分布于潮间带藻类和细砂中。

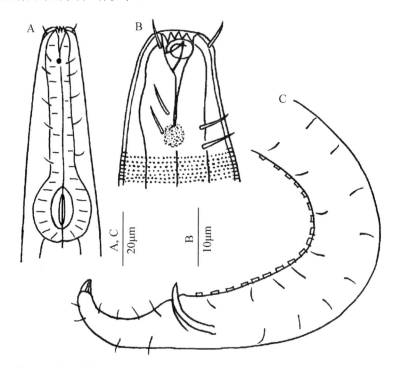

图 6.4　奥氏前色矛线虫 *Prochromadora orleji*（Platt and Warwick，1988）
A. 雄体前端；B. 雄体头端；C. 雄体尾端

6.1.5　拟前色矛线虫属 *Prochromadorella* Micoletzky，1924

口腔内具有 3 个实心齿。具有 4 根头刚毛。角皮具有大小不均匀的装饰点，无纵向排列的点，有时具有较大的侧装饰点。肛前辅器杯状。

6.1.5.1　细拟前色矛线虫 *Prochromadorella gracila* Huang & Wang，2011（图 6.5）

身体长梭状，头端圆钝，末端渐尖。角皮具有环状排列的、成行的、大小不均匀的点，咽的前半部分两侧各有 3–6 列较大的侧装饰点，后半部分装饰点变小并均匀化。少量体刚毛分布于身体的前端和尾部。头钝圆，直径 12–13μm。内、外唇感器乳突状，4 根头刚毛较长，为 5–7μm，距离头端 6μm。化感器狭缝状，宽 8–10μm。口腔小，锥状，内有 3 个实心齿，通常伸出口外。咽圆柱形，基部膨大，不形成咽球，长为体长的 10%。神经环位于咽的中后部，为咽长的 55%。排泄细胞较大，位于咽与肠连接处。尾锥柱状，向后逐渐变细，为泄殖孔相应体径的 6.4 倍。末端黏液管锥状，3 个尾腺细胞聚集于尾的前端。

　　雄体生殖系统具有 1 个向前伸展的精巢，位于肠的右侧。交接刺细长，弯曲，呈弓形，远端尖细，约为泄殖孔相应体径的 1.3 倍。引带棒状，简单，与交接刺远端平行，无引带突，长 14μm。具有 5 个杯状肛前辅器，从肛前 18μm 延伸到肛前 80μm，相邻两个辅器间距为 15μm。

　　雌体尾较长。生殖系统具有前、后 2 个反向排列的弯折的卵巢。成熟卵长椭圆形。雌孔位于身体中前部的腹侧，距头端距离为体长的 46%。

　　分布于潮间带砂质沉积物中。

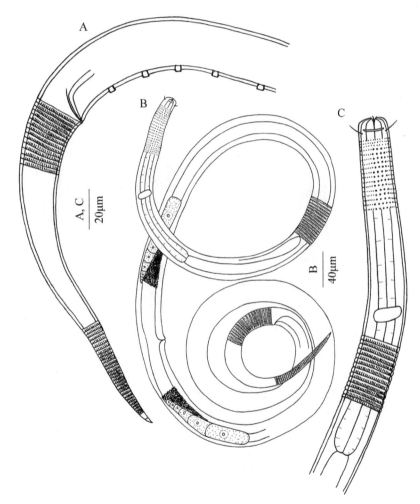

图 6.5　细拟前色矛线虫 *Prochromadorella gracila*

A. 雄体尾端，示交接刺、引带和肛前辅器；B. 雌体，示生殖系统；C. 雄体前端，示头刚毛、化感器、装饰点

6.1.6　光线虫属 *Actinonema* Cobb，1920

　　6 根外唇刚毛和 4 根头刚毛呈 6+4 排列，通常情况下只有 4 根明显的头刚毛。化感器为明显的横向卵圆形，具有双边。具有 "L" 形生殖附件，交接刺简单、弯曲。

6.1.6.1 镰状光线虫 *Actinonema falciforme* Shi，Yu & Xu，2018（图 6.6）

身体小，圆柱形，两端渐细，体长 428–560μm。角皮环纹复杂多样。6 个乳突状内唇感器不明显。6 根外唇刚毛和 4 根头刚毛着生在同 1 圈，长度几乎相同，为头径的 25%–43%。化感器横向卵圆形，具有 1 中央狭缝；宽为相应体径的 76%–95%。口腔锥状，具有 1 个明显的尖的背齿。咽前部为横向斑点，无规则的侧装饰；从咽基部前开始至尾前 1/4 处侧装饰规则。咽具有明显后咽球。贲门小。神经环位于咽中部。排泄孔位于咽球的前端，至头端的距离约 61μm。排泄细胞长约 48μm，位于肠的前部。尾长锥状，尾末端渐细，具有 3 个尾腺细胞。

雄体生殖系统具有 1 个前精巢，反折。无交接刺和引带。生殖附件镰刀状，远端渐尖，近端柄状。无肛前辅器。

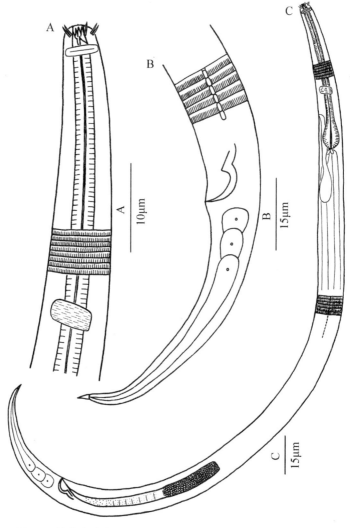

图 6.6　镰状光线虫 *Actinonema falciforme*（Shi and Xu，2018）

A. 雄体头端；B. 雄体尾端；C. 雄体

雌体具有 2 个相对排列的反折的卵巢，长约 67μm。雌孔位于身体中部。具有储精囊。分布于潮下带泥质沉积物中。

6.1.6.2　格氏光线虫 *Actinonema grafi* Jensen，1991（图 6.7）

身体纤细，两端渐尖，体长 860–950μm。角皮具有环状排列的圆点。侧装饰为 3μm 宽的突起，从咽后半部分延伸至尾部。表皮无侧装饰的部分为横向环纹。化感器前端和尾末端无装饰点。6 个内唇感器乳突状，6 根外唇刚毛和 4 根长 2–3μm 头刚毛组成 1 圈。咽部和尾部具有少量体刚毛。化感器横向环状，直径 10–12μm，为相应体径的 80%–85%，前缘距头端 5μm。口腔开口具有角质化皱褶围绕；口腔内具有 1 个大的背齿和 2 个小的亚腹齿。咽圆柱形，两端稍膨大。尾长锥状，末端尖细。

雄体生殖系统具有单精巢，向前伸展。交接刺短，长 24–31μm，中部向腹面膨大，两端渐尖。引带棒状，稍弯曲，无引带突，长 15–23μm。肛前具有 1 根肛前刚毛和 1 组 4 或 5 个乳突状辅器。

雌体与雄体相似，尾相对较长，更纤细，尾末端长。卵巢相对排列，反折。

分布于潮下带淤泥沉积物中。

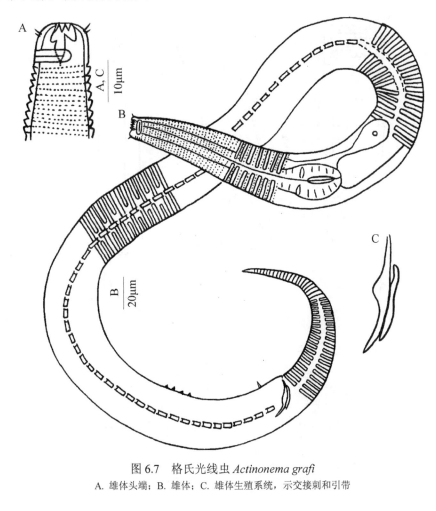

图 6.7　格氏光线虫 *Actinonema grafi*
A. 雄体头端；B. 雄体；C. 雄体生殖系统，示交接刺和引带

6.1.6.3 厚皮光线虫 *Actinonema pachydermatum* Cobb，1920（图 6.8）

体长 0.7–0.8mm，最大体宽 29–30μm（*a*=25–27）。角皮环纹及装饰物多样复杂：化感器周围有不规则的圆点，咽前部具有横向排列的圆点，咽长 60%左右开始出现侧装饰。身体前部侧面包括 1 排"V"形分叉的侧装饰，从体长的 60%处开始，侧装饰变为 2 列点。体刚毛短小，不明显。6 个内唇感器乳突状，6 根 3μm 长的外唇刚毛和 4 根较短的头刚毛排列于 1 圈。化感器椭圆形，宽度占相应体径的 70%。口腔呈锥状，内有 1 个尖锐的背齿。咽的末端具有 1 个发达的后咽球。咽距头端 1/3 处突然变窄。尾锥状，长是肛径的 5–6 倍。

交接刺长 24μm，相当于 1.1 倍肛径，管状，稍弯曲。具有引带或生殖附件。肛前具有 1 根刚毛，且肛前部的体表环纹要明显宽于身体其他部位，向前延伸约 7 倍肛径的距离。

分布于潮下带泥质沉积物中。

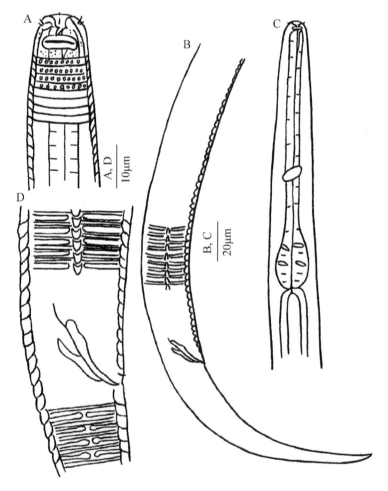

图 6.8　厚皮光线虫 *Actinonema pachydermatum*（Platt and Warwick，1988）

A. 雄体头端；B. 雄体尾端；C. 雄体前部；D. 雄体泄殖孔区，示交接刺和引带

6.1.7　线条线虫属 *Graphonema* Cobb，1898

角皮具有大小不均一的斑点，无侧装饰。口腔锥状，具有 1 个大的中空的背齿和 3 个不成排的小齿。无咽球，无肛前辅器，具有"L"形生殖附件。

6.1.7.1　阿氏线条线虫 *Graphonema amokurae*（Ditlevsen，1921）Inglis，1969（图 6.9）

[异名：*Spiliphera amokurae* Ditlevsen，1921]

体长 1.1–1.2mm，最大体宽 32–58μm（*a*=25–48）。身体柱状，两端尖细。表皮较厚，具有粗糙的环纹，环纹间具有角质孔。唇感器不明显，头感器刚毛状。口腔处的表皮不具有环纹。尾部的点变得逐渐延长且密集；身体中部的点更加密集，更像是纵向的条纹被横向的点所中断。化感器横向裂缝状，长 15μm，宽 2μm。口腔长且狭窄，背齿尖锐且突出。口腔侧面的 2 个角质板具有锯齿状边缘，亚腹侧的 2 个角质板每个板上具有 1 个小齿。咽柱状，较为细长，末端膨大，但未形成咽球。神经环位于咽中部。

雄体生殖系统具有单精巢，位于肠的右侧，交接刺角质化，略微弯曲呈拱形，近端圆形，头状，向下逐渐变窄，远端尖锐。引带远端形成鞘，包裹交接刺，引带中部具有"L"形生殖附件。无肛前辅器。

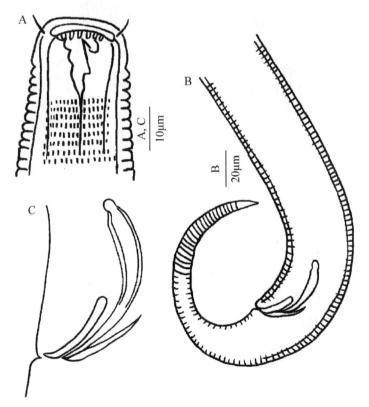

图 6.9　阿氏线条线虫 *Graphonema amokurae*（Pastor De Ward，1985）

A. 雄体头端；B. 雄体尾端；C. 交接刺、引带和生殖附件

雌体生殖系统具有双卵巢，相对且反折，前卵巢位于肠的左侧，后卵巢位于肠的右侧。雌孔开口于身体中部腹侧。

分布于潮下带泥质沉积物中。

6.1.8 席线虫属 *Rhips* Cobb，1920

表皮具有不均匀的狭窄的脊状侧装饰，自咽的末端延伸至尾部。化感器呈明显的椭圆形轮廓。交接刺中间具有关节，分为上、下 2 节，具有引带及生殖附件。

6.1.8.1 长尾席线虫 *Rhips longicauda* sp. nov.（图 6.10）

个体细长，前部柱状，尾部逐渐变细。咽部表皮具有环状编织状的侧装饰。侧装饰从咽部开始，由 2 列点组成，2 列点的两侧分别具有 1 列条纹。体刚毛长 4–5μm，主要着生于咽部。6 个内唇感器不明显，6 个外唇刚毛和 4 根头刚毛均 2μm 长，排列于 1 圈。化感器角质化，呈明显的横缝状，位于头鞘下方（距近端约 4μm），宽约 7μm。口腔被伸出的唇瓣包裹，口腔内具有 1 个大的背齿和 2 个小的亚腹齿。咽柱状，长约 137μm，末端膨大，但不形成咽球。神经环位于咽中部。尾长 124μm，尾锥柱状，末端具有长的尾尖。

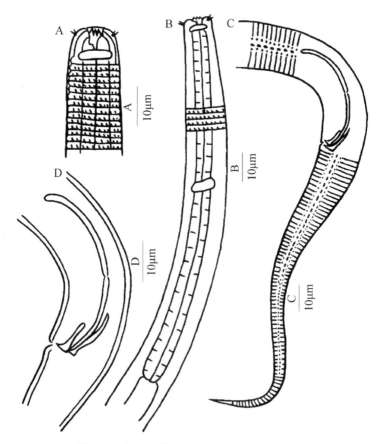

图 6.10　长尾席线虫 *Rhips longicauda* sp. nov.

A. 雄体头端；B. 雄体咽区；C. 雄体尾端；D. 泄殖孔处，示交接刺、引带和生殖附件

雄体生殖系统具有单精巢，向前直伸，位于肠的左侧。交接刺被中间关节分成上、下 2 节，2 节几乎等长，约 24μm。引带长 6μm，靴子状，位于交接刺的背面；生殖附件 "L" 形，长 4μm，位于交接刺的腹面。无肛前辅器。

雌体生殖系统具有双卵巢，反折，前、后卵巢分别位于肠的右侧和左侧。

长尾席线虫的特点是具有短的头刚毛，较长的尾，交接刺分节且 2 节几乎等长，引带长于生殖附件，从而区别于该属其他已知种。

分布于潮下带粉砂质黏土沉积物中。

6.1.9　矩齿线虫属 *Steineridora* Inglis，1969

体长 1–3mm。口腔具有大的实心背齿。具有 4 根头刚毛。表皮具有不均匀的点饰，无侧装饰。具有后咽球，具有 "L" 形生殖附件，无肛前辅器。

6.1.9.1　厚矩齿线虫 *Steineridora adriactica*（Daday，1901）（图 6.11）

体长 1.2–1.7mm，最大体宽 55–100μm（a=17–24），角皮厚，具有环纹和条状纹饰。

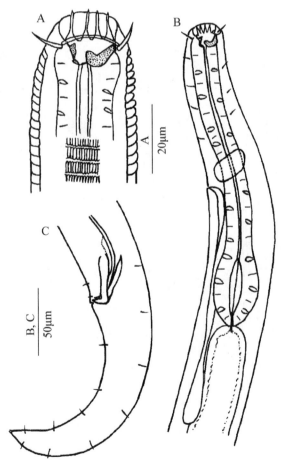

图 6.11　厚矩齿线虫 *Steineridora adriactica*

A. 雄体头端；B. 雄体咽部；C. 雄体尾端

6个唇瓣围成六边形的口，4根头刚毛长10μm。体刚毛呈4纵列排列，咽区和尾部较为发达，身体中部稀疏。口腔呈杯形，内有大的实心背齿，长约7.5μm，腹侧具有镰刀状的亚腹齿。咽具有明显的后咽球。尾锥状，长约为3.7倍肛径。

交接刺长60μm，近端膨大，腹侧具有翼膜。生殖附件"L"形，长36μm，不具有齿状或膨大的结构。引带长36μm，窄于生殖附件。

分布于潮下带泥质沉积物中。

6.1.10 双色矛线虫属 *Dichromadora* Kreis，1929

体长0.5–1.5mm。表皮具有均匀的环状点饰和2列纵向排列的大的侧装饰点。口腔锥状，具有大的空心背齿。具有4根头刚毛。雄体具有杯状肛前辅器。尾锥状。

6.1.10.1 亲近双色矛线虫 *Dichromadora affinis* Gagarin & Thanh，2011（图6.12）

雄体圆柱形，头端圆钝，尾端尖细。体长760–855μm。角皮具有环状排列的均匀成行的装饰点。身体两侧各有2列纵向排列的由较大圆点组成的侧装饰，两个装饰点之间

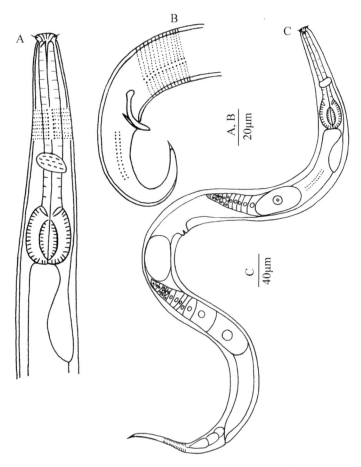

图6.12 亲近双色矛线虫 *Dichromadora affinis*

A. 雄体头端；B. 雄体尾端；C. 雌体

有横向条状结构相连。体刚毛稀疏，排成 4 纵裂，长 8–13μm。头径 26–28μm。内、外唇感器乳突状，4 根头刚毛长 4–5μm，着生于齿尖部位。化感器不清楚。口腔锥状，内有 1 个显著的中空的背齿和 2 个小的亚腹齿。咽圆柱形，后端膨大，形成后咽球，咽球宽约 28μm，无前咽球。神经环位于咽的中后部，约为咽长的 57%。排泄细胞小，位于咽与肠连接处，排泄孔开口不明显。尾锥形，逐渐变尖，长约为泄殖孔相应体径的 4 倍，具有 3 个尾腺细胞，尾末端 3–4μm 表皮光滑。

雄体生殖系统具有 1 个向前伸展的精巢，位于肠的右侧。交接刺弯曲，呈弓形，长约为泄殖孔相应体径的 1.4 倍。引带板状，长 13–14μm，无引带突。具有 9 个小的杯状肛前辅器。

雌体具有前、后 2 个反向排列的弯折的卵巢，前面 1 个卵巢位于肠的右侧，后面 1 个位于肠的左侧。成熟卵长椭圆形。雌孔开口于身体中部腹面，距头端距离为体长的 49%–51%。雌孔前、后各具有 1 个受精囊，其内充满圆形精子细胞。

分布于潮下带泥质沉积物中。

6.1.10.2　圆化感器双色矛线虫 *Dichromadora amphidisoides* Kito，1981（图 6.13）

个体短小，体长 551–612μm，最大体宽 20μm。角皮具有横向环状排列的装饰点。身体两侧各有 2 列纵向排列的由较大圆点组成的侧装饰，两个装饰点之间无横向条状结构

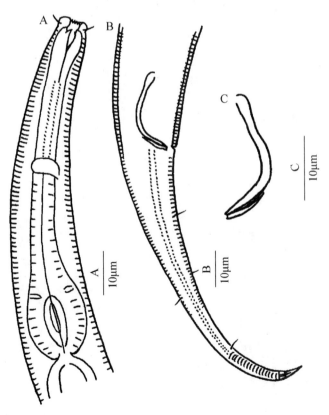

图 6.13　圆化感器双色矛线虫 *Dichromadora amphidisoides*

A. 雄体头端；B. 雄体尾端；C. 交接刺和引带

连接，间距 2–4μm。颈刚毛和体刚毛排成 4 纵列，最长 5μm。头径 14–17μm。内、外唇感器乳突状，4 根头刚毛长约 4μm，着生于头的前部。化感器圆形，直径 2μm。口腔锥状，内有 1 个显著的中空的大背齿和 2 个小的亚腹齿。咽圆柱形，前端稍膨大，包围口腔，后咽球圆形，长 16μm，宽 11μm。神经环不清楚。腹腺细胞位于肠的前端，排泄孔不明显。尾细长，尾锥柱状，向后逐渐变尖，长为泄殖孔相应体径的 7.3–8.5 倍，末端具有 "S" 形的喷丝头，长 8μm。具有 3 个尾腺细胞。

雄体生殖系统具有 1 个向前伸展的精巢，位于肠的右侧。交接刺弯曲，呈弧形，近端头状，远端锥状，长 19–26μm，约为泄殖孔相应体径的 1.5–1.6 倍。引带与交接刺平行，弯曲，远端稍膨大、具有齿，无引带突，长 11–12μm。没有肛前辅器。

雌体略小于雄体，具有前、后 2 个反向排列的弯折的卵巢，前面 1 个卵巢位于肠的右侧，后面 1 个位于肠的左侧。成熟卵长椭圆形。雌孔开口于身体中前部腹面。

分布于潮下带陆架泥质沉积物中。

6.1.10.3　大双色矛线虫 *Dichromadora major* Huang & Zhang，2010（图 6.14）

雄体圆柱形，头端圆钝，尾端尖细。体长 1247–1341μm，最大体宽 34–38μm。角皮

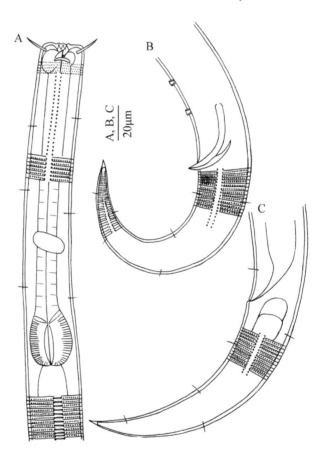

图 6.14　大双色矛线虫 *Dichromadora major*

A. 雄体头端；B. 雄体尾端；C. 雌体尾端

具有环状排列的均匀成行的装饰点。身体两侧各有 2 列纵向排列的由较大圆点组成的侧装饰，两个装饰点之间有横向条状结构相连。体刚毛稀疏，排成 4 纵裂，长 8–13μm。头径26–28μm。内、外唇感器乳突状，4 根头刚毛长 11–16μm，着生于齿尖部位。化感器新月形，宽约 11μm，位于头刚毛下面、齿基部。口腔锥状，内有 1 个显著的中空的大背齿和 2个小的亚腹齿。咽圆柱形，具有前咽球和后咽球，长 202–212μm，约为体长的 16%。神经环位于咽的中后部，约为咽长的 57%。排泄细胞小，位于咽与肠连接处，排泄孔开口不明显。尾锥形，逐渐变尖，长约为泄殖孔相应体径的 5 倍，具有 3 个尾腺细胞。

雄体生殖系统具有 1 个向前伸展的精巢，位于肠的右侧。交接刺弯曲，呈弓形，长41–49μm，约为泄殖孔相应体径的 1.4 倍。引带板状，中部膨大，无引带突。具有 9 个小型杯状肛前辅器。

雌体与雄体大小相似，具有前、后 2 个反向排列的弯折的卵巢，前面 1 个卵巢位于肠的右侧，后面 1 个位于肠的左侧。成熟卵长椭圆形。雌孔开口于身体中部腹面，距头端距离为体长的 49%–51%。雌孔前、后各具有 1 个受精囊，其内充满圆形精子细胞。

分布于砂质潮间带。

6.1.10.4　多毛双色矛线虫 Dichromadora multisetosa Huang & Zhang，2010（图 6.15）

个体较小，圆柱形，体长 475–535μm，最大体宽 23–26μm。角皮具有环状排列的

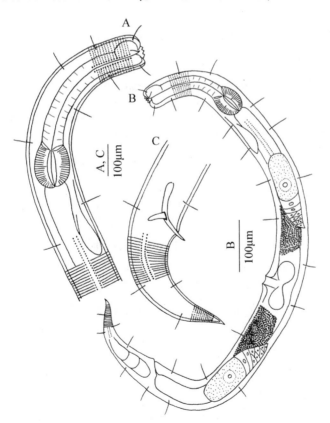

图 6.15　多毛双色矛线虫 Dichromadora multisetosa

A. 雄体前部；B. 雌体（整体观）；C. 雄体后部

均匀成行的装饰点。身体两侧各有 2 列纵向排列的由较大圆点组成的侧装饰，两个装饰点之间无横向条状结构连接。全身分布较长的体刚毛，排成 4 纵列，长达 19μm。头径 14–17μm。内、外唇感器乳突状，4 根头刚毛长 7–14μm，着生于齿的中间位置。化感器不明显。口腔锥状，内有 1 个显著的中空的大背齿和 2 个小的亚腹齿。咽圆柱形，具有前咽球和球状的后咽球，长 82–96μm，为体长的 16%–18%。神经环不明显。排泄细胞位于咽与肠连接处，排泄孔开口不明显。尾锥形，向后逐渐变尖，长约为泄殖孔相应体径的 3.7 倍，具有 3 个尾腺细胞。

　　雄体生殖系统具有 1 个向前伸展的精巢，位于肠的右侧。交接刺略弯曲，呈弧形，近端头状，向下逐渐变细，远端较尖，长 34–38μm，约为泄殖孔相应体径的 1.7 倍。引带小，背部具有尾状引带突，长 10–12μm。没有肛前辅器。

　　雌体与雄体大小相似，具有前、后 2 个反向排列的弯折的卵巢，前面 1 个卵巢位于肠的右侧，后面 1 个位于肠的左侧。成熟卵长椭圆形。雌孔开口于身体中部腹面，距头端距离为体长的 49%–51%。雌孔前、后各具有 1 个受精囊，其内充满圆形精子细胞。

　　分布于潮间带泥质沉积物中。

6.1.11　弯齿咽线虫属 *Hypodontolaimus* de Man，1886

　　表皮具有 2–4 列大的侧装饰点。化感器椭圆形。口腔具有 "S" 形的空心背齿，咽分别具有前、后咽球。

6.1.11.1　腹突弯齿咽线虫 *Hypodontolaimus ventrapophyses* Huang & Gao，2016（图 6.16）

　　个体较小，雄体圆柱形，头端圆钝，稍膨大，尾端尖细。体长 651–669μm，最大体宽 23μm。角皮具有环状排列的均匀环纹和成行的装饰点。身体两侧各有 2 列纵向排列的由较大圆点组成的侧装饰，装饰点间无连接，间距约 2μm。全身纵向分布 4 根体刚毛，长 7–121μm。头端直径 13–15μm。内、外唇感器乳突状，4 根头刚毛较长，为 9–10μm，着生于齿尖部位。化感器不明显。口腔杯状，内生 1 个大的中空的 "S" 形背齿和 2 个小的亚腹齿。咽圆柱形，长 99–103μm，前部围绕口腔膨大形成长圆形的前咽球，后端膨大形成 1 个椭圆形的后咽球，咽球长 22μm。神经环不明显。排泄细胞很大，长 31μm，宽 9μm，位于肠的前端。排泄孔开口于咽的中间部位。尾长锥形，向后逐渐变细，长 81–83μm，末端具有 1 个尖细的黏液管突，具有 3 个尾腺细胞。

　　雄体生殖系统具有 1 个向前伸展的精巢。交接刺强烈弯曲，近端头状，远端渐尖，长 35μm，约为泄殖孔相应体径的 1.5–1.6 倍。引带板状，两端渐尖，中间向腹面突出形成三角形引带突，长 6μm。无肛前辅器。

　　雌体生殖系统具有前、后 2 个反向排列的弯折的卵巢，前面 1 个卵巢位于肠的右侧，后面 1 个位于肠的左侧。成熟卵长椭圆形。雌孔位于身体中部腹面，距头端距离为体长的 50%–51%。雌孔前、后各具有 1 个受精囊，其内充满圆形精子细胞。

　　分布于福建省东山岛海滨潮间带泥沙质沉积物中。

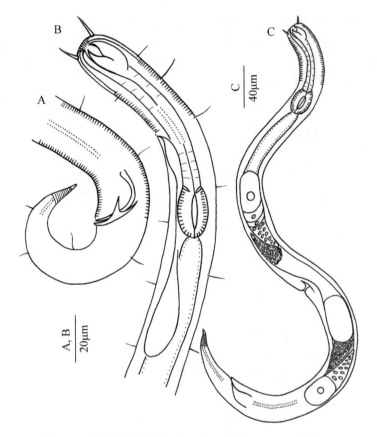

图 6.16 腹突弯齿咽线虫 *Hypodontolaimus ventrapophyses*
A. 雄体尾端；B. 雄体头端；C. 雌体整体观

6.1.12 新色矛线虫属 *Neochromadora* Micoletzky，1924

体长 0.5–2.0μm。表皮具有 2 列或 3 列纵向排列的侧装饰点。口腔锥状，具有 1 个空心背齿和 2 个亚腹齿。具有 4 根头刚毛。咽具有明显的后咽球。通常具有杯状的肛前辅器。

6.1.12.1 双线新色矛线虫 *Neochromadora bilineata* Kito，1978（图 6.17）

体长 567–852μm，最大体宽 19–24μm。表皮具有点状环纹，具有不同类型的侧装饰，头刚毛后方具有 4 排方形的斑点，后两排大于前两排，咽部具有 2 列明显的点状侧装饰，侧装饰两侧具有横向的条纹，咽基部侧装饰明显变大，呈半圆形。在身体中部至肛门附近，侧装饰呈椭圆形，且横向间距变窄。咽球与咽部之间具有横向的膜隔开。颈刚毛和体刚毛分布于亚腹侧与亚背侧，长约 7μm。头感器呈 6+4 的模式排列。化感器新月形，宽约 3.6μm。口腔狭窄，内有 1 个空心背齿和 2 个小的亚腹齿。口腔内壁具有一些齿状物。神经环位于咽距头端 60%处，咽球与咽之间具有隔膜。排泄细胞位于咽近端附近，排泄孔位于头刚毛附近。

雄体生殖系统具有 1 个直伸的精巢。交接刺略弯曲，长 17–22μm，近端圆钝，远端尖锐，具有中肋。引带远端膨大，包裹交接刺，近端略微向上弯曲。肛前具有 1 根小的肛前刚毛，以及 7 个杯状肛前辅器。尾较长，锥柱状或长锥状，黏液管突出，长约 5μm。

雌体生殖系统具有双卵巢，相对排列且反折。雌孔位于身体中前部。

分布于潮间带泥沙质沉积物中。

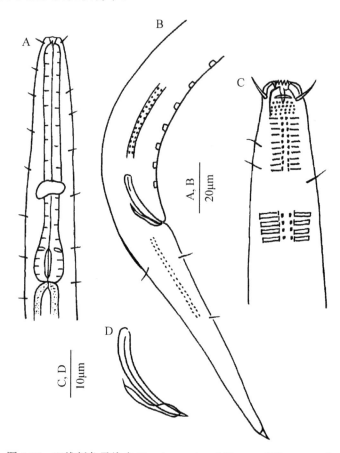

图 6.17　双线新色矛线虫 *Neochromadora bilineata*（Kito，1978）
A. 雄体咽区；B. 雄体尾端；C. 雄体头端；D. 交接刺和引带

6.1.13　折咽线虫属 *Ptycholaimellus* Cobb，1920

表皮具 2–4 列纵向排列的大侧装饰点。口腔具有一个大的 "S" 形空心背齿。具有 4 根头刚毛。咽具有 2 个后咽球。

6.1.13.1　长球折咽线虫 *Ptycholaimellus longibulbus* Wang，An & Huang，2015（图 6.18）

雄体细长，体长 1200–1407μm，最大体宽 48–53μm。角皮具有环状排列的均匀成行的装饰点。身体两侧各有 2 列纵向排列的由大的圆点组成的侧装饰，间距 3μm，两圆点之间由角质化的横向条状结构连接。无体刚毛。头较宽，基部有 1 个细缩的颈环使之与颈部分开。内、外唇感器不明显，4 根头刚毛长 9μm，着生于颈圈位置。化感器不明显。口腔杯状，内有 1 个大的角质化中空的 "S" 形大背齿，齿尖钩状。咽圆柱形，长为体

长的 16%，具有小的前咽球和发达的较长的后双咽球，后咽球长 96–106μm，为咽长的
44%–49%。神经环位于咽的中后部，为咽长的 55%。排泄细胞较大，长囊状，位于肠的
前端，通过 1 个大的排泄囊开口于前端颈环处。尾锥柱状，向后逐渐变细，长 110–120μm，
为泄殖孔相应体径的 4.3 倍，末端具有 1 个长的指状黏液管突，长达 10μm。具有 3 个
尾腺细胞。

　　雄体生殖系统具有 1 个向前伸展的精巢，位于肠的右侧。交接刺弯曲，呈弓形，远
端渐尖，长 45–55μm，约为泄殖孔相应体径的 1.7 倍。引带新月形，与交接刺远端平行，
无引带突，长 22–24μm。无肛前辅器。

　　雌体具有前、后 2 个反向排列的弯折的卵巢，前面 1 个卵巢位于肠的右侧，后面 1
个位于肠的左侧。雌孔位于身体的正中间，距头端距离为体长的 50%。

　　分布于潮间带泥质沉积物中。

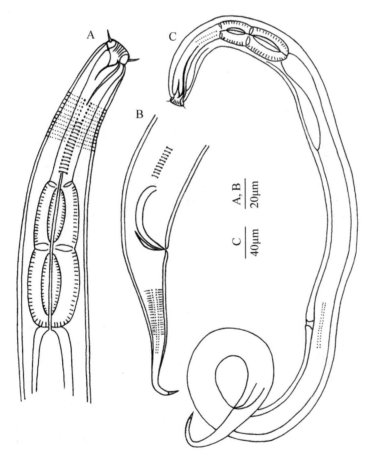

图 6.18　长球折咽线虫 *Ptycholaimellus longibulbus*
A. 雄体前端，示头刚毛、口腔齿、侧装饰和咽球；B. 雄体尾端，示交接刺、引带；C. 雌体

6.1.13.2　眼点折咽线虫 *Ptycholaimellus ocellatus* Huang & Wang，2011（图 6.19）

　　身体长梭状，身体在咽的前 1/3 处剧烈收缩。体长 772–828μm，最大体宽 29–32μm。
角皮具有环状排列的均匀成行的装饰点。身体两侧各有 2 列纵向排列的由大的圆点组成

的侧装饰，间距 3μm。无体刚毛。头的基部有 1 细缩的颈环，头部直径 11–12μm。内、外唇感器不明显，4 根头刚毛较短，长 3μm，着生于颈环位置。距离头端 17–19μm 处的身体亚背面各有 1 个直径 3μm 的色素点。口腔杯状，内有 1 个大的中空的 "S" 形背齿。咽圆柱形，长 152–162μm，约为体长的 19%，具有前咽球和发达的后双咽球，后咽球长 38–43μm，为咽长的 26%。神经环位于咽的中后部，为咽长的 55%。排泄细胞较大，位于肠的前端，通过 1 个大的排泄囊开口于前端颈环处。尾长锥形，向后逐渐变细，长 96–101μm，为泄殖孔相应体径的 4.3 倍，末端具有 1 个长的黏液管突。具有 3 个尾腺细胞。

雄体生殖系统具有 1 个向前伸展的精巢，位于肠的右侧。交接刺弯曲，呈弓形，近端头状，远端渐尖，长 33–39μm，约为泄殖孔相应体径的 1.6 倍。引带棒状，与交接刺远端平行，无引带突，长 16–20μm。无肛前辅器。

雌体比雄体略大，具有前、后 2 个反向排列的弯折的卵巢，前面 1 个卵巢位于肠的右侧，后面 1 个位于肠的左侧。成熟卵长椭圆形。雌孔位于身体中部腹面，距头端距离为体长的 49%–51%。

分布于潮间带沉积物和藻类上。

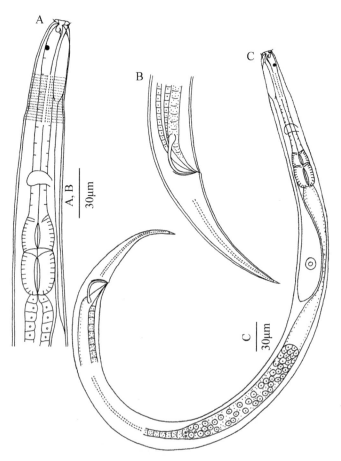

图 6.19　眼点折咽线虫 *Ptycholaimellus ocellatus*

A. 雄体前端，示头刚毛、口腔齿、色素点、侧装饰和咽球；B. 雄体尾部，示交接刺和引带；
C. 雄体，示排泄系统和生殖系统

6.1.13.3　梨球折咽线虫 *Ptycholaimellus pirus* Huang & Gao，2016（图 6.20）

个体较小，长柱状，头端圆钝，尾端渐尖。体长 651–698μm，最大体宽 22–25μm。角皮具有环状排列的均匀成行的装饰点，另有 6 列纵向排列的点状侧装饰，其中，侧面两排侧装饰点较大，间距 2μm。体刚毛较长，为 11–18μm。头部直径 10–11μm。内、外唇感器不明显。4 根头刚毛长 10–12μm，着生于头的顶端位置。口腔杯状，内有 1 个显著的角质化中空的"S"形大背齿，齿尖钩状。咽圆柱形，长 86–98μm，约为体长的 14%，具有长圆形前咽球和梨形后双咽球，后咽球长 25–28μm，为咽长的 26%–30%。排泄细胞较大，长囊状，位于肠的前端，距离头端 150μm。尾长锥形，向后逐渐变细，长 72–81μm，为泄殖孔相应体径的 4.2 倍，末端具有尖的黏液管突。具有 3 个尾腺细胞。

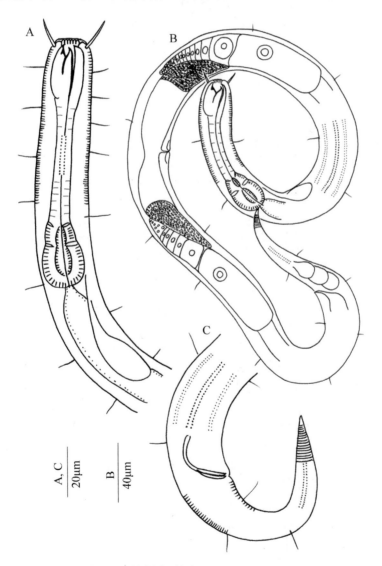

图 6.20　梨球折咽线虫 *Ptycholaimellus pirus*

A. 雄体前端，示头刚毛、口腔齿、咽球和腹腺细胞；B. 雌体，示生殖系统；C. 雄体尾端，示交接刺、引带

雄体生殖系统具有 1 个向前伸展的精巢，位于肠的右侧。交接刺弯曲，呈弓形，近端膨大，远端渐尖，长 27–30μm，约为泄殖孔相应体径的 1.5 倍。引带棒状，与交接刺远端平行，无引带突，长 11μm。无肛前辅器。

雌体具有前、后 2 个反向排列的弯折的卵巢，前面 1 个卵巢位于肠的右侧，后面 1 个位于肠的左侧。成熟卵细胞较长。雌孔位于身体的中后部，距头端距离为体长的 52%–55%。雌孔前、后各具有 1 个受精囊，其内充满椭圆形的精子细胞。

分布于海滨潮间带泥质沉积物中。

6.1.14 花斑线虫属 *Spilophorella* Filipjev，1917

表皮具有 2 列纵向排列的点状侧装饰。口腔较深，口内具有一个大的空心背齿。咽具有后双咽球。无肛前辅器。尾端具有 1 个长而尖的喷丝头。

6.1.14.1 坎氏花斑线虫 *Spilophorella campbelli* Allgén，1928（图 6.21）

[异名：*Spilophorella paradoxa* de Man，1888]

体长 800–900μm，最大体宽 30–32μm（*a*=27–30）。表皮具有点状环纹，侧面具有

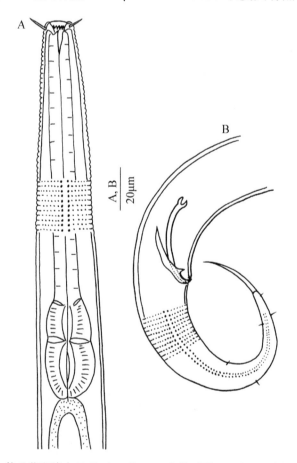

图 6.21　坎氏花斑线虫 *Spilophorella campbelli*（Platt and Warwick，1988）

A. 雄体咽部；B. 雄体尾部

2 列纵向排列的大点组成的侧装饰，侧装饰延伸至整个身体，咽部和尾部的侧装饰点更大。4 根头刚毛长 7–8μm，相当于头径的 50%–60%。两对亚头刚毛位于口腔基部。化感器为横向拉长的缝状，位于头刚毛处。口腔锥状，内有一个大的空心背齿。咽末端具有 2 个咽球，前一个略小于后一个。尾锥状，长为肛径的 4.9–5.4 倍，尾尖具有一个长的喷丝头，长为 20%–30%尾长。

交接刺细长，长 36–37μm（1.4–1.5 a.b.d.），近端膨大，呈钳状。引带长 26–30μm，远端钩状，具齿。无引带突。具有 1 根肛前刚毛，无肛前辅器。

分布于陆架泥质沉积物中。

6.1.14.2　花斑线虫 Spilophorella euxina Filipjev，1918（图 6.22）

体长 1169–1356μm，最大体宽 48–53μm（a=21–26）。表皮具有点状环纹，侧装饰为

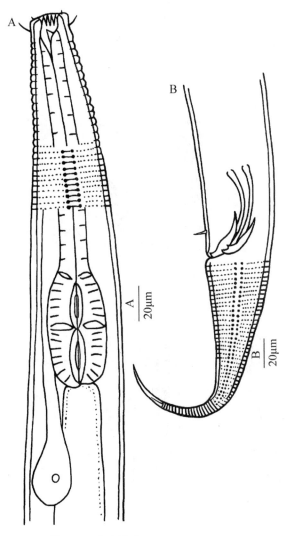

图 6.22　花斑线虫 Spilophorella euxina
A. 雄体咽部；B. 雄体尾部

2 列纵向排列的大点，其中咽部和尾部点较大。侧装饰的宽度占相应体径的 21% 左右。4 根头刚毛长 7–8μm，相当于头径的 38%。化感器为横向拉长的缝状，位于头刚毛处。口腔锥状，内有 1 个空心背齿。无前咽球，具有 2 个后咽球，长、宽分别为 63μm 和 31μm。尾长锥状，长为 3.6–5.6 倍肛径，尾尖具有 1 个针状喷丝头，长为 16%–17% 尾长。

交接刺细长，弯曲，长 37–48μm，近端略微膨大，远端尖锐。引带长 33μm，远端包裹交接刺，具有 2 个齿状物。无引带突，无肛前辅器。

分布于陆架泥质沉积物中。

6.2 杯咽线虫科 Cyatholaimidae Filipjev，1918

6.2.1 长杯咽线虫属 *Longicyatholaimus* Micoletzky，1924

表皮具有侧装饰，侧装饰为大且间距较宽的圆点。口腔小，口内有 1 个背齿。咽不具有咽球。具有杯状辅器。引带远端具有齿状结构。尾较长，呈丝状。

6.2.1.1 似颈长杯咽线虫 *Longicyatholaimus cervoides* Vitiello，1970（图 6.23）

个体细长，体长 2639–2891μm，最大体宽 30–37μm。头径 15–17μm。表皮具有点状

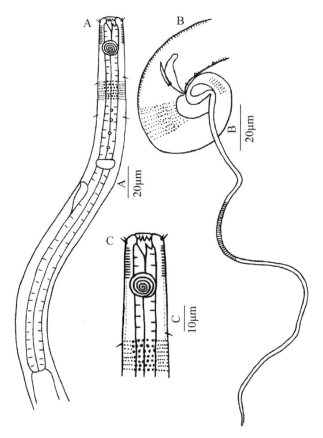

图 6.23 似颈长杯咽线虫 *Longicyatholaimus cervoides*
A. 雄体咽部；B. 雄体尾端；C. 雄体口腔，示头刚毛、化感器、表皮等

环纹。4 列颈刚毛，每列 2 或 3 根。外唇刚毛和头刚毛较短，10 根刚毛排列成 1 圈。化感器螺旋形，具有 5 圈，轮廓呈圆形，占相应体径的 45%，位于距头端 1 倍头径位置。口腔较小，内有 1 个大的背齿。咽柱状。排泄孔位于神经环后方。尾锥柱状，具有长的尾丝，长约 365μm。3 个尾腺细胞排列在尾的锥状部分。

交接刺长 27μm，中部膨大，两端较细。引带长 13μm，无引带突。具有杯状辅器。

分布于陆架区泥质沉积物中。

6.2.2　玛丽林恩线虫属 *Marylynnia*（Hopper，1972）Hopper，1977

表皮具有点状环纹，侧装饰为更大、间距更宽的点。具有两种类型的角质孔：一种是单一的圆形或椭圆形的孔；另一种是复合孔，一直延伸至尾的锥状部分。口腔内具有 1 个大的背齿和 2 个小的亚腹齿。引带远端膨大，具有齿状结构。肛前具有杯状辅器。尾锥柱状。

6.2.2.1　科姆雷玛丽林恩线虫 *Marylynnia complexa* Warwick，1971（图 6.24）

体长 1.5–1.7mm，最大体宽 52–78μm（*a*=20–29）。表皮在咽的前 1/3 段较厚，侧装饰

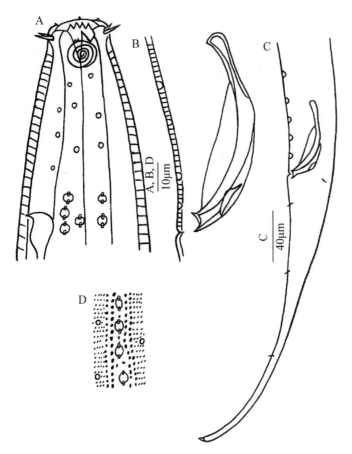

图 6.24　科姆雷玛丽林恩线虫 *Marylynnia complexa*（Platt and Warwick，1988）
A. 雄体头端；B. 交接刺和引带；C. 雄体尾端；D. 咽部表皮侧装饰

不规则。复合皮孔主要位于头部至咽的 2/3 处之间，止于身体中部。单一的皮孔从头部一直延伸至尾部。6 个内唇感器乳突状，6 个外唇感器刚毛状，长 6.5–7.0μm，4 根头刚毛长 4–5μm。化感器螺旋形，具有 6.5–7.5 圈，直径 10–11μm。口腔杯状，含有 1 个大的背齿和 2 对小的亚腹齿。咽圆柱形，无后咽球。尾锥柱状，长约为 6.5 倍的肛径，末端具尖头。

交接刺长 58–73μm，相当于 1.6–2.0 倍肛径，弓形，腹侧具有翼膜，近端头状膨大。引带新月形，远端膨大且具有 3 个齿状物。肛前具有 6 个小的杯状辅器，分布在肛前 76–89μm 处。

分布于陆架区泥质沉积物中。

6.2.2.2　纤细玛丽林恩线虫 *Marylynnia gracila* Huang & Xu，2013（图 6.25）

身体细柱状，前端平截，末端渐细。雄体体长 1385–1520μm，最大体宽 31–34μm。

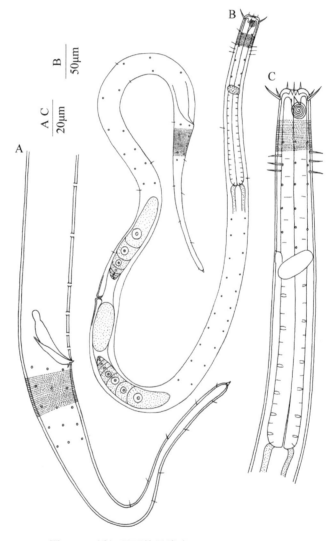

图 6.25　纤细玛丽林恩线虫 *Marylynnia gracila*

A. 雄体尾端，示交接刺、引带和肛前辅器；B. 雌体，示生殖系统；C. 雄体头端，示头刚毛、口腔齿、化感器和颈刚毛角皮具有环状排列的圆点，有侧装饰。在咽的前半部分侧装饰点较大。从化感器至尾锥状部分有 8 纵排圆形的皮孔。头端下 35μm 处颈部亚背面和亚腹面各有 2 纵列颈刚毛，每列 3 或 4 根，每根长 7–9μm。体刚毛短，主要分布在咽区和尾部。头感器刚毛状，内唇刚毛短，约 3μm；外唇刚毛 6–7μm，头刚毛长 10–12μm，6 根外唇刚毛与 4 根头刚毛排列成 1 圈，着生于口腔中部位置。化感器螺旋形，具有 4 圈，直径 10–11μm，为相应体径的 55%，位于口腔基部。口腔杯状，前端具有 12 个角质化的锥状皱褶，下面具有 1 个大的角质化的背齿和 2 个小的亚腹齿。咽柱状，长为体长的 15%，基部稍膨大，不形成咽球。神经环位于咽的中部，距头端 96–112μm。排泄孔位于神经环的前面，距头端 90 μm，为咽长的 44%。尾锥柱状，细长，呈丝状，长 170–195μm，为泄殖孔相应体径的 6.6–7.2 倍，锥状部分为尾长的 1/3，柱状部分为 2/3，末端稍膨大，无尾端刚毛，具有突出的黏液管开口。

交接刺粗短，长 29–34μm，为泄殖孔相应体径的 1.2 倍，略向腹面弯曲，中间膨大，近端圆头状，远端渐尖。引带长 23–25μm，远端膨大，具有 2 个弯曲的小齿，向近端逐渐变细，无引带突。肛前具有 6 个小的杯状辅器，从肛前 8μm 向近端延伸至 85μm，辅器间距越来越大。

雌体生殖系统具有 2 个反向排列的弯折的卵巢，前卵巢位于肠的右侧亚腹面，后卵巢位于肠的左侧亚腹面。输卵管较短，成熟卵长圆形。雌孔位于身体中部，距头端距离为体长的 46%–52%。

分布于陆架泥沙质沉积物中。

6.2.3　拟玛丽林恩线虫属 *Paramarylynnia* Huang & Zhang，2007

表皮具有均匀的斑点，无侧装饰。杯状口腔含有 1 个大的背齿和 2 个小的亚腹齿。引带较大且远端膨大无齿，无引带突。尾长，锥柱状。

6.2.3.1　丝尾拟玛丽林恩线虫 *Paramarylynnia filicaudata* Huang & Sun，2010（图 6.26）

身体圆柱状，前端平截，末端渐细。雄体体长 2130–2280μm，最大体宽 66–72μm。角皮具有环状排列的均匀圆点，咽部的更显著，无侧装饰。从化感器至尾锥状部分有 6 纵排圆形的皮下孔。咽部和尾的锥状部分侧面具有较多聚生的复合皮孔。颈部亚侧面具有 4 纵列颈刚毛，每列 2 或 3 根。头部直径 28–30μm，为咽基部体径的 43%。头感器排列成 6+10 的模式，内唇感器乳突状，外唇感器刚毛状，与头刚毛近等长，长 10μm。化感器螺旋形，具有 5 圈，直径 13–17μm，为相应体径的 40%，位于口腔中部位置。口腔杯状，前端具有 12 个角质化的锥状皱褶，下面具有 1 个大的角质化的背齿和 2 个小的亚腹齿，口腔壁角质化加厚。咽柱状，长 316–335μm，为体长的 15%。基部稍膨大，无咽球。神经环位于咽的中前部，距头端距离为咽长的 43%。腹腺细胞不明显，排泄孔位于神经环的前面。尾锥柱状，细长，长 420–460μm，为泄殖孔相应体径的 8.4–9.0 倍，前 1/3 锥状，无腹刚毛；后 2/3 细柱状，有尾刚毛，末端稍膨大，无尾端刚毛，具有突出的黏液管开口。具有 3 个尾腺细胞。

交接刺木舟形，长 39–46μm，为泄殖孔相应体径的 90%，向腹面弯曲，中间膨大，两端渐尖。引带与交接刺同形并平行于交接刺，长 25–38μm，远端无齿，无引带突。肛前辅器不明显。

雌体尾较长，无尾刚毛。生殖系统具有 2 个反向排列的弯折的卵巢。输卵管较短，含有长圆形的成熟卵。雌孔位于身体前部，距头端距离为体长的 39%–41%。

分布于陆架泥质沉积物中。

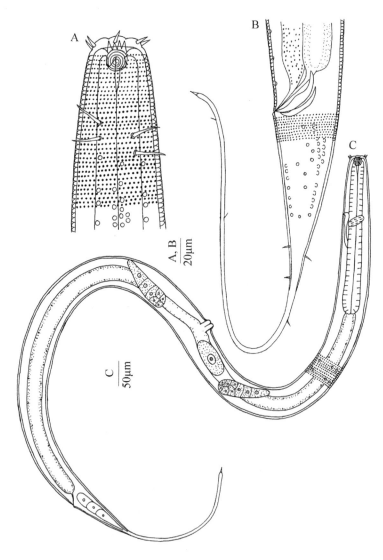

图 6.26 丝尾拟玛丽林恩线虫 *Paramarylynnia filicaudata*
A. 雄体头端，示头刚毛、口腔齿、化感器和颈刚毛；B. 雄体尾端，示交接刺、引带和肛前辅器；C. 雌体，示生殖系统

6.2.3.2 细颈拟玛丽林恩线虫 *Paramarylynnia stenocervica* Huang & Sun，2011（图 6.27）

身体长梭状，咽的前 1/3 突然收缩，逐渐变细。雄体体长 1120–1300μm，最大体宽 44–46μm。角皮具有环状排列的不均匀的圆点，咽的前半部分角皮较厚，圆点较大，间

距较宽，其余部分圆点小而密。无侧装饰。从化感器至尾锥状部分有 6 纵排圆形的皮下孔。颈部刚毛不明显。头部直径 18–20μm，为咽基部体径的 2%。头感器排列成 6+10的模式，内唇感器乳突状，外唇感器刚毛状，较短，4 根头刚毛长 6–7μm。化感器螺旋形，具有 5 圈，直径 10–11μm，为相应体径的 50%，位于头的顶端位置。口腔杯状，前端具有 12 个角质化的锥状皱褶，下面具有 1 个大的角质化的背齿和 2 个小的亚腹齿。咽柱状，长 196–207μm，为体长的 16%–18%。基部稍膨大，无咽球。神经环位于咽的中前部，距头端距离为咽长的 46%。腹腺细胞较小，位于咽的基部，排泄孔位于神经环的前面。尾锥柱状，细长，长 168–182μm，为泄殖孔相应体径的 6 倍，前 1/3 锥状，后2/3 细柱状，无尾刚毛，末端稍膨大，无尾端刚毛，具有突出的黏液管开口。

　　交接刺弧形，长 39–43μm，为泄殖孔相应体径的 1.3 倍，近端稍膨大，呈头状，远端渐尖。引带独木舟形，长 29–31μm，两端渐尖，无齿，无引带突。肛前具有 5 个小的管状辅器。

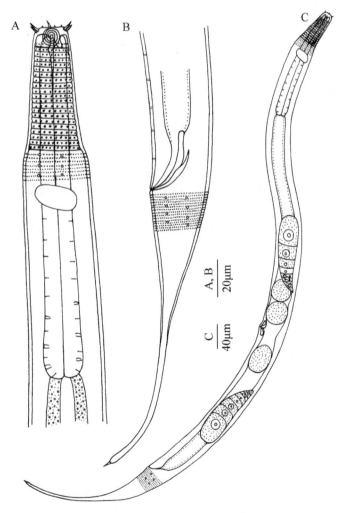

图 6.27　细颈拟玛丽林恩线虫 *Paramarylynnia stenocervica*
A. 雄体前端，示头刚毛、口腔齿、化感器；B. 雄体尾端，示交接刺、引带和肛前辅器；C. 雌体，示生殖系统

雌体生殖系统具有 2 个反向排列的弯折的卵巢。雌孔位于身体中部，距头端距离为体长的 49%–51%。

分布于陆架泥质沉积物中。

6.2.3.3 亚腹毛拟玛丽林恩线虫 *Paramarylynnia subventrosetata* Huang & Zhang，2007（图 6.28）

身体圆柱状，前端平截，末端渐细。雄体体长 1619–1850μm，最大体宽 51–59μm。角皮具有环状排列的均匀圆点，无侧装饰。从化感器至尾锥状部分有 6 纵排圆形的皮下孔。颈部亚侧面具有 4 纵列颈刚毛，每列 3 或 4 根，每根长 13–15μm。头部直径 25–29μm，

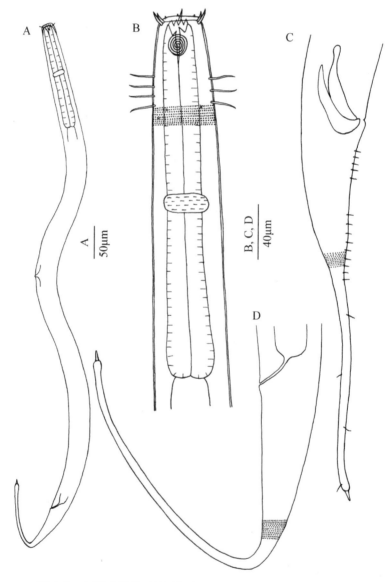

图 6.28　亚腹毛拟玛丽林恩线虫 *Paramarylynnia subventrosetata*

A. 雌体；B. 雄体前端，示头刚毛、口腔齿、化感器；C. 雄体尾端，示交接刺、引带；D. 雌体尾端

为咽基部体径的 53%。头感器排列成 6+10 的模式，内唇感器乳突状，外唇感器刚毛状，长 10–11μm。化感器螺旋形，具有 6 圈，直径 14–16μm，为相应体径的 50%，前边位于口腔背齿基部。口腔杯状，前端具有 12 个角质化的锥状皱褶，下面具有 1 个大的角质化的背齿和 2 个小的亚腹齿。咽柱状，长 290–310μm，为体长的 17%，基部不膨大，无咽球。神经环位于咽的中部，距头端 123–126μm。尾锥柱状，细长，长 240–290μm，为泄殖孔相应体径的 5.1–6.2 倍，前 2/5 锥状，后 3/5 细柱状，锥状部分具有 2 组亚腹刚毛，近泄殖孔处的 5 根排列成 1 组，远离泄殖孔处的 6 或 7 根排列成 1 组；柱状部分有尾刚毛，末端膨大，无尾端刚毛，具有突出的黏液管开口。具有 3 个尾腺细胞。

交接刺长 56–63μm，为泄殖孔相应体径的 1.2 倍，向腹面弯曲，中间膨大，近端圆头状，远端渐尖。引带宽大，长 46–54μm，远端膨大，无齿，向近端逐渐变细，无引带突。无肛前辅器。

雌体尾较长，无尾刚毛。生殖系统具有 2 个反向排列的弯折的卵巢。输卵管较短，具有圆形的成熟卵。雌孔位于身体中前部，距头端距离为体长的 42%–45%。

分布于陆架泥质沉积物中。

6.2.4　棘齿线虫属 *Acanthonchus* Cobb，1920

角皮具有环状排列的圆点，侧装饰有或无。口腔具有大的背齿。10 个头感器刚毛状，呈 6+4 排列。化感器螺旋形。无咽球。具有管状肛前辅器，近端 1 个较大，引带简单。

6.2.4.1　濑户棘齿线虫 *Acanthonchus setoi* Wieser，1955（图 6.29）

体长 1.2mm（*a*=36）。头径 17μm。角皮大部分及尾部圆点均匀，无侧装饰，具有

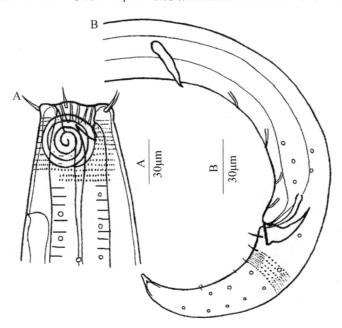

图 6.29　濑户棘齿线虫 *Acanthonchus setoi*（Wieser，1955）

A. 雄体头端；B. 雄体尾端

许多皮孔。头刚毛长度约为头径的 33%。雄体化感器很大，具有 4.5 圈，直径 12.2μm，为相应体径的 65%。排泄孔距离头端为头径的 1.3 倍。口腔很深，具有 1 个大的背齿。尾锥状，长为泄殖孔相应体径的 3 倍。末端具有大的喷丝头。

交接刺长 26μm，为泄殖腔相应体径的 80%，近端略为头状，远端渐尖。引带长三角形，长 27μm，远端宽，锯齿状。肛前具有 5 个管状辅器，其中最近端的 1 个较大，长 30μm，约为相应体径的 1 倍，至泄殖腔的距离为 120μm。尾具有较短的肛后刚毛。

分布于潮下带泥质沉积物中。

6.2.4.2　三齿棘齿线虫 *Acanthonchus tridentatus* Kito，1976（图 6.30）

体长 0.8–1.4mm，最大体宽 33–48μm（*a*= 24–28）。角皮具有环状排列的小点；前、后端圆点不同；体刚毛短，具有皮下孔。头端平截，内唇感器不明显，外唇感器刚毛状，与 4 根头刚毛排列成 1 圈，颈刚毛较短。口腔锥状，较浅，深 6–10μm；背齿非常小。咽细长，柱状。神经环位于咽的中后方。化感器螺旋形，具有 3.0–3.3 圈，直径为相应体径的 21%–33%，至头端的距离很近。排泄孔至头端的距离为头径的 1.3–1.7 倍。腹腺细胞位于咽基部，其后连接一个小细胞。尾锥状，圆钝，尾末端尖，具有黏液管。雄体尾长为泄殖腔相应体径的 2.4–2.9 倍，雌体尾长为泄殖腔相应体径的 2.9–3.5 倍。具有 3 个尾腺细胞。

雄体精巢成对，相对排列。交接刺稍弯曲，中部膨大，近端头状，远端渐尖，长为泄殖腔相应体径的 1.0–1.4 倍。引带远端膨大，角质化加厚，复杂，长为交接刺长的 80%–90%，远端宽 9μm，具 1 圈或 2 排小的齿状突起，通常具有 3 个大的突起。肛前具有 6 个管状辅器，最前面的 1 个比后面的大，远端 2 个非常小，长约 3μm。肛后具有粗壮的腹刚毛，长 6–8μm。

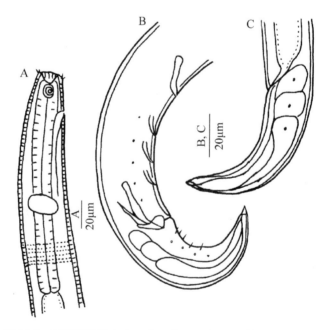

图 6.30　三齿棘齿线虫 *Acanthonchus tridentatus*（Kito，1976）
A. 雄体头端；B. 雄体尾端；C. 雌体尾端

雌体具有前、后 2 个相对排列的反折的卵巢。雌孔位于身体中部。

分布于潮下带泥质沉积物中。

6.2.5 拟棘齿线虫属 *Paracanthonchus* Micoletzky，1924

角皮具有环状排列的点，有时具有侧装饰。6 根外唇刚毛与 4 根头刚毛排列成 1 圈。化感器螺旋形。口腔具有背齿。无咽球。具有管状肛前辅器；引带成对，远端具有小齿。尾锥状。

6.2.5.1 异尾拟棘齿线虫 *Paracanthonchus heterocaudatus* Huang & Xu，2013（图 6.31）

身体柱状，向两端渐细。雄体体长 1330–1570μm，最大体宽 25–29μm。角皮具有环状排列的均匀圆点，无侧装饰。无皮下孔。颈部前端亚背面和亚腹面各有 2 纵列颈刚毛，每列 2 或 3 根。头的基部略为收缩。头感器排列成 6+10 的模式，内唇感器乳突状，外唇感器刚毛状，长 7–9μm，头刚毛长 5μm，6 根外唇刚毛与 4 根头刚毛排列成 1 圈，

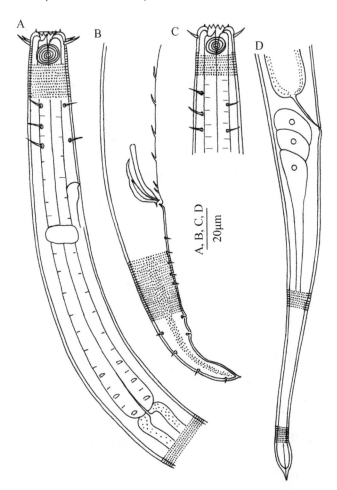

图 6.31 异尾拟棘齿线虫 *Paracanthonchus heterocaudatus*

A. 雄体前端，示头刚毛、口腔齿、化感器；B. 雄体尾端，示交接刺、引带和肛前辅器；C. 雌体头端；D. 雌体尾部

着生于口腔基部。化感器螺旋形，具有 5–6 圈，直径 12–13μm，位于距头端 7μm 处。口腔前端杯状，具有 12 个角质化的锥状皱褶，下面锥状，具有 1 个大的角质化背齿和 2 个小的亚腹齿。咽柱状，长为体长的 15%，基部稍膨大，但不形成咽球。神经环位于咽的中部，距头端 96–108μm。排泄孔位于咽的中部，神经环的前面。尾锥柱状，长为泄殖孔相应体径的 4.0–4.8 倍，锥状部分较长，具有侧装饰，两个亚腹面各具有 1 列 3μm 长的粗短的刚毛，每列 5 根；柱状部分较短，末端膨大，无尾端刚毛，末端具有突出的锥状黏液管。在锥状部分和柱状部分的过渡区腹面具有前、后 2 个突起，每个突起的侧面着生 1 对粗钝的刚毛。

交接刺细而匀称，为泄殖孔相应体径的 1.3 倍，略向腹面弯曲，近端稍膨大，远端渐尖。引带长 25–27μm，向腹面弯曲呈弧形，中间膨大，向两端变细，远端具有 3 个弯曲的小齿，无引带突。肛前具有 6 个小的管状辅器，离泄殖孔最近的 2 个辅器小而近，其他 4 个大，间距渐大。

雌体尾较长，典型锥柱状，柱状部分为尾长的 2/3，无尾刚毛，无突起。生殖系统具有 2 个反向排列的弯折的卵巢，输卵管较短，成熟卵长圆形。雌孔前、后各具有 1 个圆形的受精囊。雌孔位于身体中前部，距头端距离为体长的 46%–50%。

分布于潮下带泥质沉积物中。

6.2.5.2 卡姆依拟棘齿线虫 *Paracanthonchus kamui* Kito，1981（图 6.32）

体长 1.7–1.8mm，最大体宽 60–72μm（a=25–29）。角皮具有环状圆点，排列不均匀，头部斑点间距约 1.5μm，身体中约 1.1μm，肛门附近斑点间距 2.1μm，无侧装饰。2 种类型的皮孔呈 12 纵列排列于体表，身体前部孔较大，后部较小，大孔被小的斑点环绕，在排泄孔与神经环之间、近咽末端、身体中部和肛门区尤为显著。体刚毛长达 7μm，分布在亚腹侧和亚背侧。头感器呈 6+6+4 的模式排列，内唇刚毛长 3μm，6 根外唇刚毛较长，与 4 根内唇刚毛呈 1 圈排列。化感器螺旋形，具有 4.2–4.3 圈，宽 10μm，相当于相应体径的 40%。口腔内具有 1 个大的背齿和 2 个小的亚腹齿。咽基部变粗，但不形成咽球。排泄孔位于头与神经环中间，排泄细胞位于咽基部。尾锥状，具有亚腹刚毛，末端黏液管长约 8μm。

雄体生殖系统双精巢，相对排列，交接刺细长且弯曲，具有翼膜。引带角质化，较复杂，距远端 1/3 处开始变宽，远端具有小齿状突起。具有 6 个肛前辅器，后 2 个辅器较小，向近端辅器渐大，间距渐宽。

雌体生殖系统具有 2 个卵巢，相对且反折，分别延伸至雌孔前、后 165μm。雌孔位于身体中部靠前。

分布于陆架泥质沉积物中。

6.2.6 拟杯咽线虫属 *Paracyatholaimus* Micoletzky，1922

体长 1–2mm。角皮具有环状排列的点，无侧装饰。6 根外唇刚毛与 4 根头刚毛排列成 1 圈。化感器螺旋形。杯状口腔具有大的背齿。无咽球。肛前辅器刚毛状或无。引带成对，远端简单。尾锥状。

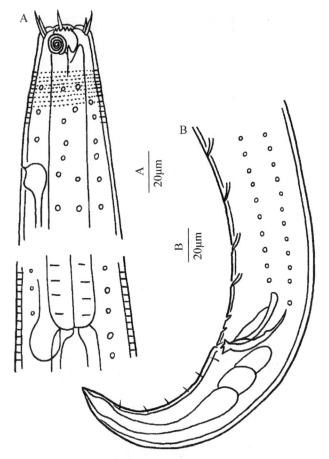

图 6.32　卡姆依拟棘齿线虫 *Paracanthonchus kamui*（Kito，1981）

A. 雄体头端；B. 雄体尾端，示交接刺、引带、辅器

6.2.6.1　黄海拟杯咽线虫 *Paracyatholaimus huanghaiensis* Huang & Xu，2013（图 6.33）

身体圆柱状，向两端渐细。雄体体长 1642–2049μm，最大体宽 51–62μm。角皮具有环状排列的均匀圆点，无侧装饰。皮孔沿身体排成 8 纵列。体刚毛短，沿身体亚侧面排成 4 纵列。头感器排列成 6+10 的模式，内唇感器乳突状，外唇感器刚毛状，长 12–18μm，头刚毛较短，长 9–10μm，6 根外唇刚毛与 4 根头刚毛排列成 1 圈，着生于头前端。化感器螺旋形，具有 3.5 圈，位于口腔基部，距头端 16μm 处。口腔杯状，前端具有 12 个角质化的棒状皱褶，基部具有 1 个大的角质化的背齿和 2 个小的亚腹齿。咽柱状，长为体长的 15%。基部稍膨大，无咽球。腹腺细胞较大，位于肠的前端，排泄孔不明显。尾锥柱状，前 2/3 锥状，后 1/3 柱状，长为泄殖孔相应体径的 2.3–3.1 倍。具有纵向排列的短的尾刚毛。尾端具有突出的黏液管开口。

雄体生殖系统具有前、后 2 个精巢，前精巢伸展，后精巢小而弯折。交接刺细长，向腹面略弯曲呈弧形，长约为 1 个泄殖孔相应体径，远端尖细。引带长 28–31μm，手柄状，远端膨大呈盘状，具有多个小齿。无引带突。肛前具有 3 个乳突状辅器，每个辅器中央具有 1 个刺状突起。

雌体生殖系统具有 2 个反向排列的弯折的卵巢,前、后卵巢距离雌孔分别为 160μm 和 110μm。输卵管较短,成熟卵圆球形。雌孔位于身体中部,距头端距离为体长的 50%–51%。分布于潮间带泥质沉积物中。

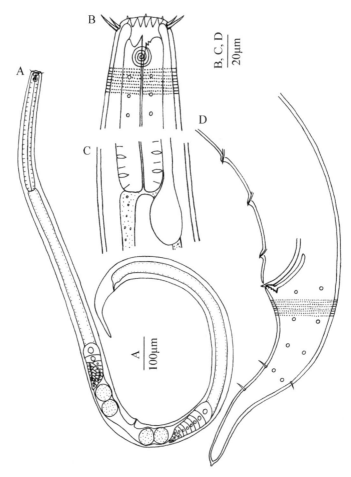

图 6.33 黄海拟杯咽线虫 *Paracyatholaimus huanghaiensis*

A. 雌体,示生殖系统;B. 雄体头端,示头刚毛、口腔齿、化感器;C. 雄体咽基部,示腹腺细胞;
D. 雄体尾端,示交接刺、引带和肛前辅器

6.2.6.2 青岛拟杯咽线虫 *Paracyatholaimus qingdaoensis* Huang & Xu,2013(图 6.34)

身体圆柱状,向两端渐细,体长 1448–1649μm,最大体宽 63–75μm。角皮具有环状排列的均匀圆点,无侧装饰。具有皮孔,沿身体排成 8 纵列。头感器排列成 6+10 的模式,内唇感器乳突状,外唇感器刚毛状,长 6–7μm,头刚毛较短,长 5μm,6 根外唇刚毛与 4 根头刚毛排列成 1 圈,着生于头前端。化感器螺旋形,具有 4 圈,位于距头端 18μm 处。口腔前端杯状,具有 12 个角质化的棒状皱褶,下面锥状,具有 1 个大的角质化的背齿和 2 个小的亚腹齿。咽柱状,长为体长的 15%。基部不膨大,无咽球。尾锥状,向末端逐渐变尖,长为泄殖孔相应体径的 2.4–2.6 倍。具有纵向排列的短的尾刚毛,末端具有突出的黏液管开口。

　　雄体生殖系统具有前、后 2 个精巢，前精巢伸展，后精巢小而弯折。交接刺倒"S"形，长 59–60μm，为泄殖孔相应体径的 1.2 倍，中间部分膨大，两端渐细，远端尖锐。引带宽大，长 51–53μm，"S"形弯曲，远端膨大，向近端渐尖，末端具有 2 个弯曲的小齿，无引带突。肛前具有 2 组生殖刚毛，每组 5 根。其中近端 5 根刚毛着生在 1 个腹面突起上。

　　雌体类似于雄体。生殖系统具有 2 个反向排列的弯折的卵巢，前、后卵巢距离雌孔分别为 90μm 和 170μm。成熟卵圆球形。雌孔位于身体中部，距头端距离为体长的 49%–53%。

　　分布于潮下带泥质沉积物中。

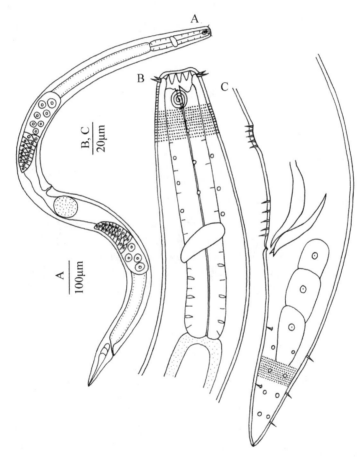

图 6.34　青岛拟杯咽线虫 Paracyatholaimus qingdaoensis
A. 雌体，示生殖系统；B. 雄体前端，示头刚毛、口腔齿、化感器；C. 雄体尾端，示交接刺、引带和肛前辅器

6.2.7　绒毛线虫属 *Pomponema* Cobb，1917

　　表皮具有 2–4 列纵向排列的侧装饰。具有 6 个乳突状内唇感器；6 根外唇刚毛与 4 根头刚毛着生于同 1 圈，外唇刚毛比头刚毛长，有的无头刚毛。口腔内具有 1 个大背齿、2 个亚腹齿和小齿。咽球有或无。雄体具有肛前辅器和引带突。

6.2.7.1 多辅器绒毛线虫 *Pomponema multisupplementa* Huang & Zhang，2014（图 6.35）

身体长纺锤形，体长 1410–1460μm，最大体宽 72–82μm。角皮具有环状排列的均匀圆点，具有明显的侧装饰。侧装饰点从化感器至咽的中间位置排列不规则，从咽的中部至尾的锥状部分为规则的 3 纵列，宽 6μm。沿身体纵轴具有 4 列皮孔。内唇感器乳突状，外唇感器刚毛状，长 8–9μm，着生于头的顶端，头刚毛不明显。化感器螺旋形，外廓横椭圆形，宽为相应体径的 38%，位于口腔中部。口腔杯状，前端具有 12 个角质化的锥状皱褶，下面具有 1 个大的角质化背齿和 2 个小的亚腹齿。咽柱状，长为体长的 16%。基部膨大稍呈双咽球。神经环位于咽的中前部，距头端距离为咽长的 49%。腹腺细胞较大，位于肠的前端，排泄孔位于咽的中部，紧邻神经环的前面。尾短，锥柱状，长为泄殖孔相应体径的 2.6 倍，前 2/3 锥状，具 4 或 5 对亚腹刚毛；后 1/3 棒状，末端稍膨大，无尾端刚毛，具有突出的黏液管开口。

交接刺粗壮，长 60–62μm，为泄殖孔相应体径的 1.3 倍，向腹面弯曲，近端头状，远端渐尖。引带手柄状，中间膨大包绕交接刺，近端钩状，长 44–49μm，无引带突。肛前具有 72–76 个排列紧密、10–12μm 长的管状辅器，肛前第 1 个辅器距泄殖孔 12μm，向近端辅器间距逐渐增大，最近端 1 个辅器距泄殖孔 690μm。

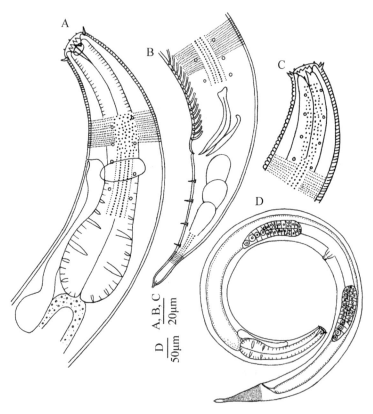

图 6.35　多辅器绒毛线虫 *Pomponema multisupplementa*

A. 雄体咽区，示头刚毛、口腔齿、化感器和排泄系统；B. 雄体后部，示交接刺、引带和肛前辅器；C. 雌体头端；D. 雌体，示生殖系统

雌体类似于雄体，具有 4 根头刚毛，头感器排列成 6+10 的模式。生殖系统具有 2 个反向排列的弯折的卵巢。雌孔位于身体后部，距头端距离为体长的 58%。

分布于潮间带泥质沉积物中。

6.2.7.2　近端绒毛线虫 *Pomponema proximamphidum* Tchesunov，2008（图 6.36）

身体细长，体长 911–1203μm。角皮具有环状排列的均匀圆点。侧装饰开始于化感器后，为 2 排纵向排列的大点。侧装饰由成对的大点逐渐变为狭窄的小点。在神经环的位置侧装饰宽约 7μm，在身体中部宽约 4μm。内唇感器不明显。外唇刚毛和头刚毛着生于同 1 圈。6 根外唇刚毛不等长，侧面的 2 根明显短于其余 4 根。4 根头刚毛稍短于亚侧的外唇刚毛。化感器螺旋形，较大，约 5 圈，一半位于头端表面。口腔分为两室，前端锥状，具有 12 个棒状的角质化的皱褶，下面具有 1 个大的角质化的背齿和 2 个小的亚腹齿。在亚腹齿的两侧各有 1 排 6–8 个小齿。咽柱状，基部稍膨大，但未形成真正的咽球。神经环位于咽中部。排泄细胞较大；排泄孔位于神经环前，至头端距离约为咽长的 1/3。尾较长，近端锥状，远端为细长的柱状。锥状部分侧面具有少量尾刚毛。

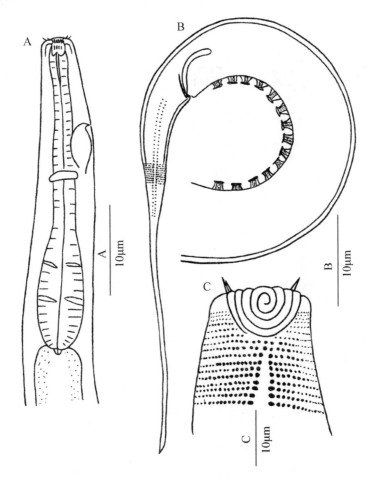

图 6.36　近端绒毛线虫 *Pomponema proximamphidum*（Tchesunov，2008）

A. 雄体咽部；B. 雄体尾端；C. 雌体头端

雄体生殖系统具有双精巢，前精巢直伸，后精巢反折，都位于肠的左侧。交接刺短，弯曲，近端较宽，远端渐尖。引带板状，微弯曲，远端与交接刺相连。肛前具有 13 或 14 个突出的杯状辅器和 1 根肛前刚毛。

分布于潮下带泥沙质沉积物中。

6.3 新瘤线虫科 Neotonchidae Wieser & Hopper，1966

6.3.1 丽体线虫属 *Comesa* Gerlach，1956

角皮具有环状排列的斑点，无侧装饰。侧面具有皮孔。口腔内具有尖的向前直伸的背齿和腹齿。具有 8–14 个杯状肛前辅器。尾锥状，无环状排列的圆点。

6.3.1.1 普莱特丽体线虫 *Comesa platti* Gourbault & Vincx，1992（图 6.37）

体长 665–1027μm，最大体宽 21–42μm（*a*= 29–33）。角皮具有环状排列的小点，身体中部侧面的点比中间的点大，无侧装饰。亚背侧及亚腹侧各具 1 排小的均匀排列的皮孔。6 个短的外唇感器长 0.5μm，4 根头刚毛长 3μm。具有 4 根亚头刚毛。体刚毛

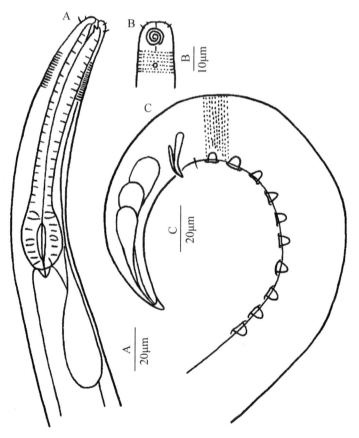

图 6.37　普莱特丽体线虫 *Comesa platti*
A. 雄体咽部；B. 雌体头端；C. 雄体尾端

稀疏。化感器螺旋形，具有 2.5–3.0 圈，直径 4–6μm，为相应体径的 46%，位于头刚毛及亚头刚毛之间。口腔狭长，具有大的背齿和小的腹齿。神经环位于咽的中部。尾锥状，长为泄殖腔相应体径的 3.1–3.3 倍。

交接刺长 18–25μm（0.9–1.1 a.b.d.），稍向腹面弯曲。引带板状。肛前具有 9–11 个杯状辅器和 1 根腹刚毛。

分布于潮下带泥质沉积物中。

6.3.2　新瘤线虫属 *Neotonchus* Cobb，1933

通常具有侧装饰和皮孔，尾端后 1/3 处具有纵向排列的侧装饰点。头部刚毛排列呈 6+4 模式。口腔较宽，具有 1 个三角形背齿和 2 个小的亚腹齿。具有咽球。交接刺长锥状，在远端 1/3 处略弯曲；引带简单，棒状。具有 6–9 个杯状肛前辅器。

6.3.2.1　米克新瘤线虫 *Neotonchus meeki* Warwick，1971（图 6.38）

体长 0.7–0.8mm，最大体宽 26–30μm（*a*=25–29）。角皮具有明显的侧装饰，从咽后端开始具有少量较大的侧装饰点。侧面具有皮孔。咽远端具有较大的皮下孔，亚背侧及亚腹侧皮孔和侧装饰边缘各有 1 根刚毛，每侧约有 10 个这样的孔-刚毛复合体。内唇感器

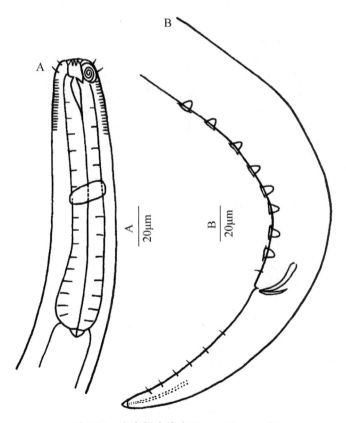

图 6.38　米克新瘤线虫 *Neotonchus meeki*
A. 雄体咽区；B. 雄体尾部

乳突状，外唇感器刚毛状，长 2.0–2.5μm，4 根头刚毛长 6–7μm。亚头刚毛位于化感器两侧。雄体化感器 4.5 圈，宽 7–8μm。口腔内具有 1 个大的三角形背齿和 2 个小的亚腹齿。咽基部膨大，贲门锥状。尾锥状，长为泄殖腔相应体径的 4 倍，远端 1/3 处具有纵向排列的侧装饰点。

交接刺长 18–21μm（0.9–1.0 a.b.d.），长锥状，在远端 1/3 处略弯曲。引带简单，棒状。具有 6–8 个肛前辅器。

分布于潮下带泥质沉积物中。

6.4 色拉支线虫科 Selachinematidae Cobb，1915

6.4.1 掌齿线虫属 *Cheironchus* Cobb，1917

体长 1.5–3.0mm。化感器螺旋形，具有 10 个头感器。口腔具有 3 个颚，背侧颚较小。具有明显咽球。具有侧装饰。具有杯状肛前辅器。

6.4.1.1 豪拉基湾掌齿线虫 *Cheironchus haurakiensis* Leduc & Zhao，2016（图 6.39）

身体柱状，粗壮，体长 1773–2097μm。角皮厚 4–5μm，尾末端逐渐增厚，达 14μm；

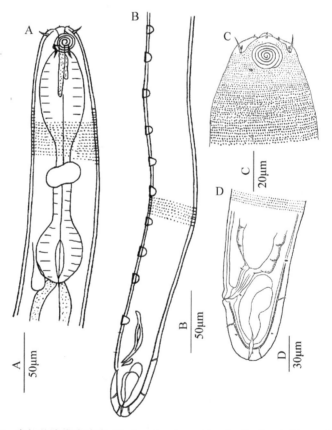

图 6.39 豪拉基湾掌齿线虫 *Cheironchus haurakiensis*（Leduc & Zhao，2016）

A. 雄体咽部；B. 雄体尾端；C. 雄体头端；D. 雌体尾端

具有环状排列的圆点，无侧装饰。体刚毛短而稀疏，不规则排列。头部不收缩。口腔张开，较宽，被 6 个丰满的锥状唇瓣包围，每一个唇瓣着生 1 个乳突状的内唇感器；6 个乳突状的外唇感器长 2μm，与 4 根较长的头刚毛（0.3 c.b.d.）着生于同 1 圈。化感器螺旋形，位于头端，具有 5.0–5.3 圈。口腔前室小，杯状，具有小的皱褶。口腔后室具有 3 个颚；腹侧颚发达，有 1 个中央臂和 2 个侧臂。中央臂远端弯曲并且有 4 或 5 个向内突出的尖的突起；每个臂近端较宽，着生 5 个尖的突起，远端细长。背侧颚较短，近端无尖或臂。咽短，肌肉发达，近端具有大的卵圆形的前咽球，基部具有较小的后咽球。神经环位于咽的中部稍后。贲门长 9μm，未被肠组织包围。排泄细胞较小，位于咽和肠交界处。尾短，圆钝，具有稀疏且非常短的刚毛及 3 根尾端刚毛。尾腺细胞向泄殖腔前延伸。

　　雄体生殖系统具有短的直伸的双精巢。交接刺成对，弯曲，长为泄殖腔相应体径的 1.5 倍，两端狭窄，中部膨大，具有中央隔膜。引带短，无引带突。肛前具有 10 个呈 1+9 排列的杯状辅器；最后一个和倒数第二个肛前辅器间隔 60μm，其他肛前辅器间隔 33–43μm。

　　雌体生殖系统具有 2 个反折的卵巢，均在肠的右侧。雌孔位于身体中部稍后。

　　分布于潮下带泥质沉积物中。

6.4.1.2　拟吞食掌齿线虫 *Cheironchus paravorax* Castillo-Fernandez, 1993（图 6.40）

　　身体柱状，粗壮，体长 1140–1370μm，两端钝圆。尾通常具有膨胀的角皮，类似水泡。

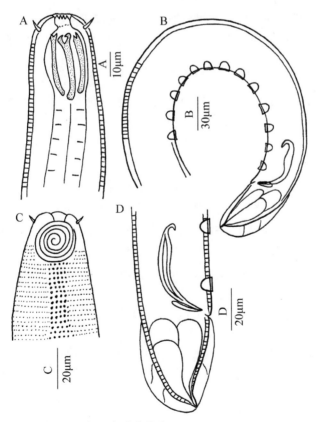

图 6.40　拟吞食掌齿线虫 *Cheironchus paravorax*
A. 雄体头端；B. 雄体尾部；C. 雌体头端；D. 雄体后部

除尾末端外，角皮具有环状排列的圆点，圆点较小，侧装饰点大，间距宽，稍不规则。无体刚毛。口腔具有 6 个唇瓣。6 个内唇感器乳突状，着生于唇瓣前。6 个外唇感器乳突状，与 4 根短的头刚毛（长 4μm）着生于唇后。化感器螺旋形，具有 4.5–5.0 圈，位于身体近顶端，直径 16μm，为相应体径的 52%。口腔宽，亚腹侧具有 2 个突出的颚（长 31–42μm），背侧具有 1 个较小的颚（长 13.5–20.0μm），近端呈锯齿状。咽近端膨大，形成前咽球，包裹着口腔的大部分；咽基部具有 1 个发育良好的后咽球。贲门小，伸入肠内。肠内有大细胞，充满大量的深褐色颗粒。神经环位于咽的中部。尾短，圆钝，具有 3 个尾腺细胞。黏液管开口于亚端腹侧。

雄体生殖系统具有 2 个相对排列的精巢。前精巢位于肠的右侧，后精巢位于肠的左侧。交接刺弯曲，长 47–48μm，近端狭窄，呈钩状，远端渐尖，中部宽，具有中央隔膜。引带短，长 14–18μm，板状，平行于交接刺的远端。具有 9–12 个杯状肛前辅器。每个肛前辅器具有杯体和盖状结构。

雌体生殖系统双卵巢，在肠的右侧反折。雌孔位于体长的 44%–49% 处。

分布于潮下带泥质沉积物中。

6.4.2 考氏线虫属 *Cobbionema* Filipjev，1922

角皮具有环状排列的圆点，无侧装饰。4 根头刚毛明显长于外唇刚毛。化感器螺旋形。口腔圆柱状，具有硬结。雄体具有双精巢，前精巢直伸，后精巢反折。尾锥柱状。

6.4.2.1 粗考氏线虫 *Cobbionema obesus* sp. nov.（图 6.41）

身体粗壮，两端渐细，体长 1224–1306μm。角皮具有环状排列的圆点，无侧装饰。无皮孔。头部圆钝，无收缩，6 个唇瓣包裹口腔，向外张开。内唇感器乳突状；外唇刚毛着生于 4 根头刚毛稍前的位置，稍短于头刚毛，头刚毛长 6μm。体刚毛短而稀疏。化感器螺旋形，具有 4 圈，直径 12μm（即相应体径的 35%–39%）。有的个体具有伸长的胶状体。口腔大，深 25μm，宽 11μm，分为两部分。口腔前室具有 6 个角质化的锥状硬结，每个硬结后具有 2 对大而尖的突起。口腔后室狭窄，具有 3 个 "y" 形硬结，近端钩状。排泄孔开口在神经环的位置。咽柱状，基部膨大，形成 1 个大的圆形咽球。神经环距头端的距离为咽长的 42%。腹腺细胞位于咽基部。尾锥柱状，为泄殖腔相应体径的 2.9–3.3 倍，具有长的黏液管（6μm）。尾刚毛短而稀疏。具有 3 个尾腺细胞。

雄体生殖系统具有 2 个相对排列的精巢，前精巢伸展，位于肠的左侧；后精巢反折，位于肠的右侧。交接刺长 70–71μm，为泄殖腔相应体径的 1.7–1.9 倍，略弯曲，近端膨大呈头状，远端向背侧膨大呈长三角形。引带板状，稍弯曲，长 17–22μm，无引带突。无肛前辅器。

未见雌体。

分布于潮下带泥质沉积物中。

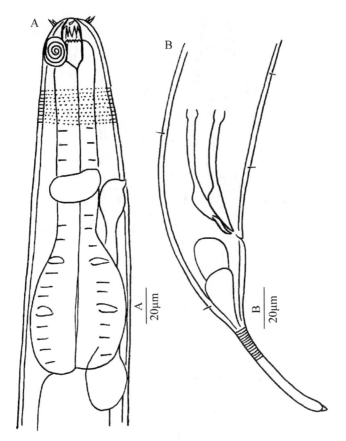

图 6.41　粗考氏线虫 *Cobbionema obesus* sp. nov.

A. 雄体咽部；B. 雄体尾部

6.4.2.2　细考氏线虫 *Cobbionema tenuis* sp. nov.（图 6.42）

身体纤细，体长 1400μm。角皮具有环状排列的圆点，无侧装饰，无皮孔。头部圆钝，无收缩。6 个唇瓣包裹口腔，内唇感器乳突状；6 根小的外唇刚毛长 2μm，着生于 4 根头刚毛稍前的位置，头刚毛长 6μm。体刚毛短而稀疏。口腔柱状，深 26μm，宽 8μm，分为两部分。口腔前室具有 6 个角质化的硬结，每个硬结后具有 2 对大而尖的突起。口腔后室狭窄，具有 3 个 "y" 形硬结，近端钩状。化感器螺旋形，具有 4.5 圈，直径 14μm（即相应体径的 48%）。咽近端膨大，包围口腔后室，基部膨大，形成 1 个拉长的卵圆形咽球。神经环距头端的距离为咽长的 38%。排泄孔开口位于神经环后，距头端 105μm。腹腺细胞位于咽基部。尾锥柱状，为泄殖腔相应体径的 4.2 倍，具有长的黏液管（6μm）。尾刚毛短而稀疏。具有 3 个尾腺细胞。

雄体生殖系统具有 2 个相对排列的精巢，前精巢伸展，位于肠的左边；后精巢反折，位于肠的右侧。交接刺较长，长 85μm，为泄殖腔相应体径的 2.6 倍，略向腹面弯曲，近端膨大呈杯状，远端膨大呈锥状或梭状。无引带及肛前辅器。

未见雌体。

分布于潮下带泥质沉积物中。

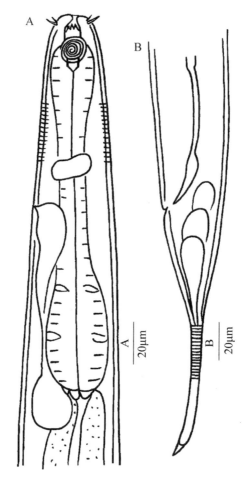

图 6.42　细考氏线虫 *Cobbionema tenuis* sp. nov.
A. 雄体咽部；B. 雄体尾部

6.4.3　伽马线虫属 *Gammanema* Cobb，1920

角皮具有环状排列的圆点，无侧装饰。外唇感器乳突状或刚毛状。化感器通常螺旋形，少数为环形。口腔前室较大，杯状；后室较小，通常为柱状。无咽球。肛前辅器通常为杯状，少数为刚毛状或管状。尾短，锥状。

6.4.3.1　大伽马线虫 *Gammanema magnum* Shi & Xu，2018（图 6.43）

身体圆柱状。角皮较厚，具有明显点状环纹，无侧装饰。头端钝，6 对薄膜状角皮向外伸展。头感器 3 圈，刚毛状；6 根内唇刚毛和 6 根外唇刚毛长叶形，基部宽；4 根头刚毛细长。口腔较宽，分为两部分，前室较宽，杯状，具有 12 个角质化的棒状体，每个棒状体在其后部具有 6 个小齿；后室狭窄，柱状，具有 6 个宽的棒状体。咽柱状，近端稍膨大，包围口腔后室。无后咽球。化感器螺旋形，较大，约 1.3 圈，直径为相应体径的 79%–82%。尾短，锥状。具有 3 个尾腺细胞和黏液管。

雄体生殖系统具有 2 个相对排列的精巢，位于肠的左侧。精子细胞球形或卵圆形。

2 根交接刺不等长，稍弯曲，左交接刺稍短于右交接刺。无引带及肛前辅器。

雌体化感器螺旋形，较小，约 2 圈，直径为相应体径的 12%–14%。具有 2 个反折的卵巢。雌孔横缝状，位于体长的 62%–67%处。

分布于潮间带泥沙质沉积物中。

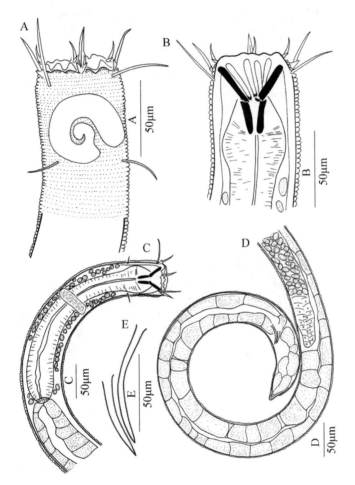

图 6.43　大伽马线虫 Gammanema magnum（Shi and Xu，2018）
A. 头端表面；B. 头端内；C. 颈部；D. 尾端；E. 2 根交接刺

6.4.4　软咽线虫属 Halichoanolaimus de Man，1886

角皮具有环状排列的圆点，无侧装饰。内唇感器乳突状，外唇刚毛和头刚毛着生于同 1 圈。化感器螺旋形。口腔被横向排列的小齿隔成上下两室。无咽球。肛前辅器为乳突状或刚毛状。尾长，远端柱状或丝状。

6.4.4.1　脊索软咽线虫 Halichoanolaimus chordiurus Gerlach，1955（图 6.44）

[异名：*Halichoanolaimus longissimicauda* Timm，1961]
身体纤细，体长 3000–3940μm，有较长的尾丝。角皮具有环状排列的点，侧面装饰

点较大。6 个乳突状内唇感器不明显，6 根外唇刚毛和 4 根头刚毛着生于同 1 圈，长 3μm。化感器螺旋形，具有 3.5 圈，位于口腔中部，雄体化感器直径为头径的 21%，雌体则为 25%。口腔较大，2 室，颚发达，颚近端为 1 排角质化的分叉，颚远端为 3 个棒状结构，棒状结构具有圆头。咽圆柱状，无咽球。神经环至头端的距离为咽长的 30%。排泄孔至头端的距离为咽长的 36%。尾长，锥柱状，近端锥状，远端 96% 为丝状。

交接刺弓形，为泄殖腔相应体径的 1.5 倍，近端为不明显头状。引带平行于交接刺远端，无引带突。具有 4~6 个乳突状肛前辅器。

雌体生殖系统具有双子宫，2 个卵巢反折。雌孔至头端的距离为体长的 43%。

分布于潮下带泥质沉积物中。

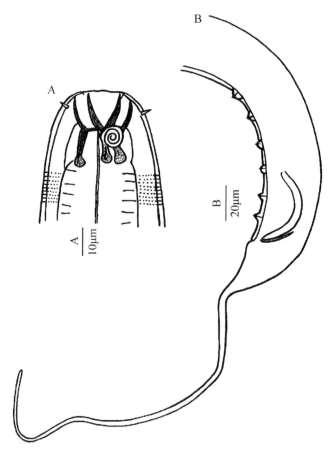

图 6.44　脊索软咽线虫 *Halichoanolaimus chordiurus*
A. 雄体头端；B. 雄体尾部

6.4.4.2　*Halichoanolaimus* sp.（图 6.45）

身体相对短，圆柱状，头端钝。角皮具有环状排列的圆点，侧装饰点较大。化感器螺旋形，具有 6 圈，直径为 20μm，为相应体径的 31%，位于口腔中部位置。6 个内唇感器乳突状，6 根外唇刚毛和 4 根头刚毛着生于同 1 圈，头刚毛较短，长 2~3μm。口腔被中间横向排列的小齿隔成上下两室，深 32μm，为咽长的 17%。口腔结构复杂，前缘约 10 个小齿，颚棒状，前、后端叉状。咽圆柱状。贲门锥状。神经环至头端的距离为咽长的 48%。排泄孔紧邻神经环下面。尾长 155μm，为泄殖腔相应体径的 5.9 倍，近端 30% 为锥状，远端 70% 为柱状，尾末端膨大。黏液管锥状。

雄体生殖系统具有双精巢，前一个位于肠的右侧，后一个位于肠的左侧。交接刺弓形，长 59μm，为泄殖腔相应体径的 1.6 倍。引带长 14 μm，无引带突。无肛前辅器。

分布于潮下带泥质沉积物中。

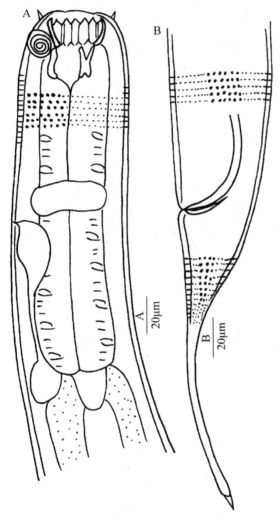

图 6.45 *Halichoanolaimus* sp.

A. 雄体咽部；B. 雄体尾部

6.4.5 里克特线虫属 *Richtersia* Steiner，1916

身体较短，纺锤形。角皮具有 20–40 列纵向排列的棘刺。具有 6 根头刚毛和 6 根亚头刚毛。口腔呈角质化柱状，无齿。无咽球。无肛前辅器，但在泄殖腔前纵脊可能增大。尾短，锥状。

6.4.5.1　不等里克特线虫 *Richtersia inaequalis* Riemann，1966（图 6.46）

体长 0.6–0.8mm，最大体宽 47–100μm（*a*=8–14）。身体淡褐色。角皮具有横纹，近端具有 40 列纵向棘刺，远端具有 24–30 列。雄体腹侧具有 4 列不同形状的较大的棘刺，开始于咽一半的位置，终止于泄殖腔前。6 根粗壮的头刚毛长 8–9μm，后面着生 1 圈 6 根 7–8μm 长的亚头刚毛。具有 8 列长 6μm 的颈刚毛，近端较多；体刚毛短而稀疏。雄体化感器螺旋形，具有 4.5 圈，宽 16μm；雌体化感器较小，单一的椭圆环形，宽 8μm。口腔柱状或锥状，无齿。尾锥状，尾长为泄殖腔相应体径的 1.5–2.0 倍，尾末端无环纹。

2 条交接刺不等长，左侧较短，长 39–56μm（约 1.5 a.b.d），弯曲，近端头状，远端渐尖；右侧 1 条较长，长 113–132μm（约 3 a.b.d），细长，弯曲，近端膨大分叉。引带长约 23μm，近端角质化加厚，远端轻微角质化。

分布于潮间带和潮下带泥沙质沉积物中。

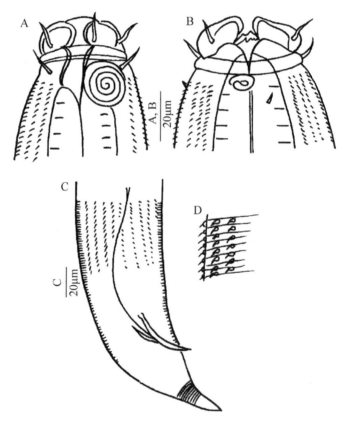

图 6.46　不等里克特线虫 *Richtersia inaequalis*（Platt and Warwick，1988）
A. 雄体头端；B. 雌体头端；C. 雄体尾部；D. 亚腹侧角皮

6.4.6　拟合瘤线虫属 *Synonchiella* Cobb，1933

角皮具有横向排列的圆点，无侧装饰。化感器螺旋形。外唇刚毛与头刚毛位于同 1 圈。口腔具有 3 个较大的角质化加厚的颚。无明显后咽球。具有杯状肛前辅器。

6.4.6.1　日本拟合瘤线虫 *Synonchiella japonica* Fadeeva，1988（图 6.47）

身体圆柱状，体长 1332μm。头端钝，无收缩，尾端渐尖。角皮具有横向排列的小斑点，无侧装饰。内唇感器明显。6 根外唇刚毛与 4 根头刚毛排列成 1 圈，长 3μm。无体刚毛。化感器螺旋形，具有 3.5 圈，直径 10μm。口腔桶状，深 20μm。口腔前部具有角质化皱褶，口腔后部具有 3 个大小相等的角质化的颚，长 15μm，1 个背侧颚和 2 个亚腹侧颚。每个颚近端具有 2 个钩状结构。咽圆柱状，前、后端均膨大。神经环位于咽中部。尾锥柱状，长为 5.8 倍泄殖孔相应体径，锥状部分和柱状部分各占尾长的 50%。

雄体生殖系统具有双精巢，精巢伸展，位于肠的右侧。交接刺呈长靴形，远端背侧膨大，长 41μm（1.8 a.b.d.）。引带较小，与交接刺远端平行，长 13μm。肛前具有 1 根刚毛和 13 个均匀分布的杯状肛前辅器，肛前刚毛长 1.5μm。

分布于潮下带泥质沉积物中。

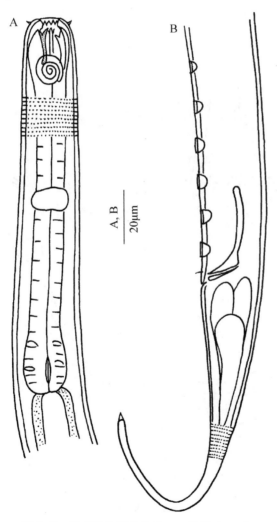

图 6.47　日本拟合瘤线虫 *Synonchiella japonica*

A. 雄体咽区；B. 雄体尾部

6.4.6.2 小化感器拟合瘤线虫 Synonchiella micramphis（Stekhoven，1950）（图 6.48）

身体柱状，体长 177–2210μm。头端钝，无收缩，尾端渐尖。角皮具有环状排列的小斑点，无侧装饰。6 根外唇刚毛长 3μm，4 根头刚毛长 5μm，排列成 1 圈。无体刚毛。化感器螺旋形，具有 2 圈，直径 10μm。口腔前部桶状。口腔前部短，具有不明显的环带，口腔后部具有 3 个大小相等的角质化的颚，长 20μm，1 个背侧颚和 2 个亚腹颚。每个颚近端具有 2 个钩状结构。咽圆柱状，前部膨大，包围口腔，形成前咽球；基部稍膨大，但未形成后咽球。尾锥柱状，长为 5.4 倍泄殖孔相应体径，锥状部分占尾长的 60%。

雄体生殖系统具有双精巢，精巢伸展，位于肠的右侧。交接刺弯曲，细长，近端呈小头状，长 47–65μm（1.7 a.b.d.）。引带与交接刺远端平行，长 12–22μm。肛前具有 1 根刚毛，长 3μm，16–20 个杯状肛前辅器。

分布于潮下带泥质沉积物中。

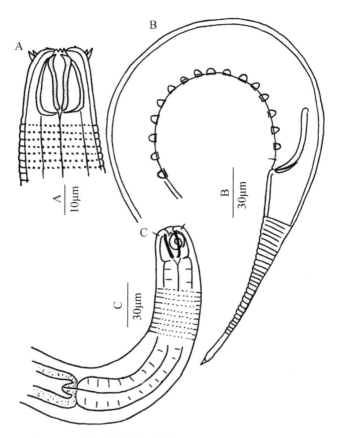

图 6.48　小化感器拟合瘤线虫 Synonchiella micramphis
A. 雄体头端；B. 雄体尾部；C. 雄体咽区

6.4.6.3 小拟合瘤线虫 Synonchiella minuta Vitiello，1970（图 6.49）

身体圆柱状，体长 1136–1280μm。头端钝，稍收缩，尾端渐细。角皮具有环状排列的小圆点，无侧装饰。6 根内唇刚毛较短，长 1.6–2.0μm，6 根外唇刚毛长 2.9–3.9μm，与头刚毛着生于 1 圈。无体刚毛。化感器螺旋形，具有 3 圈，直径 9.5–11.6μm。口腔呈桶状，深 22–29μm。口腔具有 3 个大小相等的角质化的颚、1 个背侧颚和 2 个亚腹颚，长 17–18μm。每个颚近端具有 2 个钩状结构，远端具有 1 个钩状结构。颚近端膨大部位具有 5 个小齿。咽圆柱状，长 171–201μm，前部包围口腔，膨大成前咽球；基部稍膨大，不形成后咽球。神经环位于距头端 80–86μm 处。尾锥柱状，长 138–175μm（4.3–6.5 a.b.d），锥状部分占尾长的 55%。

雄体生殖系统具有双精巢，精巢伸展，位于肠的右侧。交接刺呈"L"形，长 38–43μm（1.2–1.4 a.b.d），远端细长。引带小，与交接刺远端平行，长 10.7–11.6μm。具有 1 根肛前刚毛，长 4.7–5.3μm，13 或 14 个杯状肛前辅器。

雌体化感器较小。生殖系统具有双子宫，有 2 个相对排列的反折的卵巢。雌孔横缝状，位于身体中部稍前，距头端距离为体长的 44%。

分布于潮下带泥质沉积物中。

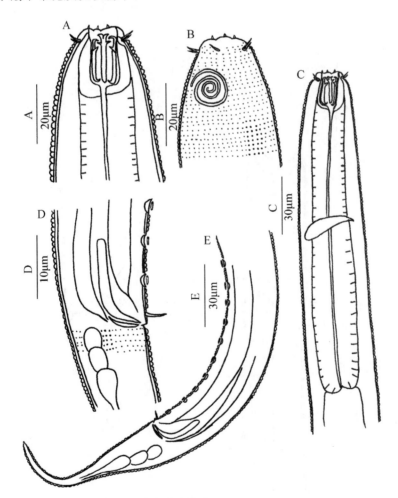

图 6.49　小拟合瘤线虫 Synonchiella minuta
A、B. 雄体头端；C. 雄体咽区；D. 雄体泄殖腔区；E. 雄体尾部

6.4.7 合瘤线虫属 *Synonchium* Cobb，1920

角皮具有环状排列的圆点。内唇感器乳突状。化感器螺旋形，较小，横向卵圆形。口腔具有 3 个平行的颚，中间齿较大，两侧齿较小。肛前辅器不明显或无；无引带。尾短，锥状。

6.4.7.1 尾管合瘤线虫 *Synonchium caudatubatum* Shi & Xu，2018（图 6.50）

身体圆柱状，体长 2.3–2.6mm。近端近乎平截。唇区具有 12 个唇瓣和 6 对角质化向外扩张的膜状结构。6 个内唇感器小；6 个乳突状外唇感器和 4 个大的锥状头感器明显。

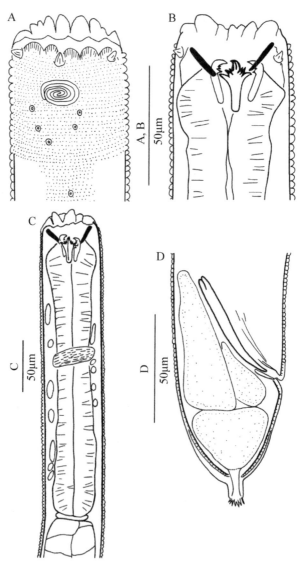

图 6.50　尾管合瘤线虫 *Synonchium caudatubatum*（Shi and Xu，2018）

A、B. 雄体头端；C. 雄体咽区；D. 雄体尾部角皮较厚，具有横向环状排列的圆点，侧面具有皮孔，无侧装饰。化感器螺旋形，具有3 圈，横向卵圆形。口腔分为 2 个室：前室有 12 个角质化的皱褶；后室被咽组织包围，有 3 个颚，每个颚具有 1 个大齿，两侧有 3 个较小的齿。咽柱状，近端膨大，包围口腔。神经环位于咽中部。贲门扁平。肠细胞大，充满许多小颗粒。尾短，圆钝，末端具有 1 个突出的黏液管。3 个尾腺细胞较大。

雄体生殖系统具有 2 个相对排列的精巢，成熟精细胞球形或卵圆形。交接刺角质化，几乎直立，近端头状，远端尖，向腹侧轻微弯曲。无引带和肛前辅器。

雌体生殖系统具有 2 个反折的卵巢。雌孔横向缝状，位于身体的后半部分，距头端距离为体长的 60%。

分布于潮间带泥沙质沉积物中。

主要参考文献

Kito K. 1976. Studies on the free-living marine nematodes from Hokkaido，Ⅰ. J Fac Sci Hokkaido Univ Ser Ⅵ, Zoology, 20(3): 568-578.

Kito K. 1978. Studies on the free-living marine nematodes from Hokkaido, Ⅲ. J Fac Sci Hokkaido Univ Ser Ⅵ, Zoology, 21(2): 248-261.

Kito K. 1981. Studies on the free-living marine nematodes from Hokkaido, Ⅳ. J Fac Sci Hokkaido Univ Ser Ⅵ, Zoology, 22(3): 250-278.

Leduc D. 2016. One new genus and three new species of deep-sea nematodes (Nematoda: Microlaimidae) from the Southwest Pacific Ocean and Ross Sea. Zootaxa, 4079(2): 255-271.

Leduc D, Zhao Z Q. 2016. Molecular characterisation of five nematode species (Chromadorida, Selachinematidae) from shelf and upper slope sediments off New Zealand, with description of three new species. Zootaxa, 4132(1): 59-76.

Pastor de Ward C T. 1985. Free-living marine nematodes of the Deseado river estuary (Chromadoroidea: Chromadoridae, Ethmolaimidae, Cyatholaimidae and Choniolaimidae) Santa Cruz, Argentina Ⅱ. Centro Nacional Patagónico, 28: 113-130.

Platt H M, Warwick R M. 1988. Free-living Marine Nematodes Part Ⅱ: British Chromadorids. Leiden: E. J. Brill: 502.

Shi B Z, Xu K D. 2018. Two new rapacious nematodes from intertidal sediments, *Gammanema magnum* sp. nov. and *Synonchium caudatubatum* sp. nov. (Nematoda, Selachinematidae). European Journal of Taxonomy, 405: 1-17.

Shi B Z, Yu T T, Xu K D. 2018. A new free-living nematode, *Actinonema falciforme* sp. nov. (Nematoda: Chromadoridae), from the continental shelf of the East China Sea. Acta Oceanologica Sinica, 37(10): 152-156.

Tchesunov A V. 2008. Three new species of free-living nematodes from the South-East Atlantic Abyss (Diva I Expedition). Zootaxa, 1866: 151-174.

Wieser W. 1955. A collection of marine nematodes from Japan. Publ Seto Mar Biol Lab, 4(2-3): 159-181.

第 7 章　链环线虫目 Desmodorida De Coninck，1965

7.1　链环线虫科 Desmodoridae Filipjev，1922

7.1.1　链环线虫属 *Desmodora* de Man，1889

角皮具有环纹，从咽部延伸至尾端，无特殊的侧装饰或附属物。体刚毛短小，6 或 8 列。具有角质化头鞘。螺旋形化感器 1–2 圈。口腔具有 1 个大的背齿和 2 个（少数 1 个）小的亚腹齿。咽圆柱形，具有后咽球。尾锥状或锥柱状（Verschelde et al.，1998）。

7.1.1.1　海洋链环线虫 *Desmodora pontica* Filipjev，1922（图 7.1）

体长 1.8–2.2mm，通常共生一些原生生物，最大体宽 56–76μm（*a*=26–33）。角皮具有横向环纹，无侧装饰。头鞘分为两部分，前端的锥形部分和后部较宽的部分，中间具

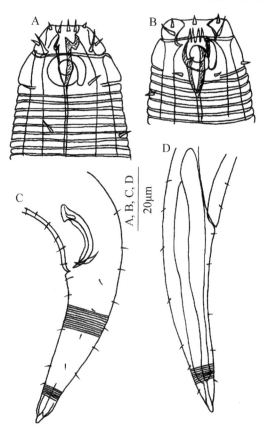

图 7.1　海洋链环线虫 *Desmodora pontica*（Platt and Warwick，1988）

A、B. 雄体头端；C. 雄体尾部；D. 雌体尾部

有明显的收缩。6 个圆锥形内唇乳突长 2.5μm，6 根短的外唇刚毛长 3μm，4 根头刚毛长 7–8μm，为头径的 0.3 倍，均位于头鞘前端。在头鞘后部，化感器两侧具有 1 对短刚毛。体表具有 8 列短刚毛。化感器双螺旋形，直径 12–13μm，为相应体径的 40%。口腔前端具有 1 圈小齿，较尖，后端具有 1 个明显的背齿和 2 个较小的亚腹齿。后咽球大，长约 55μm，宽约 33μm。尾长锥状，长为肛径的 2.5–3.6 倍，尾端锥状，无环纹。

交接刺长 60–65μm，为肛径的 1.3–1.4 倍，向腹部弯曲，近端方形头状，远端渐尖，腹侧具有翼膜。引带新月形，长 22–23μm。泄殖孔前腹侧角皮加厚，大约具有 12 个细的管状辅器。

雌体具有 2 个卵巢，雌孔位于体长的 55%–59% 处。

分布于潮下带泥质沉积物中。

7.1.1.2　斯考德链环线虫 *Desmodora scaldensis* de Man，1889（图 7.2）

体长 1.3–1.4mm，圆柱形，黄褐色，粗细不均，咽部至精巢前最窄，精巢中部最宽。角皮具有粗环纹。8 列体刚毛较短。头鞘明显加厚。4 根短的头刚毛着生于化感器前边，长 2–3μm。化感器螺旋形，位于头鞘中部。口腔有 1 个角质化的大背齿和 2 个较小的亚腹齿。咽圆柱形，前端略微膨大，包围口腔，基部具有梨状咽球。贲门小。尾短，锥状，末端无环纹，3 个尾腺细胞的前端位于引带位置。

雄体生殖系统具有单精巢，精巢伸展，位于肠的右侧。交接刺长 50–60μm，向腹部弯曲，近端头状，远端渐尖，腹侧翼明显。引带短，简单，无尾状突。未见肛前辅器或刚毛。

分布于潮下带泥质沉积物中。

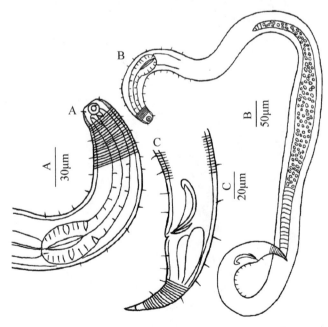

图 7.2　斯考德链环线虫 *Desmodora scaldensis*
A. 雄体咽部；B. 雄体；C. 雄体尾部

7.1.2　小链环线虫属 *Desmodorella* Cobb，1933

角皮具有环纹及纵向排列的脊或刺。无侧翼。头鞘平截或圆形。化感器螺旋形至长环状，位于头鞘上。头刚毛着生于化感器前边或两侧。咽具有圆形或卵圆形咽球。

7.1.2.1　刺尾小链环线虫 *Desmodorella spineacaudata* Verschelde，Gourbault & Vincx，1998（图 7.3）

身体细长，黄棕色，粗细不均匀，中间窄，体长（867±85）μm。角皮具有粗环纹，咽前环纹间距大。8 纵列体刚毛较短。头鞘发达。4 根头刚毛位于唇区稍后、化感器前边，长 2.5μm。化感器螺旋形，具有 2 圈，位于头鞘中央。口腔具有 1 个角质化的大背齿和 2 个较小的亚腹齿。咽圆柱形，前端膨大，包围口腔，基部具有梨状咽球。贲门小。尾锥柱状，为肛径的 4.1 倍，锥状部分短，突然细缩为细长的柱状部分，尾末端无环纹，黏液管明显。

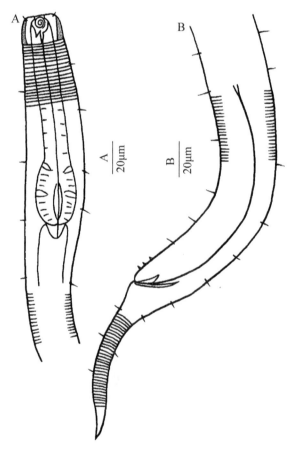

图 7.3　刺尾小链环线虫 *Desmodorella spineacaudata*
A. 雄体咽部；B. 雄体尾部

雄体生殖系统具有单精巢，精巢伸展，位于肠的右侧。交接刺细长，丝状，长 170μm，为肛径的 7.1 倍，近端呈漏斗形，远端尖刺状。引带棒状，长 17μm，稍弯曲，有腹面突起。具有刺状肛前辅器和肛前刚毛。

分布于潮下带泥质沉积物中。

7.1.3　假色矛线虫属 *Pseudochromadora* Daday，1899

体表具有环纹和侧翼，从贲门后端延伸至尾部。具有头鞘。头刚毛着生于化感器前面或与化感器前缘在同一位置。化感器螺旋形，具有 1 圈或多圈，着生于头鞘上。咽基部具有圆形或卵圆形咽球。

7.1.3.1　俄罗斯假色矛线虫 *Pseudochromadora rossica* Mordukhovich et al.，2015（图 7.4）

身体较短，体长 590–782μm。头鞘后的角皮具有环纹。侧翼从咽球后端延伸到尾部的刺状辅器处。体表环纹被侧翼隔断。6 列体刚毛从头鞘后延伸到尾部。头鞘发达，分为两部分，即较短的唇部前端和较长的头部后端，并且具有加厚的角皮。通常头鞘的头部区域比唇区宽，具有许多小液泡状的侧装饰。具有 6 个刚毛状的内唇感器；6 个外唇

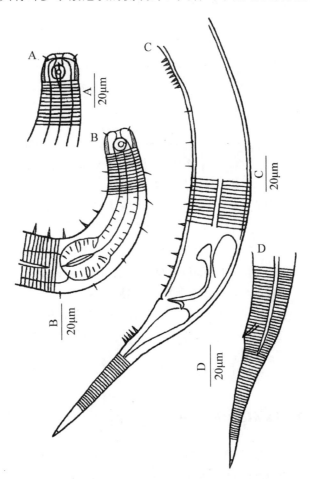

图 7.4　俄罗斯假色矛线虫 *Pseudochromadora rossica*

A. 雄体头端；B. 雄体咽部；C. 雄体尾部；D. 雌体尾部

感器刚毛状，与 4 根头刚毛着生于头鞘区。化感器位于头鞘两侧，螺旋形，内圈为闭环，外圈为开环。口腔具有 1 个大的背齿和 2 个小的亚腹齿。咽肌肉发达，基部具有大的卵圆形咽球。神经环位于咽的中部，距离头端为体长的 47%–52%。尾细长，锥状，末端无环纹，喷丝头锥状。

雄体生殖系统具有单精巢，向前直伸，位于肠的右侧。交接刺弓形，近端膨大呈头状，长为泄殖孔相应体径的 1.5 倍。引带长 15–17μm，为交接刺的 1/3，近端具有短的引带突。肛前具有 1 列 9–12 根的刺状辅器，从肛前延伸到侧翼的末端前面。肛前 91–134μm 处腹侧有 1 组排列紧密的刺状辅器（通常 8–10 根），泄殖孔前具有 1 列间隙较大的腹刚毛。尾部距泄殖孔后 12–23μm 处，具有 1 组 4 或 5 个刺状肛后辅器。

雌体特征与雄体相似，雌体螺旋形化感器 1 圈，位于头鞘后端。生殖系统为双子宫，具有反折的双卵巢。尾部无刺状辅器。

分布于潮下带泥沙质沉积物中。

7.1.4 螺旋色矛线虫属 *Chromaspirina* Filipjev，1918

角皮具有细环纹，无头鞘。具有 6 个刚毛状外唇感器。螺旋形化感器被角皮环纹包围。口腔具有 1 个大的背齿和 2 个小的亚腹齿。咽基部轻微膨大，形成不明显的咽球。肛前辅器管状。

7.1.4.1 *Chromaspirina* sp.（图 7.5）

身体黄棕色，呈圆柱形。头端钝形，末端锥形。体长 1423μm。角皮具有环纹。内唇感器不明显，有 6 个乳突状外唇感器，4 根短的头刚毛长 3μm，位于化感器两侧。化感器螺旋形，具有 1 圈，轮廓为圆形，被环纹包围，直径为相应体径的 61%。锥形口腔，有 1 个较大的背齿。咽圆柱形，基部膨大，不形成咽球。贲门锥形。尾锥柱状，尾后端 1/3 为柱状，长为肛径的 2.9 倍。3 个尾腺细胞向前延伸到肛门上方。黏液管明显。

雄体生殖系统具有双精巢，具有 2 个反向排列的伸展的精巢。交接刺镰刀状，近端三角形头状，具有腹侧翼膜，长 65μm（即泄殖孔相应体径的 1.6 倍）。引带简单，与交接刺远端平行，无尾状突。具有 3 个刺状肛前辅器。

该种与查氏螺旋色矛线虫 *Chromaspirina chabaudi* Boucher，1975 的特征相似，不同的是该种身体较长（1423μm vs. 888–952μm），头刚毛短，无体刚毛，交接刺具有明显的腹侧翼膜。

分布于潮下带泥质沉积物中。

7.1.5 后色矛线虫属 *Metachromadora* Filipjev，1918

角皮具有细环纹，具有无环纹的头鞘。化感器被环纹包裹。通常顶端具有 1 圈 6 个刚毛状头感器。口腔内具有 1 个大的背齿。咽基部咽球发达，常分成两部分或三部分。肛前辅器形状不同。

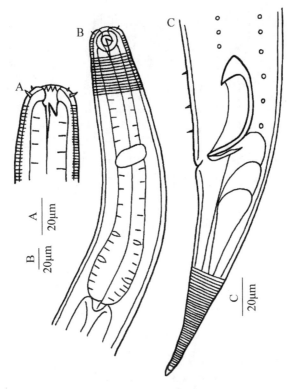

图 7.5　*Chromaspirina* sp.
A. 雄体头端；B. 雄体咽部；C. 雄体尾部

7.1.5.1　伊托后色矛线虫 *Metachromadora itoi* Kito，1978（图 7.6）

体长 1.2–1.6mm，最大体宽 59–106μm。头部圆钝，尾锥状。角皮具有环纹，从头刚毛处延伸至尾部。8 列粗短的体刚毛着生于颈部，6 列着生于尾部。内唇感器和外唇感器均呈乳突状，内唇乳突位于唇的边缘，外唇乳突较大，与头刚毛位置接近。4 根头刚毛粗壮。化感器螺旋形，具有 2.25 圈，几近头端。口腔具有 1 个大的背齿。咽柱状，具有长的后咽球，咽球长度约占咽长的 38%，被隔肌分成三部分。神经环位于咽球前方。

雄体生殖系统具有单精巢，向前直伸，位于肠的右侧。交接刺长 46–56μm，弯曲，近端头状，具有翼膜。引带新月形，长 30μm，无引带突。肛前角皮皱缩，具有 17–22 个按钮形辅器，间距几乎相等。尾锥状，长约为肛径的 2.3 倍，尾尖无横纹。2 个乳突状肛后辅器位于尾中部的腹侧。

雌体稍短（1.2–1.3mm），化感器较小。生殖系统具有双卵巢，前、后卵巢等长，相对且反折。雌孔位于身体中部靠后，距头端距离为体长的 66%–71%。尾部无辅器。

分布于潮下带泥质沉积物中。

7.1.6　玛瑙线虫属 *Onyx* Cobb，1891

角皮具有横向环纹。6 根短的外唇刚毛和 4 根长的头刚毛排列成 1 圈。化感器为 1 个开放的圆环。口腔内有大的背齿。交接刺短。具有"S"形管状辅器。尾锥状。

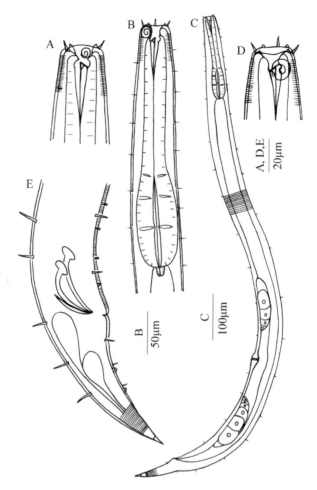

图 7.6 伊托后色矛线虫 *Metachromadora itoi*
A. 雌体头端；B. 雄体咽部；C. 雌体；D. 雄体头端；E. 雄体尾部

7.1.6.1 小玛瑙线虫 *Onyx minor* Huang & Wang，2015（图 7.7）

身体较小，柱状，尾端渐尖。雄体体长 675–806μm，最大体宽 19–20μm。角皮具有环状排列的细横纹，无侧装饰。头部平截。内唇感器不明显，外唇感器刚毛状，长 7–9μm，4 根头刚毛较短，长 7μm，排列成 1 圈。化感器双环状，直径 5μm，着生于头的顶端。化感器之下有 1 圈 8 根 7μm 长的亚头刚毛，另有短的颈刚毛分散在颈部四周。口腔前部杯状，后部锥状，着生 1 个角质化的矛状大背齿，长 21–22μm。咽圆柱形，长为总长的 18%，前端膨大成 1 个长的前咽球，后部膨大形成长的双咽球，后咽球长 33–40μm，为咽长的 33%。尾短，锥状，向后逐渐变细，长 56–60μm，为泄殖孔相应体径的 3.2–3.5 倍，末端具有 1 个刺状喷丝头，具有短的尾刚毛。具有 3 个尾腺细胞，其中 2 个前伸至泄殖孔前面。

雄体生殖系统具有 1 个向前伸展的精巢。交接刺长 22–25μm，约为泄殖孔相应体径的 1.4 倍，略向腹面弯曲，近端头状，远端渐尖，引带棒状，近端具有 1 个钩状弯曲的引带突，长 13–15μm。肛前具有 12 个 "S" 形管状辅器，每个长约 10μm，均匀排列。

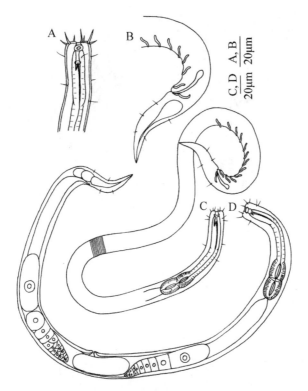

图 7.7　小玛瑙线虫 *Onyx minor*
A. 雄体头端；B. 雄体尾部；C. 雄体；D. 雌体

雌体类似于雄体，但化感器较小，位置更靠头端，生殖系统具有 2 个反向排列的弯折的卵巢。雌孔位于身体的中部，距头端距离为体长的 51%–52%。

分布于潮间带砂质沉积物中。

7.1.6.2　日照玛瑙线虫 *Onyx rizhaoensis* Huang & Wang，2015（图 7.8）

身体柱状，体长 1213–1330μm，最大体宽 27–28μm。角皮具有环状排列的细横纹，无侧装饰。头部平截，直径 20–22μm。内唇感器不明显，外唇感器刚毛状，长 16–20μm，4 根头刚毛较短，长 10μm，排列成 1 圈。化感器双环状，直径 10μm，着生于头的顶端。化感器之下有 1 圈 8 根颈刚毛，长 18μm，另有短的颈刚毛分散在颈部四周。口腔前部杯状，后部锥状，着生 1 个角质化的矛状大背齿，长 20–22μm。咽圆柱形，长 175–185μm，约为体长的 18%，前端膨大成 1 个长的前咽球，后部膨大形成长的双咽球，后咽球长 55μm，为咽长的 46%。尾短，锥状，向后逐渐变细，长 66–68μm，为泄殖孔相应体径的 2.6–2.8 倍，末端具有 1 个刺状喷丝头，尾刚毛长达 15μm。具有 3 个尾腺细胞，其中 2 个前伸至泄殖孔前面。

雄体生殖系统具有 1 个向前伸展的精巢。交接刺长 30μm，约为泄殖孔相应体径的 1.2 倍，略向腹面弯曲，近端头状，远端渐尖。引带新月形，与交接刺远端平行，无引带突，长 17–20μm。肛前具有 12 个 "S" 形管状辅器，每个长 11–14μm，排列成 2 组，远端 10 个排列成 1 组，近端 2 个 1 组，中间具有 1 个间隔。

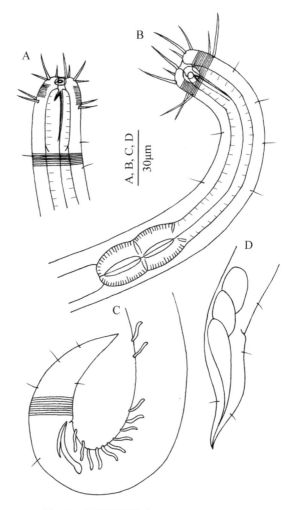

图 7.8　日照玛瑙线虫 *Onyx rizhaoensis*
A. 雄体头端；B. 雄体咽部；C. 雌体后部；D. 雌体尾部

雌体类似于雄体，但化感器较小，位置更靠头端，生殖系统具有前、后 2 个反向排列的弯折的卵巢。雌孔位于身体的中后部，距头端距离为体长的 51%–53%。

分布于潮间带砂质沉积物中。

7.1.7　半绕线虫属 *Perspiria* Wieser & Hopper，1967

角皮具有环纹，尾部更为明显。化感器单螺旋形，部分被环纹围绕。口腔小，内有 3 个齿或无齿。咽末端具有梨形咽球，交接刺细长，近端头状。肛前辅器小孔状、管状或无辅器，尾丝状（Tchesunov，2014）。

7.1.7.1　布氏半绕线虫 *Perspiria boucheri* Sun，Zhai & Huang，2019（图 7.9）

身体柱状，头部圆钝，尾部尖。角皮具有环状排列的细横纹，尾部比头部更为明显。头感器着生在头的顶端，内唇感器不明显，外唇感器乳突状，4 根头刚毛较短，为

4.5–5.5μm，着生于化感器前端两侧。4 列 3–4μm 长的颈刚毛着生于颈部，每组 2 或 3 根。体刚毛未见。化感器单螺旋形，拉长，占体径的 50%。口腔锥状，着生 1 个角质化的背齿和 2 个亚腹齿。咽圆柱形，后部膨大形成后咽球。贲门锥状，10μm 长。神经环和排泄系统均不明显。尾长，锥柱状，柱状部分占尾的 3/4，尾部环纹明显粗糙，但尾尖处角皮光滑。具有 3 个尾腺细胞，末端具有 1 个刺状黏液管。

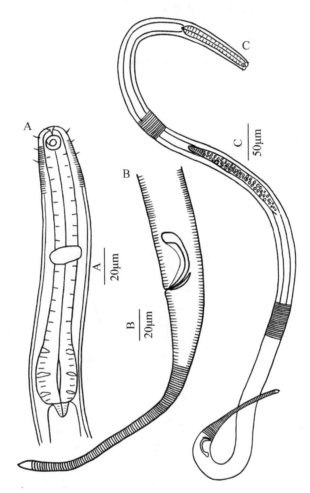

图 7.9 布氏半绕线虫 *Perspiria boucheri*
A. 雄体前端咽部；B. 雄体尾部，示交接刺与引带；C. 雄体

雄体生殖系统具有双精巢，相对且直伸。交接刺细长，具有中央隔膜，长度为泄殖孔相应体径的 1.4–1.7 倍，具有柄状的近端和尖锐的远端。引带弯曲，与交接刺远端平行，无引带突。无肛前辅器。

雌体生殖系统具有前、后 2 个反向排列的弯折的卵巢，前面 1 个卵巢位于肠的右侧，后面 1 个位于肠的左侧。2 个椭圆形的储精囊位于雌孔两侧，充满精子细胞。雌孔位于身体中部。

分布于潮下带泥质沉积物中。

7.2 微咽线虫科 Microlaimidae Micoletzky，1922

7.2.1 离丝线虫属 *Aponema* Jensen，1978

角皮具有细环纹，化感器圆形。咽内壁角质化，具有圆形咽球。交接刺角质化增粗，引带具有引带突。

7.2.1.1 弯刺离丝线虫 *Aponema curvispinosa* sp. nov. （图 7.10）

个体较小，长梭状，体长 409μm，两端渐尖。角皮具有环纹。头部略微收缩。内唇感器、外唇感器和头感器均呈乳突状。化感器圆形，直径 3μm，占相应体径的 30%，位于距头端 10μm 处。口腔小，无齿。咽柱状，具有 1 个圆球形后咽球，长约 15μm，宽约 13μm，咽球中心形成角质化的腔。贲门小。神经环位于咽中部。尾锥柱状或长锥状，尾端锥状。尾腺细胞明显。

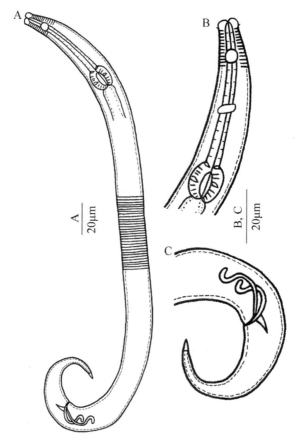

图 7.10 弯刺离丝线虫 *Aponema curvispinosa* sp. nov.
A. 雄体；B. 雄体咽区；C. 雄体尾部

雄体生殖系统具有单精巢，向前直伸，位于肠的右侧。交接刺细长，弯曲呈"S"

形。引带具有 66μm 长的引带突。无肛前辅器。

雌体生殖系统具有双卵巢，前、后卵巢等长，均位于肠的右侧。雌孔位于身体中部靠前，距头端距离为体长的 40%。

弯刺离丝线虫的特征为个体小而细，角皮具有环纹，头部收缩。化感器圆形。咽具有后咽球。尾锥柱状，尾尖略微膨大。交接刺细长弯曲呈"S"形。引带具有引带突。弯刺离丝线虫区别于属内其他已知种在于独特的"S"形交接刺。

分布于潮下带泥质沉积物中。

7.2.1.2　托罗萨离丝线虫 Aponema torosa（Lorenzen）Jensen，1978（图 7.11）

身体纺锤状，体长 0.7–0.8mm，最大体宽 27–41μm，6 个外唇感器乳突状，4 根头刚毛每根长 2–3μm。化感器圆形，宽 4μm，相当于头径的 1.0–1.5 倍。口腔轻微角质化，狭窄。后咽球大，长 19–25μm，宽 20–26μm。尾锥柱状，长为肛径的 4–5 倍，柱状部分占尾长的 15%，尾端稍膨大。

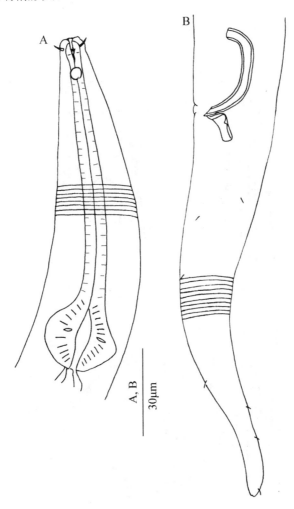

图 7.11　托罗萨离丝线虫 Aponema torosa（Platt and Warwick，1988）

A. 雄体咽区；B. 雄体尾部

交接刺弧形，长 35–37μm，相当于肛径的 1.6–1.9 倍。引带具有一个 9–13μm 长的长方形引带突，背侧角质化。无肛前辅器。

分布于潮下带泥质沉积物中。

7.2.2 微咽线虫属 *Microlaimus* de Man，1880

角皮具有环纹，头部略微收缩。化感器单螺旋形，接近头刚毛处。多具有乳突状肛前辅器。雌体双卵巢，直伸。

7.2.2.1 东海微咽线虫 *Microlaimus donghaiensis* sp. nov. （图 7.12）

身体细长，两端渐尖。角皮具有环纹，始于头刚毛。体长 1027–1095μm。头部于头刚毛处收缩，头感器呈 3 圈排列，6 个内唇感器乳突状，6 个外唇感器刚毛状，每根长约 3μm，4 根头刚毛每根长约 5μm。化感器圆形，较小，直径约 6μm，相当于相应体径的 38%–43%，距离头端 16–17μm。唇部具有 12 个皱褶。口腔锥状，轻微角质化，具有 1 个背齿和 2 个亚腹齿，几乎等长。咽始于口腔基部，末端具有咽球，咽球直径相当于相应体径的 80%。尾锥状，末端尖，无尾端刚毛，长为肛径的 3.8–4.0 倍。尾腺细胞明显。

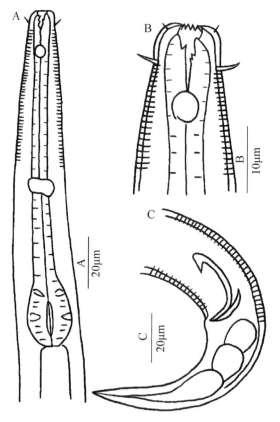

图 7.12 东海微咽线虫 *Microlaimus donghaiensis* sp. nov.
A. 雄体咽部；B. 雄体头端；C. 雄体尾部

雄体生殖系统具有 2 条等长对称的交接刺，弯曲，长约 35μm，近端明显勾状。引带长约 20μm，无引带突。无肛前辅器。

雌体未见。

新种东海微咽线虫 *Microlaimus donghaiensis* sp. nov. 与非洲微咽线虫 *M. africanensis* Furstenberg & Vincx，1992 最为相似，交接刺近端都呈钩状，但新种与近似种的区别主要是较小的体长（1027–1095μm vs. 1770–2180μm，*a*=33.2–36.7 vs. 46–71，*b*=6.6–7 vs. 9.6–10.9）和较短的外唇刚毛（3μm vs. 8–13μm）。

分布于潮下带泥质沉积物中。

7.2.2.2　海洋微咽线虫 *Microlaimus marinus*（Schulz，1932）（图 7.13）

体长 1.3–1.4mm，最大体宽 29–32μm（*a*=43–46）。角皮具有浅的点状环纹。6 个外唇感器乳突状，4 根头刚毛每根长 6.5–7.0μm。无体刚毛。化感器圆形，直径约 7μm，为相应体径的 50%，距离头端约 1.2 个头径距离。口腔轻微角质化，狭窄，具有 1 个背齿和 2 个亚腹齿。尾锥状，末端渐尖，长为肛径的 3.2–4.8 倍。

交接刺稍向腹面弯曲，长约 32μm。引带长约 18μm，随交接刺弯曲。具有 1 根刺状肛前刚毛。无肛前辅器。肛前角皮明显增厚，向近端延伸至 12–14 倍肛径距离。

雌体具有 2 个直伸的卵巢，雌孔位于身体中部，距头端距离为体长的 47%。

分布于潮下带泥质沉积物中。

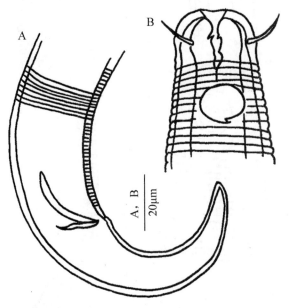

图 7.13　海洋微咽线虫 *Microlaimus marinus*（Platt and Warwick，1988）
A. 雄体尾部；B. 雄体头端

7.2.3　螺旋球咽线虫属 *Spirobolbolaimus* Soetaert & Vincx，1988

角皮或多或少具有环纹。头感器呈 3 圈排列，4 根头刚毛短于 6 根外唇刚毛。化感器螺旋形。化感器后方具有 6–8 列刚毛。具有前、后咽球。具有 2 个相对排列的精巢。

7.2.3.1　深海螺旋球咽线虫 *Spirobolbolaimus bathyalis* Soetaert & Vincx，1988（图 7.14）

身体柱状，两端渐细，体长 595–1053μm。角皮具有环纹，环纹宽度 2μm。体感器乳突状，呈 4 列排布。头圆钝，前部不具有环纹。内唇感器乳突状，6 个外唇感器刚毛状，每个长 3–4μm，基部较宽，距近端 2–4μm。化感器明显角质化，螺旋形，腹侧开口，具有 4.8 圈，直径 10–11μm，相当于相应体径的 55%–65%，距头端 5–6μm，化感器前半段位于头部没有环纹处，后半段被环纹围绕。化感器后方具有 6 列刚毛，每列 2–6 根，每根长 6–8μm。口腔具有 1 个背齿和 1 对亚腹齿，亚腹齿位于背齿之后，还有 1 对齿状物位于背齿前，将口腔分为前、后两部分。咽具有前、后 2 个咽球，前咽球包裹着口腔。贲门长 3–10μm。肠组织有明显的肌肉纤维。神经环位于咽部 53%–54%处。排泄系统未见。

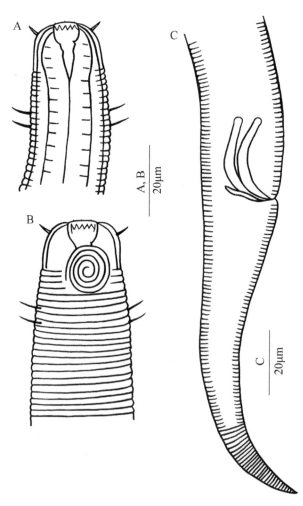

图 7.14　深海螺旋球咽线虫 *Spirobolbolaimus bathyalis*
A. 雄体头端；B. 雌体头端；C. 雄体尾部

雄体生殖系统具有双精巢，相对且直伸，前精巢位于肠的左侧，后精巢位于肠的右侧。精子细胞椭圆形，最长达 27μm，宽 6μm。两根交接刺弯曲，等长，近端头状，中部具有角质化侧翼，长 26–34μm。引带长 10–11μm，板状。无肛前辅器。

雌体生殖系统具有双卵巢，直伸，雌孔为横向的裂缝状，位于身体中部靠后。尾逐渐变窄，3 个尾腺细胞叠加在一起。

分布于潮下带泥质沉积物中。

7.2.3.2　波形螺旋球咽线虫 *Spirobolbolaimus undulatus* Shi & Xu，2017（图 7.15）

身体柱状，两端渐细，体长 2.0–2.6mm。角皮具有环纹，头部和尾尖部分无环纹。头部钝，略微收缩。内唇感器乳突状，6 个外唇感器刚毛状，每个长 10–15μm，4 根头刚毛每根长 8–9μm。化感器螺旋形，腹侧开口，具有 3.0 圈，直径约 13μm，相当于相应体径的 39%–43%，距头端约为头径的 30%，化感器前半段位于头部没有环纹处，后

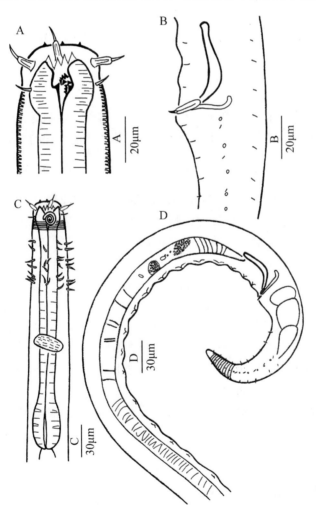

图 7.15　波形螺旋球咽线虫 *Spirobolbolaimus undulates*（Shi and Xu，2017）

A. 雄体头端；B. 雄体泄殖孔区，示交接刺和引带；C. 雌体前端咽部；D. 雄体后端

半段被环纹围绕。化感器后方具有 8 列刚毛，每列 6–9 根，每根长 8–10μm。口腔具有 1 个背齿和 1 对亚腹齿，另有 8 个小齿排列成 2 圈。咽具有前、后 2 个咽球，前咽球包裹着口腔。贲门长 12–15μm。神经环位于咽部 55%处。尾锥状，逐渐变窄，无尾端刚毛。3 个尾腺细胞叠加在一起。

雄体生殖系统具有双精巢，相对且直伸，前精巢位于肠的左侧，后精巢位于肠的右侧。精子细胞椭圆形。2 根交接刺弯曲，等长，近端头状。引带具有弯曲的引带突。18 或 19 个肛前辅器位于泄殖孔至身体中部腹侧，形成波纹状，每个辅器乳突状，顶部有小孔。

雌体生殖系统具有双卵巢，直伸，储精囊位于雌孔的两侧，充满精子细胞。雌孔位于身体中后部，距头端距离为体长的 53%–60%。

分布于潮下带泥质沉积物中。

7.3　单茎线虫科 Monoposthiidae Filipjev，1934

7.3.1　单茎线虫属 *Monoposthia* de Man，1889

体表具有环纹和纵脊，口腔具有大的背齿，具有前、后咽球。雄体不具有交接刺，单条引带，独木舟形，略微伸出体外。雌体具有单个向前伸长的卵巢。

7.3.1.1　肋纹单茎线虫 *Monoposthia costata*（Bastian，1865）de Man，1889（图 7.16）

体长 1.3–2.1mm，最大体宽 52–68μm（*a*=24–31）。角皮厚，具有明显的环纹，间距 3μm。体表具有 12 列"V"形的纵脊，咽部之前指向后；咽部之后指向前。内唇感器和外唇感器小，乳突状，4 根头刚毛长 7–15μm，相当于头径的 40%–70%倍。体刚毛短，呈 4 列排列于体表。化感器外圈圆形，直径 3.0–3.2μm，位于第 2 至第 3 环纹处。口腔柱状，角质化，具有 1 个大的背齿和 1 个小的腹齿。咽部具有前、后咽球，前咽球包裹着口腔，后咽球伸长，长 56–67μm，宽 30–35μm。排泄细胞小，位于咽基部。尾长锥状，长相当于肛径的 3.5–4.0 倍，尾尖无横纹。3 个尾腺细胞和尾端喷丝头明显。

雄体生殖系统具有双精巢，相对排列。无交接刺。引带角质化，长 37–42μm，约与肛径等长。中部膨大，两端钩状。具有 3 个小的肛前辅器，肛后角皮皱褶。肛前 50μm 处角皮加厚，长度约为尾长的 50%。

雌体与雄体相似，单卵巢，反折，内有成熟的卵细胞。雌孔位于距头端 81%–86% 体长处。

分布于潮间带砂质沉积物中。

7.3.2　裸线虫属 *Nudora* Cobb，1920

角皮具有宽环纹和纵向排列的"V"形纵脊。后咽球伸长。交接刺弯曲，引带厚，弯曲。雌体单卵巢，向前直伸。

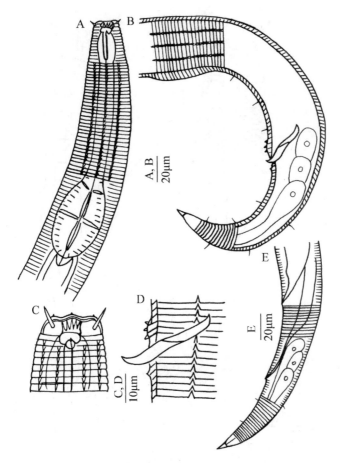

图 7.16　肋纹单茎线虫 *Monoposthia costata*
A. 雄体咽部；B. 雄体尾部；C. 雌体头端；D. 雄体泄殖孔区；E. 雌体后部

7.3.2.1　古氏裸线虫 *Nudora gourbaultae* Vanreusel & Vincx，1989（图 7.17）

身体柱状，两端渐细，体长 1040–1100μm。角皮具有环纹，通体环纹间距相等，每 10μm 有 3 环。头部第 1 环纹、第 2 环纹为头鞘部分。12 列 "V" 形纵脊指向远端，但在咽部开始方向相反，"V" 形纵脊一直延伸至尾部。6 个内唇感器乳突状，6 个外唇感器刚毛状，每个长约 3μm，4 根头刚毛每根长 11–13μm，位于唇的基部。化感器圆形，直径 4–6μm，为相应体径的 29%–38%，位于第 2 环纹处。口腔圆柱状，角质化，具有 1 个背齿和 1 对小的亚腹齿。前咽球包裹口腔，咽的基部为双咽球。尾锥柱状或长锥状，尾尖无环纹。3 个尾腺细胞共同开口于尾尖。

雄体生殖系统具有双精巢，相对排列且直伸。精子细胞椭圆形。两根交接刺弯曲，等长，为 26–29μm，近端具有 1 个明显的弯钩。引带长 27–30μm，随交接刺弯曲，镰刀状。肛前具有 1 对肛前刚毛。

雌体身体较粗，尾较短。单卵巢，反折，雌孔距离肛门较近，距离头端为体长的 88%–90%。

分布于潮间带砂质沉积物中。

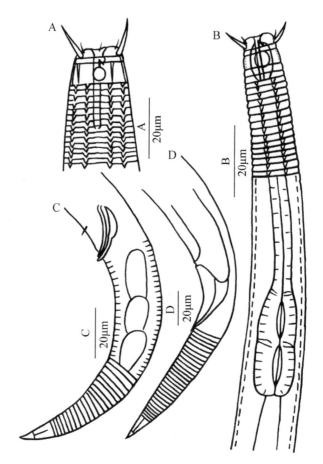

图 7.17 古氏裸线虫 *Nudora gourbaultae*
A. 雌体头端；B. 雄体咽部；C. 雄体尾部；D. 雌体尾部

7.3.3 锉线虫属 *Rhinema* Cobb，1920

角皮厚，具有宽环纹。通体有纵向排列的纵脊。唇感器乳突状或刚毛状，头感器刚毛状。化感器圆形，位于近端第 2 环纹处。口腔深，内有 1 个大的背齿和 2 个亚腹齿。咽具有后咽球。交接刺和引带发达。雌体具有双卵巢（Tchesunov，2014）。

7.3.3.1 长刺锉线虫 *Rhinema longispicula* Zhai，Huang & Huang，2020（图 7.18）

身体柱状，两端渐细，体长 840–886μm，身体中部最宽，为 44–57μm。角皮具有环纹。12 列 "V" 形纵脊指向远端。头部第 1 环纹、第 2 环纹为头鞘部分。唇部发达，6 个内唇感器和 6 个外唇感器乳突状，4 根头刚毛每根长 7μm，位于唇的基部。化感器圆形，直径 9μm，为相应体径的 41%，位于第 2 环纹处。口腔柱状，深 32–33μm，宽 5μm，具有 1 个背齿和 1 对小的亚腹齿。咽具有前、后 2 个咽球，前咽球包裹口腔，后咽球大，长椭圆形。尾锥状，长 98–105μm，相当于肛径的 2.9–3.2 倍。尾尖处无环纹。尾的亚腹侧具有 3 或 4 对刚毛，每根长约 8μm。3 个连续的尾腺细胞共同开口于尾端。

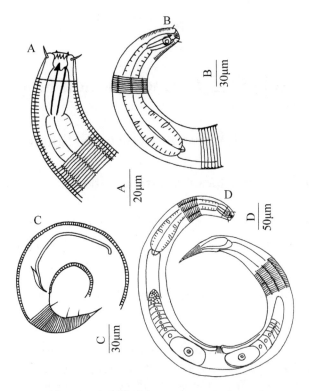

图 7.18　长刺锉线虫 *Rhinema longispicula*
A. 雄体头端；B. 雌体咽部；C. 雄体尾部；D. 雌体

雄体生殖系统具有双精巢，相对且直伸。精子细胞椭圆形。两根交接刺较长，为120–138μm，相当于肛径的 3.8–3.9 倍，弯曲，近端头状，向腹面弯曲成钩状；远端尖锐。引带长 30–32μm，随交接刺弯曲。具有 1 根钝的肛前刚毛，长约 10μm，无肛前辅器。

雌体头刚毛较短，仅 4μm 长，尾较短，为 74–86μm，无尾刚毛。生殖系统具有双卵巢，相对，直伸。雌孔位于身体中部靠后。

分布于潮下带泥质沉积物中。

主要参考文献

Platt H M, Warwick R M. 1988. Free-living Marine Nematodes Part Ⅱ: British Chromadorids. Leiden: E. J. Brill: 502.

Shi B Z, Xu K D. 2017. *Spirobolbolaimus undulatus* sp. nov. in intertidal sediment from the East China Sea, with transfer of two *Microlaimus* species to *Molgolaimus* (Nematoda, Desmodorida). Journal of the Marine Biological Association of the United Kingdom, 97(6): 1335-1342.

Tchesunov A V. 2014. Order Desmodorida De Coninck, 1965 // Schmidt-Rhaesa A. Handbook of Zoology. Berlin/Boston: Walter de Gruyter GmbH: 399-434.

Verschelde D, Gourbault N, Vincx M. 1998. Revision of Desmodora with descriptions of new Desmodorids (Nematoda) from hydrothermal vents of the Pacific. Journal of the Marine Biological Association of the United Kingdom, 78(1): 75-112.

第 8 章　带线虫目 Desmoscolecida Filipjev，1929

8.1　项链线虫科 Desmoscolecidae Shipley，1896

8.1.1　项链线虫属 *Desmoscolex* Claparède，1863

体长 0.1–0.5mm，表皮由 12–44 个大的体环组成，大部分种类由 17 个体环组成，体环间有狭窄的或等宽的具有 1–5 个环纹的间隔。成对的亚背侧和亚腹侧刚毛交错分布在不同的体节上。1 对红褐色的色素点通常位于肠的前端。咽较短，柱状。

8.1.1.1　美洲项链线虫 *Desmoscolex americanus* Chitwood，1936（图 8.1）

体长 290–410μm。体表由 17 个体环组成，体环之间的间隔通常有 2 个环纹，第 1 个体环和第 2 个体环间隔具有 3 个环纹。头部狭窄，长、宽都为 18 μm，口腔小。头刚毛非常细，长 6μm。梨形化感器位于头端。黑褐色的色素点位于第 3 节的后缘，长 9μm。亚背侧刚毛具有刀片状的尖端，第 1 对刚毛长 16μm，第 17 根环刚毛长 32μm。亚腹侧刚毛尖，短于亚背侧刚毛，第 1 对长 14μm。刚毛规则排列。尾短，由 2 或 3 个体环组成，末端锥状，背侧具有 1 对亚端刚毛。末节具有黏液管开口。

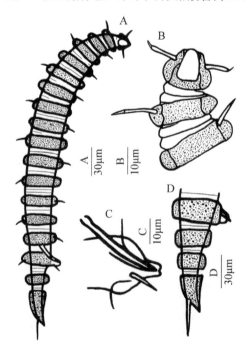

图 8.1　美洲项链线虫 *Desmoscolex americanus*（Lorenzen，1972）

A. 雄体；B. 雌体头端；C. 交接刺；D. 雌体尾端

泄殖孔向外突出，交接刺长 31–42μm，稍直，近端头状，远端尖锐。引带棒状。

雌体具有 2 个卵巢，雌孔位于第 10 个体环上。肛门突出。

分布于潮下带泥质沉积物中。

8.1.1.2　镰状项链线虫 *Desmoscolex falcatus* Lorenzen，1972（图 8.2）

体长 0.3–0.4mm，体表由 17 个体环组成。头部狭窄，三角形，具有 4 根头刚毛，长 8–10μm。成对的亚背侧和亚腹侧刚毛交错分布在不同的体节上。雌体、雄体第 13 个体环和第 17 个体环的亚背侧刚毛长于其他体环。雌体第 10 节和第 12 节亚腹侧刚毛长于其他体节，通常含有 1–4 个卵。尾末端由 2 个体环组成，末端锥状，具有 1 对亚端刚毛。

泄殖孔向外突出，交接刺长 37–43μm，略微弯曲，近端头状，远端渐尖，无引带。

分布于潮下带泥质沉积物中。

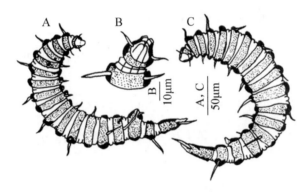

图 8.2　镰状项链线虫 *Desmoscolex falcatus*（Platt and Warwick，1988）
A. 雄体；B. 雄体头端；C. 雌体

8.2　三体线虫亚科 Tricominae Lorenzen，1969

8.2.1　方体线虫属 *Quadricoma* Filipjev，1922

头部呈倒三角形，由 33–66 个体环组成，体环边缘呈三角形，通常近端体环间距较宽，但有时前部体节之间排列紧密。

8.2.1.1　斯卡尼克方体线虫 *Quadricoma scanica*（Allgén，1935）（图 8.3）

体长 0.3–0.4mm，由 39 个非对称的体节组成，雄体第 13 个和第 14 个体环的腹侧具有突起。头小，三角形，具有 4 根头刚毛，长 11–12μm，化感器几乎覆盖整个头部。体刚毛不成对，不具有固定的排列模式。但所有的个体都有 13 根亚背侧刚毛和 21–23 根亚腹侧刚毛，近端的刚毛长 9–12μm，身体后方刚毛长达 13–15μm。

交接刺长 63–70μm，细长，远端弓形，近端膨大呈头状。引带具有引带突，泄殖孔向外突出。

分布于潮下带泥质沉积物中。

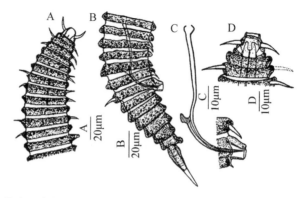

图 8.3　斯卡尼克方体线虫 *Quadricoma scanica*（Platt and Warwick，1988）
A. 雄体前端；B. 雄体尾部；C. 交接刺和引带；D. 雌体头端

8.2.2　三体线虫属 *Tricoma* Cobb，1894

身体具有 29–240 个均匀对称的椭圆形体环，多数代表性的种具有 60–80 个体环。体环之间间距很小，排列密集。

8.2.2.1　短吻三体线虫 *Tricoma brevirostris* Cobb，1894　（图 8.4）

身体圆柱形，体长 0.6mm，最大体宽 36μm，具有 78 个体环。头刚毛长约为头径的 80%。

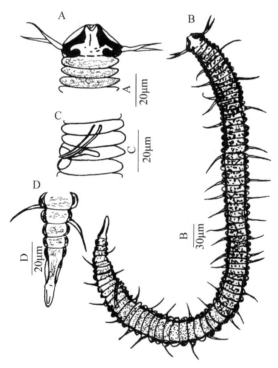

图 8.4　短吻三体线虫 *Tricoma brevirostris*（Platt and Warwick，1988）
A. 雄体头端；B. 雄体；C. 雄体泄殖孔区，示交接刺和引带；D. 雄体尾端

头部呈三角形，角皮加厚。尾长锥状，由 8 或 9 个体环组成，尾端指状，无尾端刚毛。

泄殖孔位于第 68 节或第 69 节。交接刺弯曲，长约 1 个泄殖孔相应体径。引带具有引带突。

分布于潮下带泥质沉积物中。

主要参考文献

Lorenzen S. 1972. Desmoscolex-Arten（freilebende Nematoden）von der Nord-und Ostsee. Veröff Inst Meerseforsch Bremerh, 13: 307-316.

Platt H M, Warwick R M. 1988. Free-living Marine Nematodes Part II : British Chromadorids. Leiden: E. J. Brill: 502.

第 9 章　单宫目 Monhysterida Filipjev，1929

9.1　条线虫科 Linhomoeidae Filipjev，1922

9.1.1　前杯线虫属 *Anticyathus* Cobb，1920

角皮具有细环纹。4 根短的头刚毛位于前端，6 根亚头刚毛在头刚毛之后。化感器螺旋形，外廓为不完整的圆形。杯状口腔，无齿。雌体具有两个反向排列的伸展的卵巢。尾锥状。

9.1.1.1　小前杯线虫 *Anticyathus parvous* Liu & Guo sp. nov.（图 9.1）

身体圆柱状，两端渐细，体长 1.1–1.2mm，最大体宽 51–61μm。整个身体角皮具有环纹。内唇感器和外唇感器为乳突状；4 根头刚毛较短，长 2μm。化感器螺旋形，直

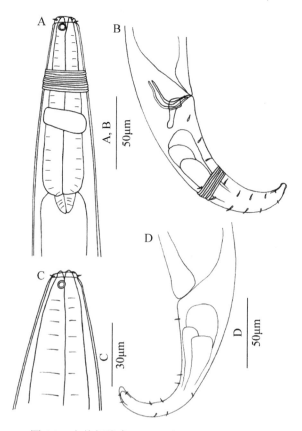

图 9.1　小前杯线虫 *Anticyathus parvous* sp. nov.
A. 雄体咽部；B. 雄体尾部；C. 雌体头端；D. 雌体尾部

径 4–5μm。口腔小，深 5–7μm，宽 2μm。咽圆柱形，基部膨大，不形成咽球。贲门圆锥形。神经环位于咽的中部，至头端距离为咽长的 49%–57%。排泄系统不明显。

雄体生殖系统具有 2 个相对排列的伸展的精巢，2 个精巢均位于肠的左侧。交接刺"L"形，长 34–36μm。引带背侧具有尾状突。肛前辅器不明显。尾为圆锥状，有刚毛，无尾端刚毛。具有 3 个明显的尾腺细胞。

雌体生殖系统具有 2 个相对排列的伸展的卵巢。雌孔横裂，位于身体中后部，至头端距离为体长的 60.4%–61.4%。

分布于大嵥岛红树林潮间带泥质沉积物中。

9.1.2　合咽线虫属 *Desmolaimus* de Man，1880

角皮光滑。头部只有 4 根头刚毛，4 根亚头刚毛位于头刚毛和化感器之间。化感器圆形。口腔杯状，具有角质化横环。具有后咽球。贲门大且长。尾为圆锥状或锥柱状。

9.1.2.1　球咽合咽线虫 *Desmolaimus bulbosus* Allgén，1959（图 9.2）

体长 840–910μm，最大体宽 24–25μm（*a*=34–38）。角皮具有不明显的环纹。4 根头刚毛长 4μm，为头径的 30%。2 根亚头刚毛长 3–4μm，位于头部中央。化感器双环形，

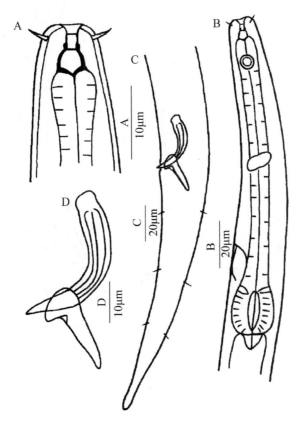

图 9.2　球咽合咽线虫 *Desmolaimus bulbosus*
A. 雄体头端；B. 雄体咽部；C. 雄体尾部；D. 交接刺和引带

边缘角质化明显，直径 3–4μm，为相应体径的 30%。口腔较深，具有 2 个加厚的角质化环，前端较窄。咽基部具有明显的咽球，贲门大，圆锥形。尾长大约为肛径的 4.8 倍，尾圆锥形，末端为圆柱形，占尾长的 1/5，具有短的尾刚毛。

交接刺长 21μm，为肛门处体径的 95%，镰刀形。引带具有 1 对细长的尾状突。雌体只有 1 个卵巢。雌孔至头端的距离为体长的 45%–49%。

分布于潮下带泥质沉积物中。

9.1.3　后条线虫属 *Metalinhomoeus* de Man，1907

体长 2–4mm。具有 4 根头刚毛；4 根亚头刚毛位于头刚毛和化感器中间。化感器螺旋形。口腔较小，无角质化环。咽基部具有咽球。

9.1.3.1　柱状尾后条线虫 *Metalinhomoeus cylindricauda* Stekhoven，1950（图 9.3）

身体细长，体长 1980–2740μm。角皮环纹明显。头部具有 4 根头刚毛，长 6–7μm（头径的 68.5%），4 根短的亚头刚毛。化感器圆形，直径为相应体径的 27%–40%，至头端

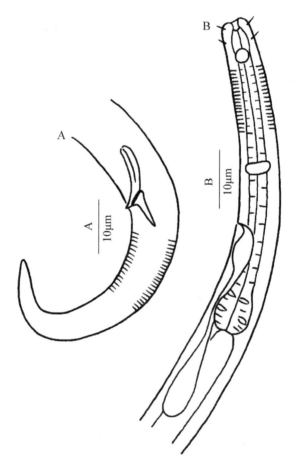

图 9.3　柱状尾后条线虫 *Metalinhomoeus cylindricauda*
A. 雄体尾部；B. 雄体咽部

的距离为 1 倍头径。口腔基部角质化。咽前端膨大，基部具有大的咽球。神经环位于咽长的 60% 处。腹腺细胞大，长卵形，位于咽球后肠的前端。排泄孔位于咽长的 68% 处。尾为锥柱形或长锥形，长为肛径的 6 倍。

　　交接刺长 28μm（肛径的 1.6 倍），向腹部弯曲，近端粗，具有中间隔板，向远端渐细。引带背部有 1 个长锥形的尾状突，长 14μm。

　　分布于潮间带泥质沉积物中。

9.1.4　微口线虫属 *Terschellingia* de Man，1888

　　微口线虫的特征是角皮具有细环纹。头部只有 4 根头刚毛和 4 根亚头刚毛。化感器圆形，通常位于头部较前的位置；口腔微小或无。尾锥柱状，无尾端刚毛。

9.1.4.1　普通微口线虫 *Terschellingia communis* de Man，1888（图 9.4）

[异名：*Terschellingia monohystera* Wieser & Hopper，1967]

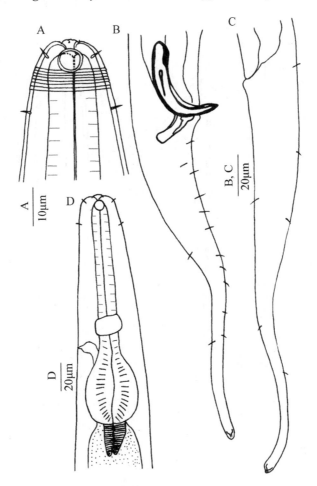

图 9.4　普通微口线虫 *Terschellingia communis*（Warwick et al.，1998）
A. 雄体头端；B. 雄体尾部；C. 雌体尾部；D. 雄体咽区

体长 1.4–1.5mm，最大体宽 47–65μm（a=22–31）。角皮具有细环纹。唇感器乳突状。4 根头刚毛长 3μm（为头径的 20%），位于化感器中部。4 根亚头刚毛长 3–4μm，位于化感器下面。化感器圆形，直径 6–7μm（为相应体径的 40%–50%）。口腔不明显。咽基部形成明显的咽球。贲门较长，位于咽基部，被肠组织包裹。尾较长，为泄殖孔相应体径的 5.5–7.7 倍，前半部分为锥状，后半部分为丝状。

交接刺长 54–61μm（泄殖孔相应体径的 1.6–1.9 倍），向腹面弯曲，近端部分较宽，具有中央隔膜，向远端渐窄，腹面具有翼膜。引带具有 1 对 21–26μm 长的尾状突。

雌体只有前卵巢。雌孔至头端距离为体长的 44%–47%。

分布于潮间带和潮下带泥质沉积物中。

9.1.4.2　丝尾微口线虫 Terschellingia filicaudata Wang，An & Huang，2017（图 9.5）

个体较大，尾较长。角皮具有细环纹。头端较平截，内唇感器不明显，4 根头刚毛较短，长 2μm。4 根亚头刚毛长 3μm，位于化感器中部。化感器圆形，直径 8μm，为相应体径的 31%，位置较靠前，其前边距头端 3–4μm。口腔较小，杯状，无齿。咽圆

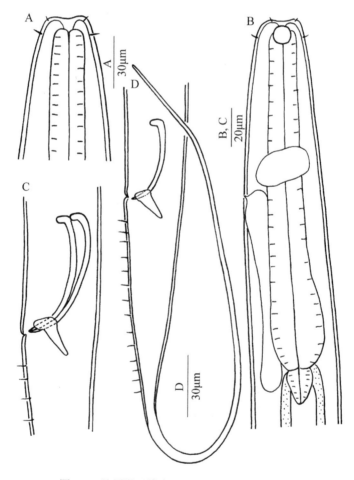

图 9.5　丝尾微口线虫 Terschellingia filicaudata

A. 雄体头端，示口腔、头刚毛和亚头刚毛；B. 雄体前端咽区；C. 雄体泄殖孔区，示交接刺和引带；D. 雄体尾端

柱状，较短，基部稍膨大，不形成咽球。贲门圆锥状，被肠组织包围。神经环位于咽中部，距头端 84μm，占咽长的 43%。排泄细胞位于咽和肠的交接处，排泄孔紧邻神经环下面，距头端 102μm。尾较长，锥柱状，为泄殖孔相应体径的 12–13 倍，后端丝状部分约占尾总长度的 70%。尾的锥状部分腹面具有 1 列 16–20 根 5–7μm 长的腹刚毛。

交接刺细长弯曲，近端膨大呈钩状，长为泄殖孔相应体径的 1.8 倍。引带背面具有 1 对 17μm 长的尾状突。无肛前辅器。

雌体尾相对较长，无腹侧刚毛。生殖系统具有 2 个反向伸展的卵巢。雌孔位于身体中前部，距头端距离为体长的 41%。

分布于潮下带泥沙质沉积物中。

9.1.4.3　长尾微口线虫 *Terschellingia longicaudata* de Man，1907（图 9.6）

雄体体长 1.5–1.7mm。最大体宽 35–45μm（*a*=39–43）。角皮具有环纹。4 根头刚毛长 3μm（为头径的 30%）。其他头部感器不明显。4 根亚头刚毛长 4μm，位于化感器两侧。

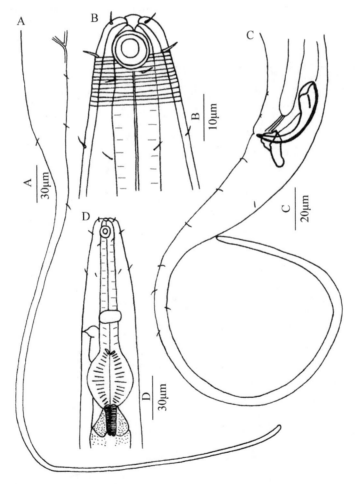

图 9.6　长尾微口线虫 *Terschellingia longicaudata*

A. 雌体尾端；B. 雄体头端；C. 雄体尾端，示交接刺和引带；D. 雄体咽部

1 对颈刚毛着生于化感器下面,化感器基部具有 1 圈 6 根颈刚毛。化感器圆形,直径 8μm(为相应体径的 40%–50%)。口腔微小,不明显。咽基部膨大成明显的咽球。贲门长锥状,被肠组织包围。尾长,锥柱状,为肛径的 10–17 倍,后端丝状部分占尾长的 75%–80%。

交接刺长 47–48μm(肛径的 1.7 倍),向腹部弯曲,近端膨大,具有短的中央隔膜,远端渐尖。引带具有 1 对 20–23μm 长的尾状突。肛前有 13 或 14 个小的乳突状辅器。

雌体具有单个前卵巢。雌孔至头端的距离为体长的 41%–42%。

分布于潮下带和潮间带泥沙质沉积物中。

9.1.4.4 大微口线虫 *Terschellingia major* Huang & Zhang,2005(图 9.7)

体长 3436–4120μm,最大体宽 60–78μm。角皮具有细条纹。头端平截;唇感器乳突状;4 根头刚毛长 5–6μm,着生于头的前端;4 根亚头刚毛长 8–10μm,位于化感器中部。化感器基部具有 1 圈 6 根颈刚毛,长 5–6μm。无体刚毛。化感器圆形,直径 13–16μm,为相应体径的 39%–50%,位置较靠前,其前边距头端 5–6μm。口腔较小,杯状,无齿。咽中后部膨大,不形成咽球。神经环位于咽的前部,距头端 108–127μm,占

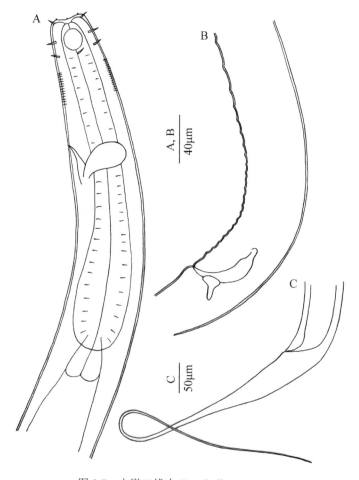

图 9.7 大微口线虫 *Terschellingia major*

A. 雄体咽区,示口腔、化感器、神经环和咽;B. 雄体泄殖孔区,示交接刺、引带和肛前辅器;C. 雌体尾部

咽长的 39%–42%。排泄孔紧邻神经环前面，距头端 92–130μm。尾锥柱状，长 380–620μm，为泄殖孔相应体径的 8.3–14.8 倍，锥状部分占尾长的 1/4，丝状部分占尾长的 3/4。

1 对交接刺等长，弯曲，近端头状，长 59–62μm，为泄殖孔相应体径的 1.2–1.5 倍。引带背面具有 1 对 13–15μm 长的尾状突。肛前具有 40–42 个乳突状辅器，其中近泄殖孔的 15–18 个辅器相互之间距离较近，越向头端距离越远，突起越小。

雌体尾相对较长。生殖系统只有 1 个前置伸展的卵巢，长约 700μm。雌孔位于身体中部，距头端距离为体长的 50%–52%。

分布于潮下带泥沙质沉积物中。

9.1.4.5　拟长尾微口线虫 *Terschellingia paralongicaudata* Liu & Guo sp. nov.（图 9.8）

身体圆柱形，有很长的丝状尾，体长 1.1–1.4mm，最大体宽 28–42μm（*a*=28.3–47.6）。角皮具有细环纹。唇部感器乳突状；4 根短的头刚毛长 2μm。亚头刚毛位于化感器下

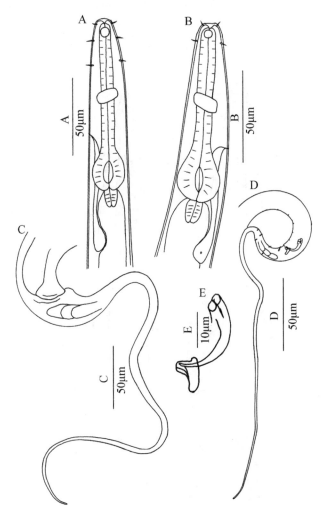

图 9.8　拟长尾微口线虫 *Terschellingia paralongicaudata* sp. nov.
A. 雄体头端；B. 雌体头端；C. 雌体尾端；D. 雄体尾端；E. 交接刺和引带

面。化感器圆形，直径为 5–6μm，为相应体径的 28%–42%，距头端 14–18μm。口腔很小。咽圆柱形，基部为椭圆形咽球。锥形贲门被肠组织包裹。神经环位于咽长的 36.4%–41.2%处。腺细胞位于咽和肠的交接处。排泄孔位于咽球前端。尾为圆锥形，具有长的丝状部分，尾长 345–451μm，为肛径的 13.1–24.3 倍，无尾端刚毛。具有 3 个明显的尾腺细胞。

雄体生殖系统具有相对排列的双精巢。交接刺向腹部弯曲，长 28–32μm，大约为肛径的 1.0–1.5 倍，前半部分粗大，后半部分渐尖。引带具有一对 7–8μm 长的尾状突。肛前具有 5–8 个乳突状辅器。

雌体生殖系统具有 2 个相对排列的伸展的卵巢。都位于肠的左侧。雌孔至头端的距离为体长的 36.4%–37.5%。

分布于福建红树林潮间带泥质沉积物中。

9.1.4.6 尖头微口线虫 Terschellingia stenocephala Wang，An & Huang，2017（图 9.9）

身体长梭状，体长 1047–1348μm。头端尖细，头径 2.2μm，为咽部相应体径的 1/6。角皮光滑，具有细条纹。内唇感器和外唇感器均不明显，4 根头刚毛较短，长 2μm，

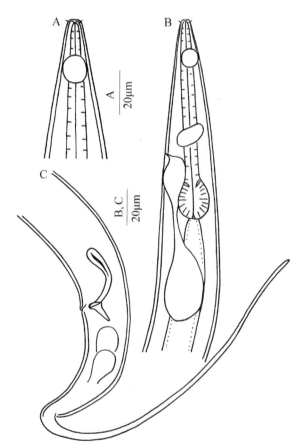

图 9.9 尖头微口线虫 Terschellingia stenocephala

A. 雄体头端；B. 雄体咽区，示化感器、咽球和排泄系统；C. 雄体尾部，示交接刺、引带和尾腺细胞

着生于头的顶端。化感器圆形，直径 6μm，为相应体径的 67%，其前边距头端 15–16μm。神经环距头端 53μm，占咽长的 48%。口腔较小，漏斗状，无齿。咽圆柱状，基部膨大成咽球。腹腺细胞大，位于咽球下面。排泄孔紧邻神经环下面，距头端 77μm。尾较长，为泄殖孔相应体径的 8.8 倍，锥柱状，逐渐变细为长的丝状部分，占尾总长的 70%–80%。

交接刺宽，向腹面弯曲，前半部分粗大，具有中央隔膜；后半部分渐尖，无中央隔膜，为泄殖孔相应体径的 1.5 倍。引带背面具有 1 对 12μm 长的尾状突。无肛前辅器。

雌体尾丝较长。生殖系统具有前、后 2 个伸展的卵巢。阴唇突起，雌孔开口于身体中前部的腹面，距头端距离为体长的 42%。具有明显的受精囊。

分布于潮下带泥沙质沉积物中。

9.1.5　游咽线虫属 *Eleutherolaimus* Filipjev，1922

具有 4+4 根头刚毛。化感器圆形，下边通常具有开口。口腔圆柱形，较短，口腔壁角质化，平行。咽细长，无明显咽球。

9.1.5.1　切萨皮克游咽线虫 *Eleutherolaimus chesapeakensis* Timm，1952（图 9.10）

身体圆柱形，纤细，体长 3000–3700μm。角皮光滑，有明显的环纹。口腔圆柱形（或管状）。上面 1 圈 4 根头刚毛较长，下面 1 圈 4 根较短。化感器圆形，较大，位于口腔近基部。咽为圆柱形，基部膨大。贲门较长。神经环位于咽中部。排泄孔位于神经环下面。腹腺细胞位于贲门的位置。尾圆柱形，末端圆钝，尾长为肛径的 4.1–4.3 倍。

雄体生殖系统成对，前精巢直伸，后精巢反折。交接刺弯曲明显，有翼，长 35μm，为肛径的 1.2 倍，近端钩状，远端渐尖。引带背面具有 1 对长的尾状突。无肛前辅器。

雌体具有 1 对卵巢，伸展，雌孔位于身体中部。

分布于潮下带泥质沉积物中。

9.1.6　圆盘线虫属 *Disconema* Filipjev，1918

角皮具有环纹。外唇感器和头刚毛位于同 1 圈。在化感器的位置有 4 根亚头刚毛或乳突。化感器通常为纵向双环长椭圆形。口腔微小。咽圆柱形，基部膨大。贲门大且伸长。雌体有 2 个伸展的卵巢。交接刺短，向腹面弯曲。引带有尾状突。尾圆柱状或锥柱状（Fonseca and Bezerra，2014）。

9.1.6.1　张氏圆盘线虫 *Disconema zhangi* Sun & Huang，2019（图 9.11）

身体圆柱形，粗短，两端渐细，体长 650–850μm。身体角皮有明显的环纹。6 个外唇感器乳突状，非常小。4 个头感器也呈乳突状，长约 1.5μm，位于化感器前。口

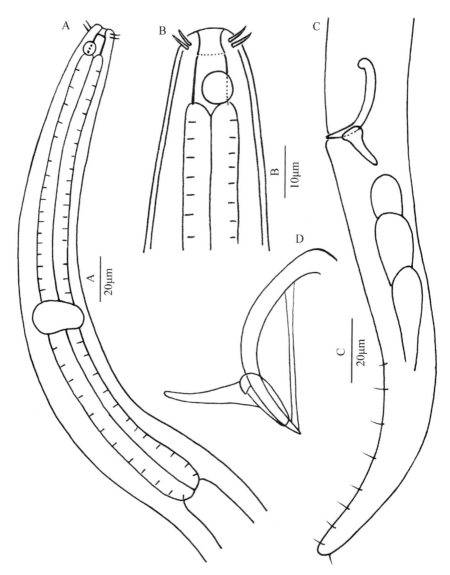

图 9.10 切萨皮克游咽线虫 *Eleutherolaimus chesapeakensis*
A. 雄体咽部；B. 雄体头端；C. 雄体尾部；D. 交接刺和引带

腔微小。咽短，圆柱形，基部有椭圆形的咽球。贲门锥形，被肠组织包围。神经环位于咽的中部，至头端 48μm。排泄孔位于神经环后面，至头端 71–88μm。腹腺细胞位于咽球下面。尾短，锥柱状，柱状部分短，仅占尾长的 20%。尾末端膨大，具有 2 根尾端刚毛，长 3μm。具有 3 个尾腺细胞。

雄体生殖系统具有前、后双精巢。交接刺纤细，向腹部明显弯曲，近端为头状，远端渐尖，为泄殖孔相应体径的 1.7–1.9 倍。引带角质化，背面具有 9–11μm 长的尾状突。无肛前辅器。

未发现雌体。

分布于潮下带泥质沉积物中。

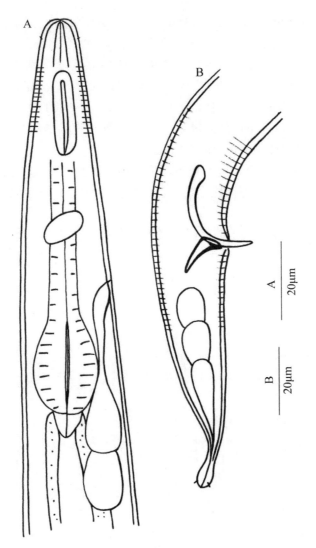

图 9.11　张氏圆盘线虫 *Disconema zhangi*
A. 雄体咽部；B. 雄体尾部

9.2　管咽线虫科 Siphonolaimidae Filipjev，1918

9.2.1　管咽线虫属 *Siphonolaimus* de Man，1893

体长 4–10mm。口腔内具有剑形吻刺。化感器圆形。咽中部狭窄，为咽峡。雌体具有单个伸展的前卵巢。多数种类由于肠组织存在不透明的颗粒身体呈黑色。

9.2.1.1　布氏管咽线虫 *Siphonolaimus boucheri* Zhang & Zhang，2010（图 9.12）

个体较大，长梭状。雄体体长 6.5–6.9mm，最大体宽 68–70μm。头端尖窄，头径 11μm。角皮具有细条纹，体刚毛稀疏，尾部较多。内唇感器不明显，外唇感器刚毛状，长 3μm；

4根头刚毛较长，长8μm，为头径的73%，着生于头的顶端。化感器前边着生1圈6根亚头刚毛，长3μm。化感器卵圆形，底边角质化加厚，直径13μm，为相应体径的59%，其前边距头端16μm。口腔狭长，内含1个长的剑形吻刺，顶端尖细，向下逐渐加粗，长21–23μm，占咽长的8.5%。咽圆柱状，占体长的4.2%，基部膨大，形成长圆形的咽球，长90–95μm，宽31μm。神经环位于咽的中前部，占咽长的41%。排泄孔紧邻神经环下面，距头端距离为咽长的45%–49%。贲门小。肠内充满黑色的颗粒状物。尾锥状，长170–175μm，为泄殖孔相应体径的3.6–3.7倍。

雄体生殖系统具有1个伸展的精巢，位于肠的左侧。交接刺长61–65μm，为泄殖孔相应体径的1.3倍，基部向腹面弯曲。引带背面具有1对19–23μm长的尾状突。无肛前辅器。

雌体生殖系统具有1个伸展的前卵巢，位于肠的左侧。雌孔位于身体后部，距头端距离为体长的69%。

分布于潮下带砂质沉积物中。

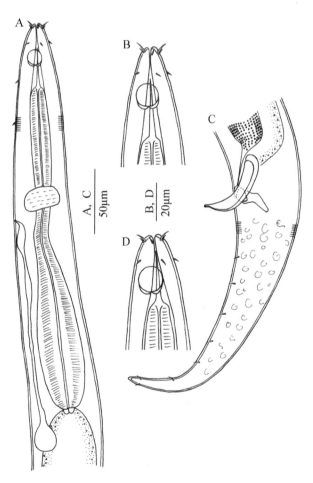

图 9.12　布氏管咽线虫 *Siphonolaimus boucheri*
A. 雄体咽区，示头刚毛、化感器、咽；B. 雄体头端；C. 雄体尾部，示交接刺和引带；
D. 雌体头端（张艳和张志南，2010）

9.2.1.2　深管咽线虫 *Siphonolaimus profundus* Warwick，1973 （图 9.13）

体长 7mm，最大体宽 80μm。头径 13μm，为咽基部体径的 22.4%。角皮具有细条纹。头部有 6 根短的外唇刚毛，长约 2.5μm，4 根长的头刚毛长 8μm。4 对亚头刚毛（长 2.5μm）分两组着生于化感器的正前方和后方。化感器圆形，直径为 14μm，为相应体径的 50%，至头端的距离为 16μm。口腔狭长，内含 1 个长的剑形吻刺，长 33μm，占咽长的 15.7%。咽长 215μm，基部膨大，形成 1 个细长的咽球，长约 60μm，最大宽度 35μm。神经环距头端 100μm，为咽长的 46.5%。排泄孔距头端 105μm，为咽长的 48.8%。贲门很小。肠内充满黑色的颗粒状物。尾锥形，长为肛径的 3.0 倍，着生 2 排短的亚腹刚毛。

雄体生殖系统具有 1 个伸展的精巢，位于肠的左侧。交接刺向腹部弯曲，长 89μm（为肛径的 1.8 倍）。引带背侧具有发达的尾状突，长 29μm。具有约 31 个间距相等的小的杯状肛前辅器。

雌体稍大于雄体。生殖系统具有 1 个前伸的卵巢，位于肠的左侧。雌孔至头端的距离为体长的 69.3%。无尾端刚毛。

分布于潮下带砂质沉积物中。

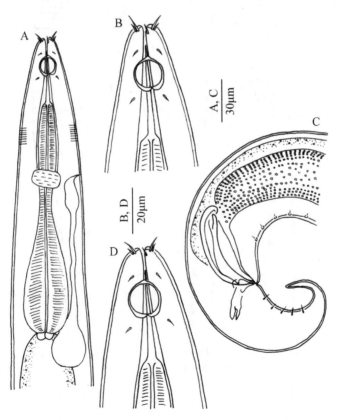

图 9.13　深管咽线虫 *Siphonolaimus profundus*（张艳和张志南，2010）

A. 雄体咽部；B. 雄体头端；C. 雄体尾部；D. 雌体头端

9.3 单宫线虫科 Monhysteridae de Man，1876

9.3.1 海单宫线虫属 *Thalassomonhystera* Jacobs，1987

角皮光滑或具有环纹。唇瓣不融合；内唇感器乳突状，6–10 根头刚毛排成 6 组。化感器圆形。口腔锥形。雄体单精巢。

9.3.1.1 弯刺海单宫线虫 *Thalassomonhystera contortspicula* Huang & Zhang，2019（图 9.14）

雄体细长，前端狭窄，体长 640–676μm。表皮具有环状排列的横向条纹，无体刚毛。头部圆形，直径 11–12μm。有 6 个唇瓣。内唇感器不明显，6 根外唇感器刚毛状，

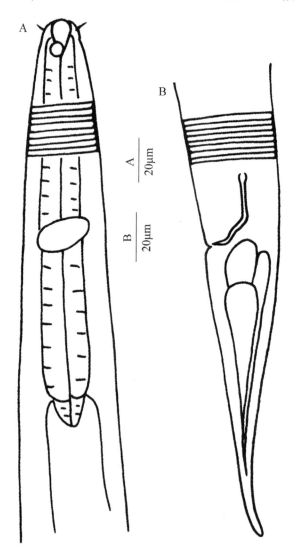

图 9.14 弯刺海单宫线虫 *Thalassomonhystera contortspicula*

A. 雄体前端；B. 雄体尾端

较短，与 4 根头刚毛几乎排成 1 圈，均为 2μm，为头径的 18%。无颈刚毛。化感器圆形，直径 4μm，占相应体径的 29%，位于口腔基部两侧。口腔较小，漏斗状。咽圆柱形，基部略微膨大。贲门发育良好，锥状，周围有肠组织包围。神经环位于咽的中部。

雄体生殖系统具有 1 个向前伸展的较长的精巢。交接刺细长，于中后部向腹面弯曲 2 次，呈波浪状，长 30–34μm，为泄殖孔相应体径的 1.2 倍，近端膨大呈头状，远端渐尖，无引带。尾锥柱状，长 106–110μm，为泄殖孔相应体径的 3.5–3.9 倍，末端 1/3 为柱状，无尾刚毛及尾端刚毛。有 3 个尾腺细胞。

雌体个体未发现。

分布于潮下带和潮间带泥质沉积物中。

9.4　球咽线虫科 Sphaerolaimidae Filipjev，1918

9.4.1　后球咽线虫属 *Metasphaerolaimus* Gourbault & Boucher，1981

角皮具有细环纹。具有 6 个乳突状内唇感器；6 根外唇刚毛与 4 根较长的头刚毛排成 1 圈。具有 8 组亚头刚毛。化感器圆形，位于口腔之后。口腔内有 6 个 "H" 形或 "X" 形的颚，前缘钩状，后缘角质化。咽圆柱状，具有角质化加厚的内壁。

9.4.1.1　粗尾后球咽线虫 *Metasphaerolaimus crassicauda*（Freudenhammer，1975）Gourbault & Boucher，1981（图 9.15）

身体短小，圆柱形，角皮有浅环纹。体长 691–810μm（*a*=27–30）。头部圆形，内唇感器不明显，外唇感器乳突状，4 根头刚毛长 2–3μm。具有 8 组亚头刚毛，每组 4 根，长 4–6μm。体刚毛长 3–5μm，主要分布于咽部和尾部。化感器圆形，较大，直径 10–12μm，为相应体径的 47%–50%，位于口腔之下，距头端 26–28μm。口腔大，深 17μm，宽 10μm，含 6 个 "H" 形的颚。口腔基部被咽组织包围。咽圆柱状，基部稍膨大，咽内壁角质化加厚。贲门小，锥形。神经环位于咽中部。排泄细胞位于贲门下部，排泄孔位于贲门之前 100–110μm 处。尾粗，锥状，基部圆钝，长 61–62μm。3 个尾腺细胞分别开口于亚尾端。

雄体生殖系统具有 2 个相对排列的伸展的精巢。交接刺稍弯曲，近端头状，远端渐尖，长 20–26μm。无引带。

雌体近似于雄体，但化感器较小，直径 3–4μm，为相应体径的 12%–15%。尾部具有许多方向向上、粗大的刚毛，长达 10μm。生殖系统单子宫，前置卵巢直伸。雌孔位于身体中后部，距头端距离为体长的 63%–69%。

分布于潮下带泥质沉积物中。

9.4.1.2　*Metasphaerolaimus* sp.（图 9.16）

身体圆柱形，两端渐尖。角皮有浅环纹。具有 8 排体刚毛，较长（10–20μm），

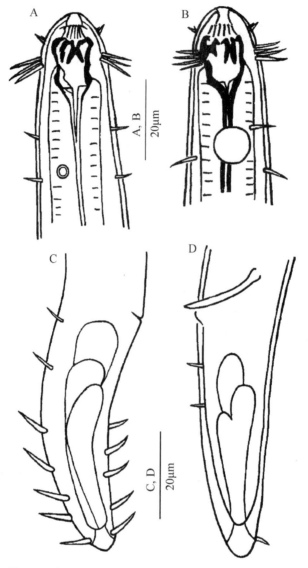

图 9.15　粗尾后球咽线虫 *Metasphaerolaimus crassicauda*
A. 雌体头端；B. 雄体头端；C. 雌体尾部；D. 雄体尾部

大部分着生于咽区，其他地方短而稀疏。头部圆形，唇瓣发达。内唇感器不明显；外唇感器刚毛状；4 根头刚毛每根长 2–3μm；8 组 3 或 4 根亚头刚毛长 20μm。化感器圆形，较大，位于口腔基部，距头端 1.6 倍头径。口腔大，6 个 "H" 形的颚，前缘钩状，基部较宽，与后缘角皮相连。口腔基部被咽组织包围。咽圆柱形，基部稍膨大，咽内壁具有厚的角皮。贲门小，锥形。神经环位于咽长的 37% 处。尾锥柱状；柱状部分约占尾长的 1/3。具有 3 根尾端刚毛，长 12μm。3 个尾腺细胞明显。

　　雄体生殖系统具有 2 个伸展的精巢。交接刺粗短，长为肛径的 1 倍，稍向腹面弯曲，近端头状，远端钝。引带具有 1 个小的三角形引带突。

　　分布于潮下带淤泥沉积物中。

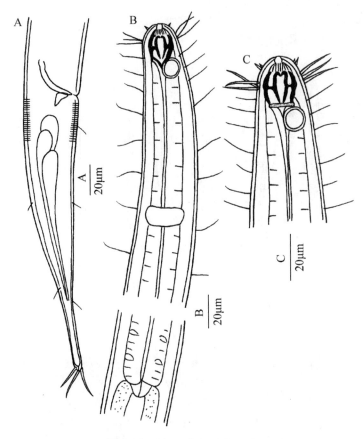

图 9.16 *Metasphaerolaimus* sp.
A. 雄体尾部；B. 雄体咽部；C. 雄体头端

9.4.2 拟球咽线虫属 *Parasphaerolaimus* Ditlevsen，1918

角皮具有细环纹。具有 8 组亚头刚毛。化感器圆形。口腔锥状，前端具有 6 个齿板，后端具有 3 个齿板。咽壁无厚的角皮。单精巢。

9.4.2.1 异形拟球咽线虫 *Parasphaerolaimus dispar*（Filipjev，1918）（图 9.17）

身体纤细，体长 1.2–1.8mm，最大体宽 58–84μm（*a*=21）。角皮具有环纹。头端钝。内唇刚毛和外唇刚毛较短，长 3μm；头刚毛长 7μm。亚头刚毛较长，达 17μm。具有很多颈刚毛，长 10–20μm。体刚毛长 10–17μm，散布在整个体表。口腔前端具有纵肋。口腔前部有 6 个规则的齿板，后部有 3 个齿板；口腔后部漏斗状，具有纵肋。化感器圆形，直径 18μm，为相应体径的 43%。化感器距头端约 30μm。排泄孔位于神经环后，距头端 145μm。咽圆柱状，末端不膨大。贲门小，圆锥状。尾锥柱状，为泄殖孔相应体径的 3.6–3.7 倍，具有 3 个尾腺细胞，3 根尾端刚毛长 20μm。

雄体生殖系统具有单精巢，直伸。交接刺纤细，长 68μm，为泄殖孔相应体径的 1.6 倍，稍向腹面弯曲。引带具有尾状突，长 8–10μm。

雌体化感器较小。具有 1 个伸展的前卵巢。雌孔位于身体中后部，至头端的距离为体长的 62%–63%。

分布于潮下带泥沙质沉积物中。

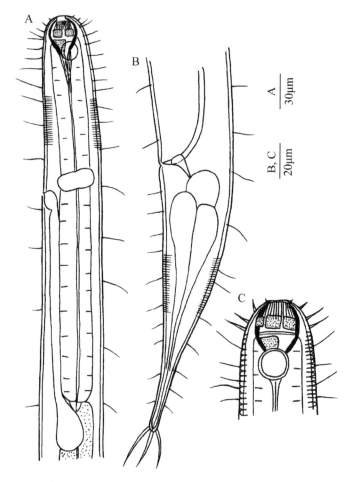

图 9.17　异形拟球咽线虫 *Parasphaerolaimus dispar*
A. 雄体咽区；B. 雄体尾部；C. 雄体头端

9.4.2.2　斧状拟球咽线虫 *Parasphaerolaimus ferrum* Liu & Guo sp. nov.（图 9.18）

　　身体圆柱形，体长 2.1–2.4mm，最大体宽 133–192μm（*a*=12.5–15.8）。角皮具有环纹。唇感器乳突状。头刚毛长 2μm；亚头刚毛 8 组，每组具有 1–3 根刚毛，长约 4μm。体刚毛稀疏。化感器圆形，直径 6–7μm，为相应体径的 7%–8%，位于口腔后部。口腔呈桶状，深 46–58μm，宽 41–52μm，前端有纵肋，后端具有 6 个齿板。咽圆柱形，基部逐渐膨大，不形成咽球。贲门圆柱形。神经环包围咽部，占咽长的 55%–69%。排泄孔位于咽长的 37%–47%。尾锥柱状，尾长为泄殖孔相应体径的 2.2–2.8 倍，后端棒状，具有 3 根尾端刚毛，长 14–17μm。具有 3 个串联的尾腺细胞。

　　雄体生殖系统具有单精巢。精巢伸展，位于肠的左侧。交接刺弓状，长 92–101μm，远端钝。引带具有斧状尾状突，长 15–22μm。

雌体体长较短，长 1.5–1.7mm。生殖系统单子宫，单卵巢。卵巢伸展，位于肠的左侧。雌孔横向，位于身体后部，至头端的距离为体长的 85%。

分布于厦门红树林潮间带泥质沉积物中。

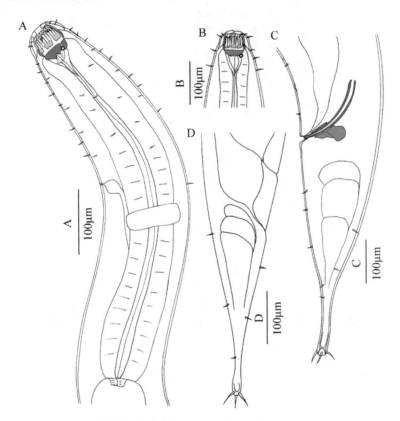

图 9.18　斧状拟球咽线虫 *Parasphaerolaimus ferrum* sp. nov.
A. 雄体咽区；B. 雌体头端；C. 雄体尾部；D. 雌体尾部

9.4.2.3　奇异拟球咽线虫 *Parasphaerolaimus paradoxus* Ditlevson，1918（图 9.19）

体长 1.9–2.4mm，最大体宽 68–86μm（a=26–28）。角皮具有粗环纹，环纹间距约 3μm。唇刚毛长 2–3μm；头刚毛长 5–6μm；具有 8 组亚头刚毛，每组 2 或 3 根，长度可达 12μm。颈刚毛浓密，长 24–34μm。体刚毛位于身体中部，稀疏。化感器圆形，直径 16–17μm，即相应体径的 0.3 倍，位于口腔后面。口腔大，前部杯状，具有 6 个无环纹的齿板；后部管状。咽圆柱形。尾长为泄殖孔相应体径的 3.9–4.8 倍，锥柱状，具有较长的尾端刚毛。

交接刺长 70–74μm，为泄殖孔相应体径的 1.3–1.4 倍，稍弯曲，腹侧近端收缩。引带具有 26–27μm 长的尾状突，其近端轻微角质化。

雌体化感器小，直径 7μm，即相应体径的 10%。具有 1 个前卵巢，雌孔位于身体后部，距头端距离为体长的 65%–69%。

分布于潮下带泥沙质沉积物中。

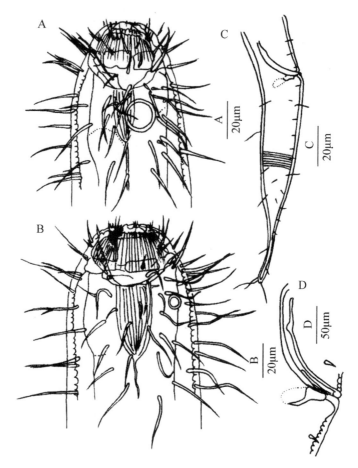

图 9.19　奇异拟球咽线虫 *Parasphaerolaimus paradoxus*（Warwick et al.，1998）

A. 雄体头端；B. 雌体头端；C. 雄体尾部；D. 交接刺和引带

9.4.3　球咽线虫属 *Sphaerolaimus* Bastian，1865

外唇刚毛和头刚毛排列成 1 圈，具有 8 组长的亚头刚毛。化感器圆形。口腔大，桶状，壁角质化加厚。咽内壁具有较厚的角皮。雄体具有 2 个精巢。

9.4.3.1　北欧球咽线虫 *Sphaerolaimus balticus* Schneider，1906（图 9.20）

体长 1.5–1.9mm，最大体宽 59–121μm（*a*=20–24）。角皮具有不明显的横纹。具有 6 个乳突状的内唇感器，6 根外唇刚毛长 3–4μm，4 根头刚毛长 7–9μm，即头径的 30%。8 组亚头刚毛位于化感器和头刚毛之间。颈刚毛 8 排。体刚毛短，稀疏。化感器圆形，直径为 8–9μm，即相应体径的 20%–30%，位于口腔后面。口腔桶状，壁厚。咽圆柱状，基部变宽，无明显咽球。尾长为泄殖孔相应体径的 3.2–3.9 倍，锥状，末端 1/5 为柱状，末端稍膨大，具有尾端刚毛。

交接刺长 85–92μm，为泄殖孔相应体径的 1.6–1.9 倍，近端膨大，远端纤细。引带背面具有 1 个钩状的尾状突。

雌体具有 1 个伸展的前卵巢。雌孔位于体长的 71% 处。

分布于潮间带和潮下带泥沙质沉积物中。

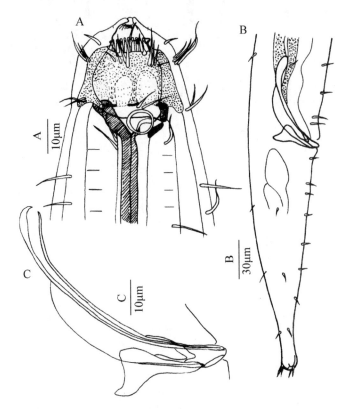

图 9.20　北欧球咽线虫 Sphaerolaimus balticus（Warwick et al.，1998）
A. 雄体头部；B. 雄体尾部；C. 交接刺和引带

9.4.3.2　纤细球咽线虫 Sphaerolaimus gracilis de Man，1884（图 9.21）

体长 1128–1415μm，最大体宽 53–70μm。角皮具有微弱横纹。8 列体刚毛长 10–11μm。内唇感器和外唇感器不明显，4 根头刚毛长 6μm。8 组亚头刚毛，每组 2–4 根，长 6–16μm。另外 2 根刚毛位于化感器前缘。化感器圆形，直径为相应体径的 28%–32%。口腔桶状，壁角质化加厚，深 31–33μm，宽 20–21μm。口腔前部有大量的纵脊。整个咽壁角质化加厚。贲门小，部分被肠组织包围。神经环位于咽的中部，至头端的距离为咽长的 50%–53%。尾锥柱状，具有 2 排腹侧刚毛和 2 排背侧刚毛。3 根尾端刚毛长 11–12μm。3 个尾腺细胞明显。

雄体生殖系统具有 2 个伸展的精巢。交接刺长为泄殖孔相应体径的 1.4–1.5 倍，弓形，近端略向背面弯曲。引带长 24–32μm，由三部分构成，中间部分角质化严重，远端部分弯曲钩状，引带的近端部分包围着交接刺。无肛前辅器。

雌体化感器较小，直径为相应体径的 20%–24%。生殖系统具有 1 个前伸的卵巢，位于肠的左侧。雌孔位于体长的 69% 处。

分布于潮间带和潮下带泥质沉积物中。

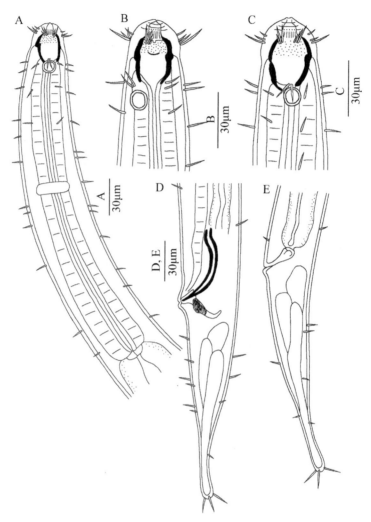

图 9.21　纤细球咽线虫 *Sphaerolaimus gracilis*
A. 雄体咽区；B. 雄体头端；C. 雌体头端；D. 雄体尾部；E. 雌体尾部

9.4.3.3　长刺球咽线虫 *Sphaerolaimus longispiculatus* Yang，Liu & Guo，2020（图 9.22）

体长 2213–2470μm，最大体宽 119–153μm。角皮具有明显横纹。口腔开口被 6 个小唇瓣包围，基部具有乳突状的内唇感器，外唇感器不明显。4 根头刚毛长约 3μm。8 组亚头刚毛，每组 2 或 3 根，长 3–12μm。具有多排体刚毛，长 8–11μm，从头端一直延伸至泄殖孔，咽部密集，后部逐渐稀疏。化感器圆形，角质化，直径为相应体径的 12%–16%。口腔呈桶状，角质化加厚，深 55–58μm，宽 32–36μm。口腔前端有很多纵脊，口腔后端有 3 个齿板。整个咽壁具有厚的角皮内壁。贲门小，被肠组织包围。神经环距头端距离为咽长的 34%–36%。排泄孔距头端 193–216μm，位于咽长的 34%–40%。尾锥柱状，末端稍膨大，具有 3 根尾端刚毛，长 16–18μm。3 个尾腺细胞明显。

雄体生殖系统具有 2 个伸展的精巢。交接刺长度为泄殖腔相应体径的 2.8–3.8 倍，稍弯曲，近端头状，远端渐尖。引带长 53–73μm，无尾状突。具有 8 个小的乳突状肛前辅器。

雌体化感器较小，直径为相应体径的 9%–10%。生殖系统单子宫，具有 1 个向前伸展的卵巢。雌孔位于身体后部，体长的 83%左右。卵胎生。

分布于厦门潮间带泥沙质沉积物中。

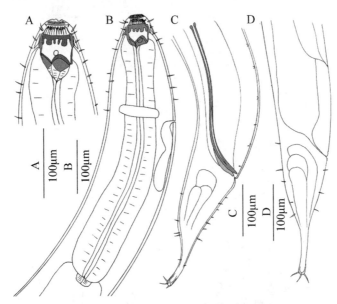

图 9.22　长刺球咽线虫 Sphaerolaimus longispiculatus
A. 雌体头端；B. 雄体咽区；C. 雄体尾部；D. 雌体尾部

9.4.3.4　大化感器球咽线虫 Sphaerolaimus macrocirculus Filipjev，1918（图 9.23）

体长 1.9–2.2mm，最大体宽 63–88μm（a=24–31）。头刚毛长 4–6μm，8 组亚头刚毛较长。具有多排长的体刚毛。雄体化感器大，直径为 19μm，即相应体径的 0.4–0.5 倍，雌体的化感器较小，直径为 11–12μm，即相应体径的 0.2 倍，位于头鞘基部。尾长为泄殖孔相应体径的 4.7–5.7 倍，近端 2/3 锥状，剩余部分为柱状，具有较长的尾端刚毛。

交接刺细长，长 160–167μm，即泄殖孔相应体径的 2.5–3.0 倍；引带具有强烈弯曲的尾状突；有 7 个乳突状肛前辅器。

雌体具有 1 个前置卵巢。雌孔位于体长的 75%处。

分布于潮下带泥质沉积物中。

9.4.3.5　太平洋球咽线虫 Sphaerolaimus pacificus Allgén，1947（图 9.24）

体长 1.4–1.8mm，最大体宽 70–80μm（a=16–26）。角皮具有细的横向环纹。内唇感器乳突状。头刚毛长 7–8μm。亚头刚毛第 1 圈 8 组，长 10–23μm；第 2 圈 6 组，长 20μm，外侧刚毛最长，为 30μm。颈刚毛长 18–20μm。体刚毛短，稀疏。雌体化感器小，直径 8μm，为相应体径的 17%，雄体化感器大，直径 13μm，为相应体径的 30%，距头端 28–35μm。口腔较大，桶状，壁角质化加厚，具有齿板。咽内壁角质化加厚，咽基部

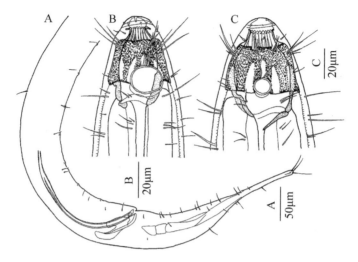

图 9.23 大化感器球咽线虫 *Sphaerolaimus macrocirculus*（Warwick et al.，1998）

A. 雄体尾部；B. 雄体头端；C. 雌体头端

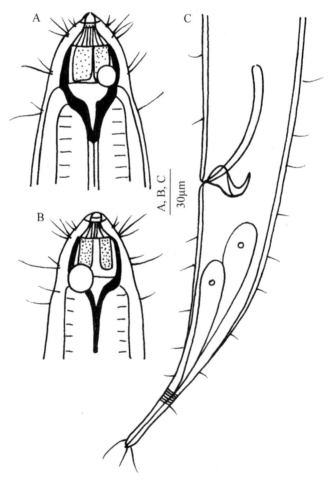

图 9.24 太平洋球咽线虫 *Sphaerolaimus pacificus*

A. 雄体头端；B. 雌体头端；C. 雄体尾部

膨大，无明显咽球。排泄孔位于神经环下面，距头端约 200μm。尾锥柱状，长为泄殖孔相应体径的 3.3–3.7 倍，后端 1/3 柱状，末端稍膨大。尾端刚毛长度可达 25μm。

交接刺长 87–110μm，即泄殖孔相应体径的 1.6–1.8 倍，近端 1/3 膨大，远端渐细。引带具有钩状引带突。

分布于潮间带和潮下带泥质沉积物中。

9.4.3.6　笔状球咽线虫 *Sphaerolaimus penicillus* Gerlach，1956（图 9.25）

体长 1.8–2.1mm，最大体宽达 100μm（*a*=21–25）。角皮具有细横纹。颈刚毛较多，长 28μm。头径 29μm。唇区锥形，乳突状的内唇感器不明显。6 根外唇刚毛长 6μm，4 根头刚毛长 3μm。具有 8 组亚头刚毛，每组 2–5 根，最长的可达 42μm。雄体化感器较大，直径 13–14μm，为相应体径的 35%–39%，距头端 20–26μm。口腔宽，壁角质化加厚。前庭宽 8.5μm，后庭宽 18μm，深 13μm。咽壁强烈角质化。咽基部膨大，咽球不

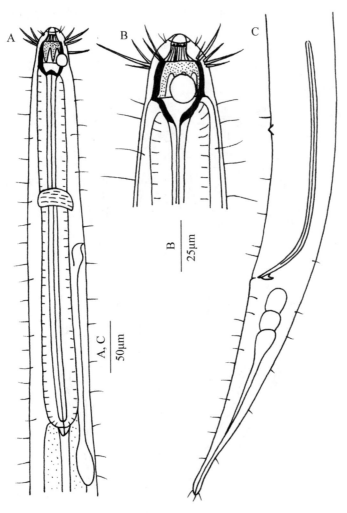

图 9.25　笔状球咽线虫 *Sphaerolaimus penicillus*
A. 雄体咽部；B. 雄体头端；C. 雄体尾端

明显。排泄孔位于神经环之后，距头端约 220μm。腹腺细胞位于肠的前端。尾锥柱状，长 234μm，为泄殖孔相应体径的 4.3 倍，末端 1/5 为柱状，末端稍膨大。具有 3 根尾端刚毛，长 10–16μm。

交接刺伸长，长 268–280μm，为泄殖孔相应体径的 5.0–5.2 倍，远端渐尖。引带背侧具有 1 个小的尾状突。肛前具有 1 个乳突状辅器，位于泄殖孔前 160μm。

分布于潮下带泥沙质沉积物中。

9.4.4 亚球咽线虫属 *Subsphaerolaimus* Lorenzen，1978

3 圈头感器；内唇感器乳突状；外唇刚毛比头刚毛短。8 组亚头刚毛比头刚毛长。化感器圆形。口腔宽，无颚，具有角质环。雄体具有双精巢。雌体具有 1 个向前伸展的卵巢。

9.4.4.1 大亚球咽线虫 *Subsphaerolaimus major* Nguyen Vu Thanh & Gagarin，2009（图 9.26）

身体圆柱形，体长 1.1–1.4mm，最大体宽 91–117μm（*a*=12.1–13.9）。角皮具有环纹。内唇感器乳突状；外唇刚毛短于头刚毛，头刚毛长约 8μm。头刚毛之后具有 8 组亚头

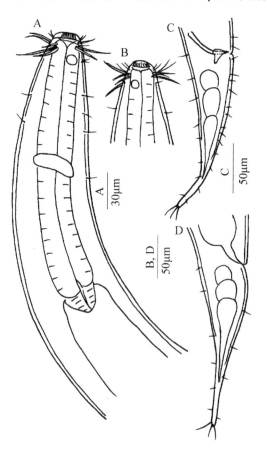

图 9.26 大亚球咽线虫 *Subsphaerolaimus major*
A. 雄体咽部；B. 雌体头端；C. 雄体尾部；D. 雌体尾部

刚毛，每组 6 或 7 根，长 18–30μm。体刚毛稀疏。化感器圆形，直径 8–9μm，位于口腔后面，距头端 14–21μm。口腔锥形，较浅，深 7–9μm，宽 11–15μm，无颚，具有角皮环。咽圆柱形，基部逐渐扩大，无咽球。贲门锥形。神经环包围咽部，距头端距离为咽长的 56%–65%。尾锥柱状，长为肛径的 3.1–3.4 倍，3 根尾端刚毛长 18–21μm。3 个尾腺细胞明显。

雄体生殖系统具有双精巢。交接刺弓状，长 46–60μm，近端膨大，远端具有 3 个刺状结构。引带背侧具有尾状突，长 16–25μm。

雌体生殖系统单子宫，具有 1 个前伸的卵巢。雌孔位于身体中后部，距头端距离为体长的 68%–70%。

分布于深圳福田红树林潮间带泥质沉积物中。

9.5　隆唇线虫科 Xyalidae Chitwood，1951

9.5.1　双单宫线虫属 *Amphimonhystera* Allgén，1929

表皮具有环纹。唇感器刚毛状，头刚毛较长。具有边缘加厚的大的圆形化感器，内部具有 1 个角质化的开口。口腔漏斗状。

9.5.1.1　圆形双单宫线虫 *Amphimonhystera circula* Guo & Warwick，2001（图 9.27）

身体较小，长纺锤形，呈黄色。雄体体长 910–970μm，最大体宽 22–24μm。表皮具有细横纹，横纹间距 1.5μm。头感器刚毛状，内唇刚毛长 3.5–5μm，外唇刚毛长 13μm，为

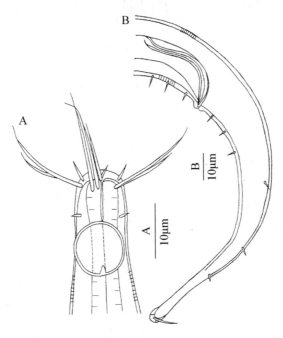

图 9.27　圆形双单宫线虫 *Amphimonhystera circula*

A. 雄体头端；B. 雄体尾部

头径的 1.3 倍，头刚毛 8 根，长 18μm，为头径的 1.7–1.8 倍。外唇刚毛和头刚毛排成 1 圈，着生于口腔基部。体刚毛短，分散，主要分布在尾部。化感器圆形，较大，边缘加厚，内部具有 1 个角质化的开口，直径 10μm，1 个头径宽，距离头端约 1 个头径远。神经环位于咽的中后部，距头端 85–95μm，占咽长的 52%–67%。口腔较小，漏斗状。咽圆柱状，长 142–162μm，占体长的 16%，基部不膨大。贲门三角形，被肠组织包围。尾锥柱状，长 112–123μm，为泄殖孔相应体径的 5.9–6.1 倍，锥状部分占尾长的 2/3，具有亚腹刚毛；柱状部分占 1/3，末端稍膨大，具有 3 根尾端刚毛，长 8–9μm。3 个尾腺细胞共同开口于尾的末端。

雄体生殖系统具有 1 个向前伸展的精巢。交接刺略呈"S"形弯曲，30–32μm 长，为泄殖孔相应体径的 1.7 倍，近端头状，远端渐尖。引带为 1 简单的管状，无引带突。无肛前辅器。

雌体未发现。

分布于潮下带泥沙质沉积物中。

9.5.1.2　玛氏双单宫线虫 *Amphimonhystera mamalhi* Tchesunov & Mokievsky，2005（图 9.28）

身体为伸长的纺锤形，体长 655–740μm。角皮具有细环纹。内唇感器不明显，具有 6 根外唇刚毛、4 根头刚毛和 2 根额外的侧刚毛。化感器较大，纵向卵圆形或圆形，

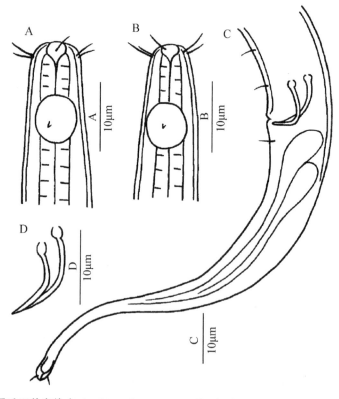

图 9.28　玛氏双单宫线虫 *Amphimonhystera mamalhi*（Tchesunov and Mokievsky，2005）

A. 雄体头端；B. 雌体头端；C. 雄体尾部；D. 交接刺

边缘角质化明显，具有 1 个不对称的中心斑点。口腔很小，主要由唇口和咽口组成，底部扁平。咽纤细，逐渐膨大至贲门。尾长为泄殖孔相应体径的 5.4–6.9 倍，近端为锥状，远端为细长的柱状。末端稍宽，有 2 或 3 根非常短的亚腹刚毛和亚背刚毛。尾内具有 2 个尾腺细胞。尾部具有几对尾刚毛。

雄体生殖系统具有 1 个前精巢，位于肠的左侧。交接刺短小，"L"形弯曲，长 15–16μm。远端渐尖，近端头状。引带不明显。

雌体具有 1 个前置的卵巢，位于肠的左侧。子宫内充满小而圆的精细胞。无储精囊。雌孔位于身体中后部，距头端距离为体长的 73%–78%。

分布于潮下带泥质沉积物中。

9.5.1.3　帕丽达双单宫线虫 *Amphimonhystera pallida* Tchesunov & Mokievsky，2005（图 9.29）

身体细小，近纺锤状或柱状，体长 655–740μm。角皮薄，具有细的横向环纹。内唇感器乳突状。外唇刚毛和头刚毛着生在同 1 圈内，长 3–7μm。化感器大，为伸长的卵圆形，边缘角皮不间断。体刚毛短，仅沿身体侧面分布。口腔小，唇口半球形，咽口

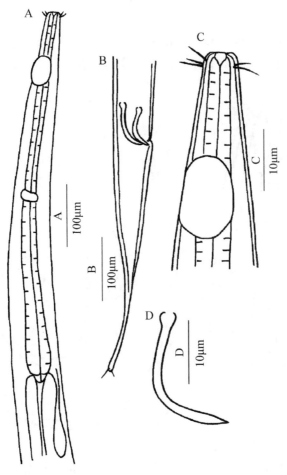

图 9.29　帕丽达双单宫线虫 *Amphimonhystera pallida*
A. 雄体咽部；B. 雄体尾部；C. 雄体头端；D. 交接刺

狭窄，漏斗形，咽壁角质化。咽纤细，向基部逐渐扩大。贲门小，三角形。尾长为肛径的 5.3–5.9 倍，近端锥状，远端为细长的柱状。尾末端稍膨大，具有 2 或 3 根尾端刚毛。

交接刺纤细，中间弯曲呈弓形，近端头状，远端渐尖，长 24–26μm。无引带。

雌体具有 1 个前卵巢，位于肠的左侧。雌孔为小的横缝状，位于身体中后部，距头端距离为体长的 76%。

分布于潮下带泥质沉积物中。

9.5.2 拟双单宫线虫属 *Amphimonhystrella* Timm，1961

身体非常小。角皮具有环纹或光滑，无侧装饰。头顶端具有 10 根（6+4）细长的刚毛，无额外刚毛。化感器大，圆形或稍纵向卵圆形。雌体具有单卵巢，具有储精囊。雄体具有成对精巢或具有 1 个前伸的精巢。交接刺小，稍弯曲。引带背侧具有小的尾状突或无尾状突。尾锥柱状，末端水滴状加粗（Tchesunov and Miljutina，2005）。

9.5.2.1 球尾拟双单宫线虫 *Amphimonhystrella bullacauda* Tchesunov & Miljutina，2005（图 9.30）

身体细长，纺锤形，体长 443–508μm。角皮具有明显的环纹。头端稍尖。内唇感器乳突状。外唇刚毛和头刚毛基本着生于同 1 圈。外唇刚毛分为不明显 2 节，比头刚毛

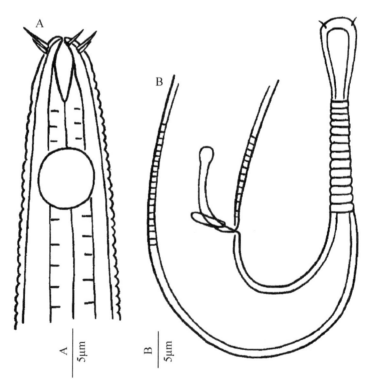

图 9.30　球尾拟双单宫线虫 *Amphimonhystrella bullacauda*
A. 雄体头端；B. 雄体尾部

的 1/3 长。化感器相对大，圆形或稍纵向卵圆形，边缘明显角质化，但不连续。口腔为伸长的圆锥状或近柱状。咽纤细，基部稍加粗。贲门心形，被肠组织包围。尾近端锥状，突然收缩成棒状，末端膨大呈水滴状，具有 2 或 3 根非常短的尾端刚毛，长 1.5μm。尾部有 2 个尾腺细胞。

雄体生殖系统具有 1 个前伸的精巢，位于肠中部左侧。交接刺很短，稍向腹面弯曲，形如弯曲的匕首，近端头状，远端渐尖。引带有短的尾状突。

雌体具有 1 个直伸的前卵巢，位于肠中部左侧。储精囊内可见少量球形精子，中央核极小。

分布于潮下带泥质沉积物中。

9.5.3　科布线虫属 *Cobbia* de Man，1907

表皮具有环纹。唇感器刚毛状。化感器圆形。口腔内有 3 个齿。尾长，丝状。

9.5.3.1　孟加拉科布线虫 *Cobbia bengalensis* Datta et al.，2018（图 9.31）

身体细长，前端圆钝，后端尖。体长 1167–1507μm。环纹从头刚毛处开始，无侧装饰。体刚毛稀疏。唇部突出，圆钝，头感器呈 2 圈排列，内唇感器刚毛状；外唇感器刚毛状，长于头刚毛，并与头刚毛位于 1 圈，长 11–19μm。化感器圆形，距头端 20–26μm，相当于咽长的 10%–12%。4 根短的亚头刚毛位于化感器处，长 5–6μm。口腔漏斗状，具有 3 个角质化的齿，其中背齿大而尖，2 个亚腹齿小而不明显。咽圆柱状，无咽球。神经环距离头端为咽长的 38%–56%。贲门锥形，较长，被肠组织包裹。雌、雄体的尾两型。3 个尾腺细胞较长，于末端开口。

生殖系统具有 2 个反向排列的精巢，前精巢位于肠的左侧，后精巢位于肠的右侧，输精管长。交接刺弯曲，等长，呈 "L" 形，远端头状。引带简单，无引带突。尾锥状，从肛门之后开始逐渐变窄。

雌体生殖系统只有 1 个前置伸展的卵巢，位于肠的右侧。雌孔为 1 横列的缝状，位于身体中部腹面，距头端距离为体长的 76%–77%。具前、后 2 个受精囊。尾较长，锥柱状。

分布于陆架泥沙质沉积物中。

9.5.3.2　异刺科布线虫 *Cobbia heterospicula* Wang，An & Huang，2018（图 9.32）

身体细小，前端圆钝，后端丝状。体表具有细密的环纹，光滑，无体刚毛。雄体体长 987–1049μm，最大体宽 16–19μm。头部圆钝，直径 4–6μm。内唇感器乳突状，外唇感器刚毛状，长 7.0–9.4μm，头刚毛稍短，为 4.5–6.5μm。6 根外唇刚毛和 4 根头刚毛排成 1 圈，着生于口腔中部头环处。化感器圆形，为相应体径的 41%–60%，位置偏下，距头端 21–29μm。口腔漏斗状，具有 3 个角质化的齿，其中背齿大而显著，2 个亚腹齿小而不明显。咽圆柱状，占体长的 14%，基部膨大，不形成咽球。贲门锥形，长 5μm。神经环距头端 58–83μm，为咽长的 40%–54%。尾锥柱状，较长，长 227–307μm，为泄殖孔相应体径的 13–18 倍，锥状部分短，柱状部分长，呈丝状，占尾长的 74%–80%。具有 3 个尾腺细胞。

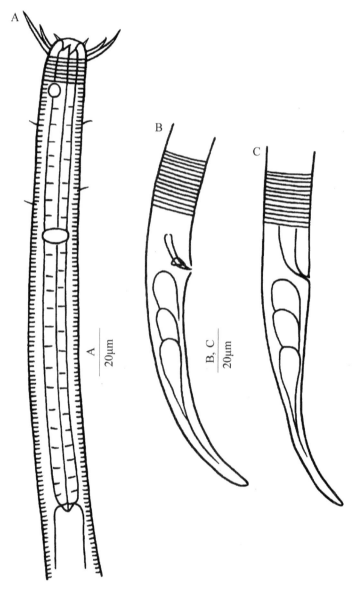

图 9.31　孟加拉科布线虫 *Cobbia bengalensis*
A. 雄体咽部；B. 雄体尾部；C. 雌体尾部

雄体生殖系统具有 2 个反向排列的精巢，前精巢位于肠的左侧，后精巢位于肠的右侧。交接刺弯曲，不等长，右边 1 个长，为 27–33μm；左边 1 个短，为 15–20μm。引带平行于交接刺远端，背面具有 1 个渐细的尾状突。

雌体尾较长。生殖系统只有 1 个前置伸展的卵巢，位于肠的右侧。雌孔为 1 横列的缝状，位于身体中部腹面，距头端距离为体长的 50%。

分布于陆架泥质沉积物中。

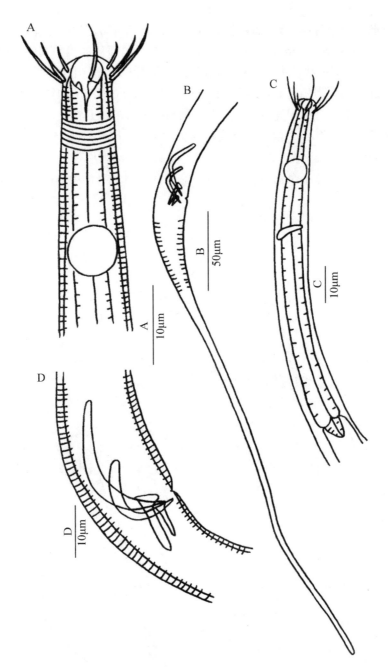

图 9.32　异刺科布线虫 *Cobbia heterospicula*

A. 雄体头端，示头刚毛、口腔齿、化感器；B. 雄体尾部，示交接刺、引带；C. 雄体咽部；
D. 雄体泄殖腔区，示交接刺和引带

9.5.3.3　中华科布线虫 *Cobbia sinica* Huang & Zhang，2010（图 9.33）

身体细长，体表具有细密的环纹，体长 1030–1196μm，最大体径 21–22μm。头部半圆形，直径 14–15μm。头感器刚毛状，内唇刚毛长 4.5–5.5μm，外唇刚毛长 16–19μm，头刚毛长约 14μm。6 根外唇刚毛和 4 根头刚毛排成 1 圈，着生于口腔中部头环处。体刚毛稀疏分散在整个身体上。化感器圆形，直径 6.0–7.5μm，为相应体径的 30%–50%，位置偏下，距头端 16–22μm。口腔圆锥形，具有 3 个角质化的齿，其中背齿大而显著，2 个亚腹齿小。咽圆柱状，占体长的 19%，基部不膨大。贲门锥形。尾锥柱状，较长，长 133–148μm，约为泄殖孔相应体径的 7 倍，锥状部分占尾长的 1/3，柱状部分占 2/3，具有尾刚毛，末端具有 2 根尾端刚毛。3 个尾腺细胞，末端开口突出。

雄体生殖系统具有 2 个精巢。交接刺等长，"L" 形弯曲，长 25–28μm，为泄殖孔相应体径的 1.4 倍，近端头状，远端渐尖。引带具有 1 个小的引带突。

雌体生殖系统只有 1 个前置伸展的卵巢。雌孔开口于身体中后部的腹面，距头端距离为体长的 68%–74%。

分布于日照海滨潮间带泥质沉积物中。

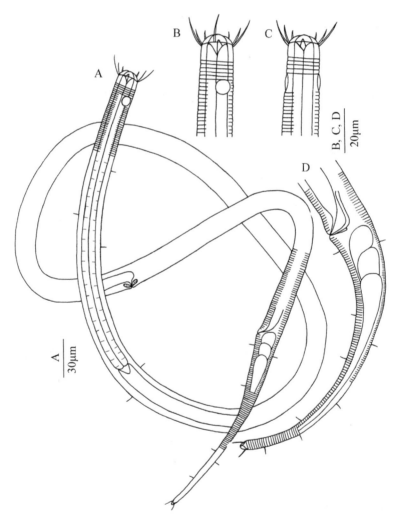

图 9.33　中华科布线虫 *Cobbia sinica*
A. 雌体；B、C. 雄体头端，示头刚毛、口腔齿、化感器；D. 雄体尾部，示交接刺、引带和尾腺细胞

9.5.3.4　水下科布线虫 *Cobbia urinator* Wieser，1959（图 9.34）

体长 1.6mm，咽基部体径 32μm。表皮具有宽环纹，始于头刚毛处。颈刚毛和体刚毛较密集，最长达 16μm。头径约 19μm。唇发达，唇感器刚毛状，长达 6μm。头刚毛长达 25μm。化感器圆形，位置偏下，直径约 8.5μm，为相应体径的 33%，距头端 25μm。口腔漏斗状，具有 1 个大的背齿和 2 个小的亚腹齿。尾细长丝状，长为肛径的 11.5 倍，丝状部分占尾长的 2/3。

交接刺长 36μm。"L"形弯曲。引带短，远端具有齿状结构。

分布于潮下带泥质沉积物中。

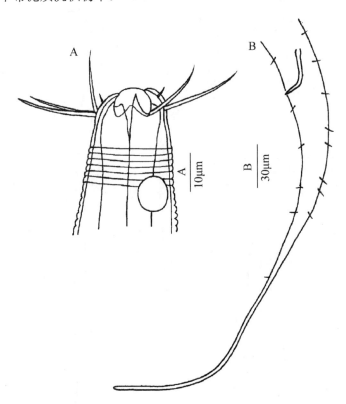

图 9.34　水下科布线虫 *Cobbia urinator*（Wieser，1959）

A. 雄体头端；B. 雄体尾部

9.5.4　吞咽线虫属 *Daptonema* Cobb，1920

角皮具有环纹。头端具有 10–14 根刚毛，分为 6 组。体刚毛短于相应体径的 1 倍。化感器圆形。口腔锥形或漏斗状，无齿；尾锥柱状，具有尾端刚毛。交接刺短，短于肛径的 2 倍。

9.5.4.1　互生吞咽线虫 *Daptonema alternum* Wieser，1956（图 9.35）

体长 0.9–1.5mm（*a*= 30–42）。头径 14–15μm，咽基部体径为相应体径的 54%。唇刚

毛很短。头刚毛长 13–15μm。4 排颈刚毛长 7μm，分布在亚背侧和亚腹侧。雄体化感器较大，直径 9–10μm，为相应体径的 60%；雌体化感器较小，直径 8μm，为相应体径的 30%–40%；至头端的距离分别为头径的 1–2 倍。口腔双锥形，环带明显。尾长，锥柱状。雄体尾长为泄殖孔相应体径的 8 倍左右，雌体尾长为泄殖孔相应体径的 10–12 倍，尾端刚毛长 20μm。

交接刺长 21μm，为泄殖孔相应体径的 90%，直角形弯曲。引带鞋状，无尾状突。

分布于潮下带泥质沉积物中。

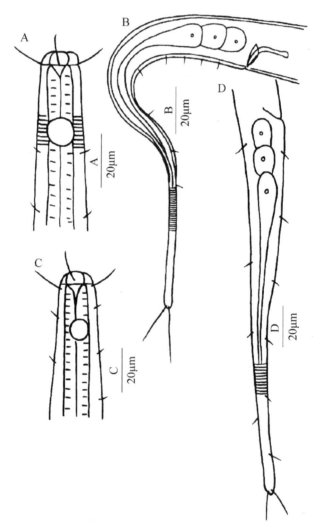

图 9.35 互生吞咽线虫 *Daptonema alternum*（Wieser，1956）

A. 雄体头端；B. 雄体尾部；C. 雌体头端；D. 雌体尾部

9.5.4.2 新关节吞咽线虫 *Daptonema nearticulatum*（Huang & Zhang，2006）（图 9.36）

身体长纺锤形。角皮具有细环纹。内唇感器乳突状，16 根头刚毛呈 6+4+6 排列，长度分别为 10–11μm、6–7μm 和 10–11μm。1 圈 6 根长的亚头刚毛长 18–20μm。咽前端具有大量长的颈刚毛，长度为 11–29μm。化感器不明显。口腔呈锥形，深 20μm，宽 15μm。咽圆柱形。神经环至头端距离为 130μm，即咽长的 48%处。排泄孔位于神经环附近。尾细长，为泄殖腔相应体径的 5.5 倍，锥柱状，末端膨大，尾腹侧后半部分具有大量刚毛。3 根尾端刚毛较长，约 18μm。3 个尾腺细胞明显。

交接刺较长，中间有 1 关节分为 2 节，近端 1 节直立，远端 1 节弯曲。交接刺弦长为泄殖孔相应体径的 1.5 倍，近端头状，远端渐尖。引带向腹面弯曲呈钩状，无引带突。

雌体略大于雄体。体刚毛少。单个卵巢向前伸展。雌孔位于身体后部，体长的79%–80%处。

分布于潮下带泥沙质沉积物中。

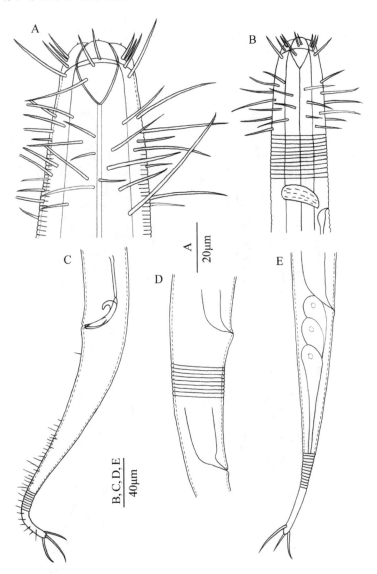

图 9.36　新关节吞咽线虫 Daptonema nearticulatum

A. 雄体头端；B. 雌体头端；C. 雄体尾部；D. 雌体雌孔区；E. 雌体尾部

9.5.4.3 弯刺吞咽线虫 *Daptonema curvispicula* Tchesunov，2006（图 9.37）

身体圆柱状，体长 777–908μm。角皮具有细环纹。头端由 6 个唇瓣围成口，每个唇瓣具有 1 根小的内唇刚毛，长 1–2μm。唇基部具有 6 对头刚毛，每对刚毛的长度稍有不同。圆形化感器位于口腔后方。雄体化感器明显比雌体大。口腔前部半球形，后部不规则，呈漏斗状，口腔壁轻微角质化。咽圆柱形。贲门小，圆锥状。尾锥柱状，末端稍膨胀，具有 3 根较长的尾端刚毛。尾的柱状部分具有少量较短的尾刚毛。3 个尾腺细胞明显。

雄体生殖系统具有 2 个精巢。前精巢直伸，位于肠中部左侧。后精巢反折，位于肠中部右侧。交接刺"S"形弯曲，长 52–63μm，明显角质化。远端具有较小的双齿。近端背侧弯曲、顶端平截。引带长 21–27μm，管状，背部具 1 长的尾状突。

雌体生殖系统具有 1 个向前伸展的卵巢。雌孔为倾斜的缝状。不具有受精囊。

分布于潮下带泥沙质沉积物中。

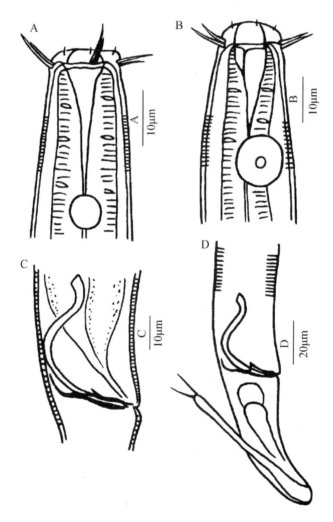

图 9.37　弯刺吞咽线虫 *Daptonema curvispicula*（Tchesunov and Miljutin，2006）
A. 雌体前端；B. 雄体前端；C. 交接刺和引带；D. 雄体尾部

9.5.4.4　东海吞咽线虫 *Daptonema donghaiensis* Wangle，An & Huang，2018（图 9.38）

身体较小，体长 836–972μm，最大体宽 27–34μm。角皮光滑，具有细横纹，无体刚毛。身体中前部特别是咽部皮下具有透明的横桥细胞。6 个隆起的唇瓣围成口腔，口腔漏斗状，宽 5.2–5.7μm，深 4.1–4.5μm。内唇感器乳突状，外唇感器刚毛状，长 9μm，头刚毛稍短，为 6.5–7.0μm。6 根外唇刚毛和 4 根头刚毛排成 1 圈，着生于口腔中部头环处。化感器圆形，直径 6.5–7.0μm，为相应体径的 44%–47%，距头端 13–16μm。咽圆柱状，长为体长的 16%–20%，基部不膨大，无咽球。贲门圆锥状。神经环位于咽的中后部，距头端 66–94μm，约占咽长的 56%。尾锥柱状，长 113–136μm，为泄殖孔相应体径的 5.0–6.5 倍，末端具有 2 根尾端刚毛，长 6.5–7.5μm。3 个尾腺细胞共同开口于尾末端。

雄体生殖系统具有 2 个反向排列的精巢，前精巢位于肠的左侧，后精巢位于肠的右侧。交接刺弯曲呈"L"形，长 26–31μm，为泄殖孔相应体径的 1.3–1.5 倍，近端头状，远端渐尖。引带管状，长 9.5μm，包围着交接刺远端，无引带突。无肛前辅器。

雌体生殖系统只有 1 个前置伸展的卵巢，位于肠的右侧。子宫内具有长卵圆形的储精囊。成熟卵长椭圆形。雌孔开口于身体中后部的腹面，距头端距离为体长的 64%。

分布于陆架泥沙质沉积物中。

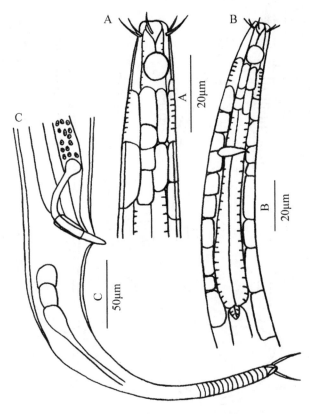

图 9.38　东海吞咽线虫 *Daptonema donghaiensis*
A、B. 雄体头端，示头刚毛、口腔、化感器、皮下透明细胞；C. 示生殖系统

9.5.4.5 丝尾吞咽线虫 *Daptonema filiformicauda* sp. nov.（图 9.39）

身体纤细，体长 1369μm，最大体宽 32μm。角皮具有横向环纹。整个身体体刚毛较多。头端圆形，有 6 个球形的唇瓣。内唇感器刚毛状，长 3μm。外唇刚毛和头刚毛着生在同 1 圈，共 12 根，长 7–16μm。化感器圆形，直径 9μm，占相应体径的 35%，距头端 31μm。颈刚毛长约 8μm，体刚毛长约 6μm。口腔大，漏斗状。咽圆柱状，基部不膨大。贲门发育良好，呈圆锥形，被肠组织包围。神经环位于咽中部。尾很长，锥状后端具有较长的丝状部分，有环纹，长度为泄殖孔相应体径的 16 倍。尾端刚毛长 6–7μm。

精巢成对，相对排列。交接刺弓状，近端头状，远端叉状，长约为泄殖腔相应体径的 1 倍。无引带及肛前辅器。

未发现雌体。

该新种以长的丝状尾、具有尾端刚毛、12 根长的头端刚毛、位置靠下的化感器、特殊的交接刺而区别于本属其他种。

分布于潮下带泥质沉积物中。

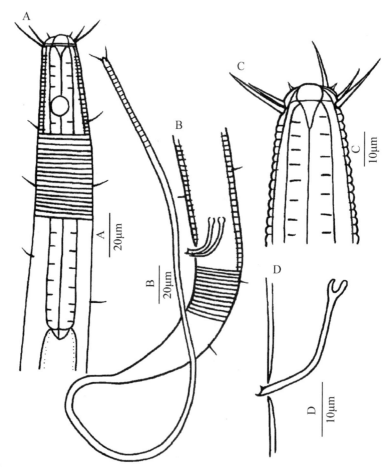

图 9.39 丝尾吞咽线虫 *Daptonema filiformicauda* sp. nov.

A. 雄体咽部；B. 雄体尾部；C. 雄体头端；D. 交接刺

9.5.4.6 长尾吞咽线虫 *Daptonema longissimecaudatum*（Kreis，1935）（图 9.40）

身体纤细，有很长的丝状尾，体长 2283μm，最大体宽 21μm。前端稍窄。角皮具有横向环纹。头端圆形，有 6 个球形的唇瓣。内唇感器乳突状。外唇刚毛和头刚毛着生在同 1 圈，共 12 根，长 4–10μm。化感器圆形，直径 6μm，占相应体径的 50%，距头端 20μm。颈刚毛长 5–7μm，体刚毛长约 6μm，沿整个身体分布，口腔小，漏斗形。咽圆柱状，基部不膨大。贲门不发达。尾长，为泄殖腔相应体径的 60 倍，锥状，后部为长的丝状部分，几乎占体长的一半，无尾端刚毛。

精巢成对，相对排列。交接刺弓状弯曲，近端较粗，远端渐尖，长度为泄殖腔相应体径的 1.8 倍，引带背侧具有尾状突，长 10.5μm。无肛前辅器。

分布于潮下带泥质沉积物中。

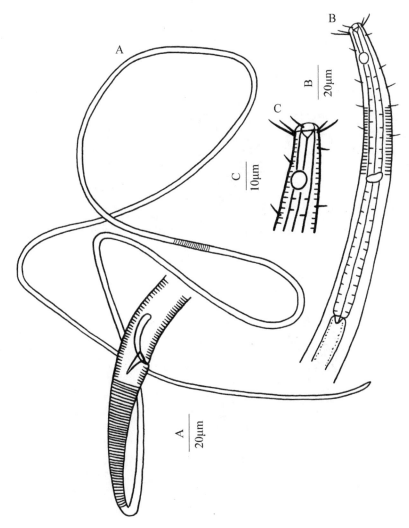

图 9.40 长尾吞咽线虫 *Daptonema longissimecaudatum*
A. 雄体尾部；B. 雄体咽部；C. 雄体头端

9.5.4.7 长突吞咽线虫 Daptonema longiapophysis Huang & Zhang，2009（图 9.41）

身体纤细，体长 1242–1537μm，最大体宽 32–42μm。体表具有宽环纹，环纹间有窄间隔，环纹从口腔基部一直延伸至尾端。头半圆形，直径 19–22μm。6 个隆起的唇瓣围成口腔，口腔杯状，宽阔，宽 14–16μm，无齿。头感器刚毛状，6 根内唇刚毛长 3.5–4.0μm，6 根外唇刚毛长 14–19μm，6 根头刚毛长 13μm，外唇刚毛和头刚毛排成 1 圈，着生于口腔中部头环处。体刚毛稀疏分散在整个身体上，尾部较密集。化感器不明显。神经环位于咽的中前部，距头端 105–136μm，约占咽长的 34%。排泄孔位于距头端 2 个头径处的腹面。咽圆柱状，长 310–392μm，占体长的 27%，基部不膨大，无咽球。尾锥柱状，长 162–188μm，约为泄殖孔相应体径的 6 倍，锥状部分占尾长的 2/3，柱状部分占

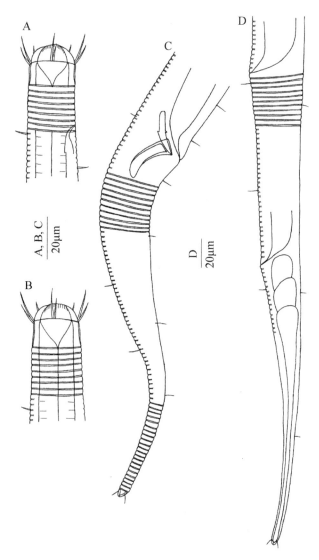

图 9.41 长突吞咽线虫 Daptonema longiapophysis
A. 雄体头端；B. 雌体头端；C. 雄体尾部，示交接刺、引带；D. 雌体后部，示雌孔和肛门及尾腺细胞

1/3，环纹显著，具有尾刚毛，末端具有 2 根尾端刚毛。3 个尾腺细胞共同开口于尾的末端。

交接刺短，稍向腹面弯曲，长 22–25μm，远端逐渐变尖，中部两侧各有 1 个突起。引带具有 1 个长且宽的略向腹面弯曲的引带突，长 23–25μm。泄殖孔前、后各有 1 根明显的刚毛，无肛前辅器。

雌体只有 1 个前置伸展的卵巢，子宫内具有 1 或 2 个长卵圆形的储精囊。成熟卵长椭圆形。雌孔开口于身体中后部的腹面，距头端距离为体长的 77%。

分布于潮间带泥沙质沉积物中。

9.5.4.8　诺曼底吞咽线虫 *Daptonema normandicum* de Man，1890（图 9.42）

体长 1.2–1.3mm，最大体宽 32–47μm（a =33–42）。内唇感器刚毛状，较短小。6 根外唇刚毛和 6 根头刚毛排列成 1 圈，长 9–11μm（0.6–0.7 h.d.）。体刚毛长达 10μm，主要分布在咽区，身体其他部分刚毛稀少。圆形化感器直径 6–8μm，位于口腔下面，距

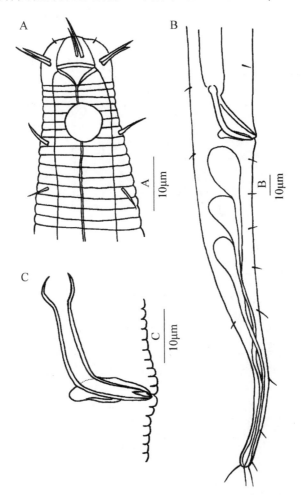

图 9.42　诺曼底吞咽线虫 *Daptonema normandicum*（Warwick et al.，1998）
A. 雄体头端；B. 雄体尾部；C. 交接刺和引带

离头端约为 1 倍头径。口腔杯状，中部具有口环。咽圆柱状。尾长为肛径的 5.1–6.0 倍，锥柱状，末端 1/3 部分尾柱状，具有 3 根短的尾端刚毛。3 个尾腺细胞明显。

交接刺长 35–36μm，弯曲，近端头状，远端分叉。引带具有小的引带突。雌孔位于身体中后部，体长的 65%–67%处。

分布于潮下带泥质沉积物中。

9.5.4.9　四毛吞咽线虫 *Daptonema quattuor* Liu & Guo sp. nov.（图 9.43）

身体长梭状，两头渐尖。体长 1.1–1.7mm，最大体宽 84–153μm。体表具有宽环纹，环纹间有 2.5μm 的间隔。体刚毛较短，稀疏分散在整个身体。头部圆钝，头感器呈 2 圈排列，6 根内唇刚毛乳突状，6 根外唇刚毛长 4μm，与 4 根头刚毛排列成 1 圈，头刚毛长 2.5μm。化感器椭圆形，宽 8–10μm，前缘距头端 15–19μm。口腔锥状，深 17–44μm，宽 8–25μm，口内无齿。咽圆柱状，基部略膨大，但不形成咽球。贲门锥状，较长。神经环位于咽的中部，占咽长的 54%–66%。排泄孔距头端 20–40μm 处。

雄体生殖系统具有双精巢，相对排列且直伸，都位于肠的左侧。交接刺弯曲，长 64–78μm，近端头状，远端钩状。引带长 16–19μm，具有 1 个三角形的引带突。尾锥柱状，长为泄殖孔相应体径的 2.6–3.3 倍，具有 4 根尾端刚毛，每根长 11–18μm。3 个尾腺细胞前、后成串排列。

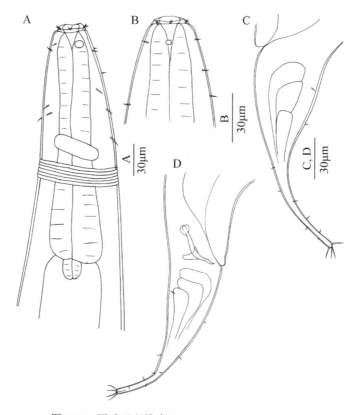

图 9.43　四毛吞咽线虫 *Daptonema quattuor* sp. nov.
A. 雄体咽区；B. 雌体头端；C. 雌体尾部；D. 雄体尾部

雌体只有 1 个前置伸展的卵巢，位于肠的左侧。雌孔横向缝状，开口于身体中后部的腹面，距头端距离为体长的 61%–62%。

分布于潮间带泥沙质沉积物中。

9.5.4.10　毛颈吞咽线虫 *Daptonema setihyalocella* Aryuthaka & Kito，2012（图 9.44）

身体纺锤形，中部较粗，两端渐细。体长 1.1–1.4mm。体表具有宽环纹，身体中部环纹间有 2–3μm 的间隔，尾部间隔 3–4μm。身体表皮下具有排列紧密的透明的横桥细胞。颈刚毛茂密，长达 13μm，体刚毛较短，稀疏分散在整个身体，长约 8μm。头

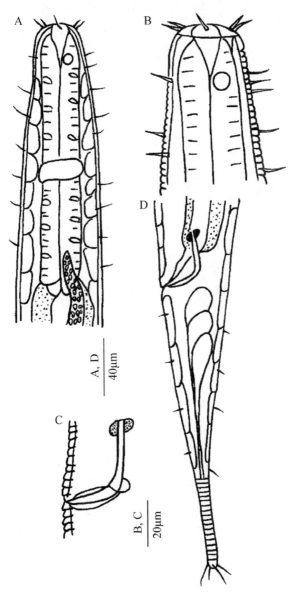

图 9.44　毛颈吞咽线虫 *Daptonema setihyalocella*

A. 雄体咽区；B. 雄体头端；C. 交接刺与引带；D. 雄体尾部

部圆钝，略微收缩，头感器呈 2 圈排列，6 根内唇刚毛乳突状，外唇刚毛长，和头刚毛排列成 1 圈，长为 40%–50% 头径。化感器圆形，较小，直径 5.6–7.3μm，前缘距近端为头径的 60%–90%。口腔杯状，宽 13–15μm，口内无齿。咽圆柱状，较短。贲门锥状，长 11–15μm。神经环位于咽的中部，占咽长的 50%–55%。

　　雄体生殖系统具有单精巢，向前延伸达咽部，位于肠的左侧。交接刺弯曲呈 "L" 形，长 52–57μm 或 1.0–1.2 倍泄殖孔相应体径，近端头状，远端渐尖。引带明显，长为交接刺的 47%–54%，具有 1 对小的引带突。尾锥柱状，长为泄殖孔相应体径的 3.8–4.1 倍，柱状部分占尾长的 1/4。具有 2 根尾端刚毛，长 13–21μm。3 个尾腺细胞成串排列。

　　雌体化感器明显小于雄体，只有 1 个向后伸展的卵巢，位于肠的左侧，充满卵细胞。雌孔横向缝状，开口于身体中后部的腹面。尾锥柱状，长为肛径的 3.6–3.9 倍，锥状部分占整个尾长的 1/3。具有 2 根尾端刚毛，长 19–22μm。

　　分布于潮间带泥沙质沉积物中。

9.5.4.11　蹄状吞咽线虫 *Daptonema ungula* Liu & Guo sp. nov.（图 9.45）

　　身体柱状，两端渐尖。体长 1.5–1.8mm，最大体宽 89–151μm。表皮具有环纹，间距 3μm。体刚毛短，分布于整个身体表面。头部钝，头感器排列成 2 圈，6 个内唇感器

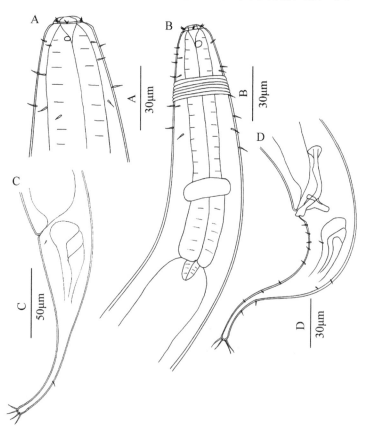

图 9.45　蹄状吞咽线虫 *Daptonema ungula* sp. nov.
A. 雌体头端；B. 雄体咽区；C. 雌体尾部；D. 雄体尾部

乳突状，6 根外唇刚毛（4μm）和 6 根头刚毛（3μm）排列成 1 圈。化感器圆形，直径 7–8μm，前缘距头端 16–25μm。口腔锥状，深 17–39μm，宽 7–26μm，无齿。咽柱状，基部略微膨大，但未形成咽球。贲门锥状。神经环距头端为 43%–69% 咽长处。

雄体生殖系统具有双精巢，相对排列且直伸，都位于肠的左侧。交接刺"L"形，长 81–115μm，近端头状，远端叉状，中部轻微锯齿状。引带长 16–25μm，具有引带突。尾锥柱状，长为肛径的 2.5–3.5 倍，具有 4 根尾端刚毛。3 个尾腺细胞成串排列。

雌体生殖系统具有单卵巢，向前直伸，位于肠的左侧。雌孔横向缝状，位于身体中部靠后，距头端距离为体长的 58%–62%。

分布于厦门砂质潮间带。

9.5.5　埃氏线虫属 *Elzalia* Gerlach，1957

体长 0.5–1.0mm。表皮具有环纹。化感器圆形。口腔圆柱状，壁角质化加厚。交接刺伸长。尾锥柱状，具有尾端刚毛。

9.5.5.1　二歧埃氏线虫 *Elzalia bifurcata* Sun & Huang，2017（图 9.46）

身体纤细，较小。雄体体长 651–679μm，最大体宽 23–26μm。角皮具有非常细的横纹，无体刚毛。头径 8–9μm。内唇感器不明显；外唇感器刚毛状，长 7μm；头刚毛长 6μm。6 根外唇刚毛和 4 根头刚毛排成 1 圈，着生于口腔前端。化感器圆形，直径 8μm，为相应体径的 80%，着生于口腔基部。口腔较大，圆柱状，深 12–13μm，宽 5μm，口腔壁角质化。咽圆柱状，向基部逐渐变粗，不形成咽球，长 138–145μm，占体长的 21%，贲门圆锥状，被肠组织包围。尾锥柱状，长 92–106μm，为泄殖孔相应体径的 4.6–4.9 倍，锥状部分占尾长的 2/3，柱状部分占 1/3，末端稍膨大，具有 3 根 6μm 长的尾端刚毛。3 个尾腺细胞共同开口于尾的末端。

交接刺细长，向腹面弯曲呈弓形，近端膨大呈头状，远端分叉呈"Y"形，长 94–105μm，为泄殖孔相应体径的 4.8–5.3 倍。引带结构简单，呈管状，包绕着交接刺，无引带突。无肛前辅器。

雌体形态类似于雄体。生殖系统只有 1 个前置伸展的卵巢，长 140μm，位于肠的左侧。雌孔开口于身体中部腹面，距头端距离为体长的 48%–51%。

分布于陆架泥质沉积物中。

9.5.5.2　革兰氏埃氏线虫 *Elzalia gerlachi* Zhang & Zhang，2006（图 9.47）

身体细柱形。雄体体长 1460–1740μm，最大体宽 60–70μm。角皮具有明显的横纹，体刚毛短而分散。头径 12–14μm。内唇感器乳突状，外唇感器刚毛状，与 4 根头刚毛排成 1 圈，着生于口腔前部头环处，均长 6μm。化感器圆形，较大，直径 12μm，为相应体径的 80%，着生于头刚毛之下，前缘距头端 5.5–6.0μm。神经环位于咽的中间位置，约占咽长的 50%。排泄孔位于神经环之下，距头端 140–150μm。口腔较大，圆柱形，深 14–15μm，宽 6–7μm，口腔壁强烈角质化。咽圆柱状，占体长的 16%，基部膨大，不

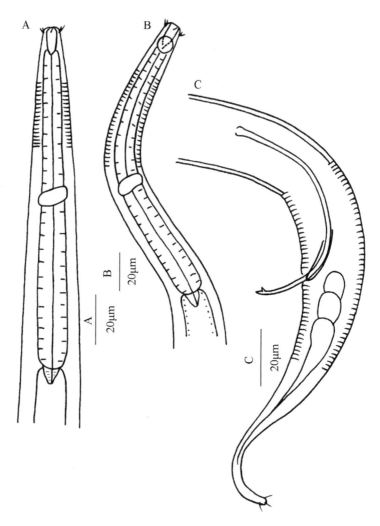

图 9.46 二歧埃氏线虫 *Elzalia bifurcata*

A. 雄体咽部；B. 雌体咽部；C. 雄体后部

形成咽球。贲门发达，圆锥状，被肠组织包围。尾锥柱状，长 180–200μm，为泄殖孔相应体径的 4.3–4.8 倍，锥状部分较长，占尾长的 3/4，具有多对 6–13μm 长的亚腹刚毛，柱状部分占 1/4，末端稍膨大，具有 3 根长的尾端刚毛，长 20μm。3 个尾腺细胞共同开口于尾的末端。

雄体生殖系统具有单个伸展的精巢，位于肠的左侧。交接刺细长，略向腹面弯曲，长 135–160μm，为泄殖孔相应体径的 3.3–3.9 倍。引带结构非常复杂，可分成四部分：第一部分位于腹面，包围着交接刺远端，具有 1 个腹面突出物和 2 个背面突出物，前端倒钩状；第二部分板片状，沿着交接刺向前伸展，长达 35–40μm，具有导轨的作用；第三部分是 2 个细的背侧引带突，长 8–10μm；第四部分是后端 1 对叶状附属物，具有 3 个三角形的末端。无肛前辅器。

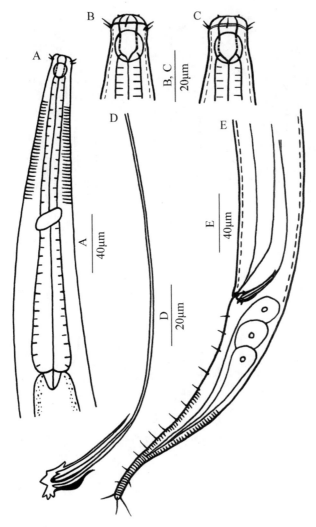

图 9.47　革兰氏埃氏线虫 *Elzalia gerlachi*（Zhang and Zhang 2006）

A. 雄体咽部；B. 雄体头端；C. 雌体头端；D. 交接刺和引带；E. 雄体尾部

　　雌体比雄体稍大。头刚毛较短，为 5–5.5μm，尾无亚腹刚毛。生殖系统只有 1 个前置伸展的卵巢，位于肠的左侧。雌孔开口于身体中部腹面，距头端距离为体长的 50%–53%。

　　分布于陆架泥质沉积物中。

9.5.5.3　细纹埃氏线虫 *Elzalia striatitenuis* Zhang & Zhang，2006（图 9.48）

　　身体细柱形，较小。雄体体长 560–660μm，最大体宽 19–22μm。角皮具有细横纹，体刚毛短而分散。头径 8.0–8.5μm。内唇感器不明显，外唇感器刚毛状，较短，与 4 根头刚毛排成 1 圈，着生于口腔前部头环处，均长 2.5μm。化感器不明显。神经环位于咽的中间位置，占咽长的 41%–52%。排泄孔位于咽的中后部，距头端为咽长的 52%–57%。口腔圆柱形，壁角质化加厚，深 9–10μm，宽 4.5–5.0μm。咽圆柱状，占体长的 20%，

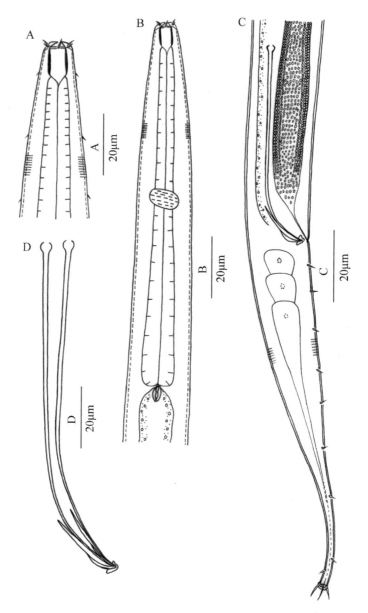

图 9.48　细纹埃氏线虫 *Elzalia striatitenuis*（Zhang and Zhang，2006）
A. 雄体头端；B. 雌体咽部；C. 雄体尾部；D. 交接刺和引带

基部膨大，不形成咽球。贲门圆锥状，被肠组织包围。尾锥柱状，长 80–100μm，为泄殖孔相应体径的 4.7–5.6 倍，锥状部分占尾长的 2/3，具有多对短的亚腹刚毛，柱状部分占 1/3，末端稍膨大，具有 3 根 6μm 长的尾端刚毛。3 个尾腺细胞共同开口于尾的末端。

　　雄体生殖系统具有单个伸展的精巢，位于肠的左侧。交接刺细长，略向腹面弯曲，近端膨大呈头状，远端渐尖，交接刺长 65–85μm，为泄殖孔相应体径的 4.1–4.7 倍。引带结构相对简单，由两部分组成：第一部分板片状，沿着交接刺向前伸展，长 16–20μm；第二部分呈管状，包围着交接刺远端。无肛前辅器。

雌体形态类似于雄体，尾无亚腹刚毛。生殖系统只有 1 个前置伸展的卵巢，位于肠的左侧。雌孔开口于身体后部腹面，距头端距离为体长的 57%–60%。

分布于陆架泥质沉积物中。

9.5.6　线荚线虫属 *Linhystera* Juario，1974

角皮具有细环纹，外唇刚毛和头刚毛等长，排列成 1 圈。化感器圆形，位置多偏下。口腔小，缝状。尾锥柱状，具有 3 根尾端刚毛。

9.5.6.1　短突线荚线虫 *Linhystera breviapophysis* Yu，Huang & Xu，2014（图 9.49）

雄体圆柱状，头端尖细，尾端细长。体长 723–787μm，最大体宽 13μm，头径 5μm。角皮具有浅环纹，身体中部的环纹宽约 1μm。体刚毛长 4μm，主要分布在颈部区域。

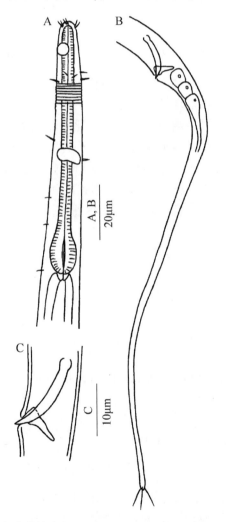

图 9.49　短突线荚线虫 *Linhystera breviapophysis*（Yu et al.，2014）
A. 雄体咽部；B. 雄体尾部；C. 交接刺和引带

在颈的前 1/4 处分布着 1 圈 7 或 8 根颈刚毛，4–6 根分散在其他部位。内唇感器不明显，外唇感器刚毛状，与头刚毛近等长，并排列在同 1 圈上，长 3–4μm。化感器圆形，直径 3–4μm，为相应体径的 53%–59%，前缘距头端 1.1 倍头径。神经环位于咽的中部，距头端 38–43μm。口腔很小，缝隙状。咽圆柱形，基部膨大，占体长的 10%。贲门三角形。尾细长，锥柱状，后端丝状，长 150–156μm，为泄殖孔相应体径的 14–15.6 倍。丝状部分占尾长的 71.4%，具有短的尾刚毛，末端稍膨大，具有 3 根 9μm 长的尾端刚毛。3 个尾腺细胞成串排列。

雄体生殖系统具有 1 个伸展的精巢，位于肠的左侧。交接刺长 17–18μm，为泄殖孔相应体径的 1.7 倍，近端头状，远端渐尖。引带管状，背侧具有 1 个短的尾状突，长约 3μm。无肛前辅器。

雌体类似于雄体，但略小一些。体长 633–707μm。生殖系统具有 1 个前置伸展的卵巢，位于肠的左侧，长约 146μm。雌孔位于身体中后部，距头端距离为体长的 51.4%–56%。

分布于陆架泥质沉积物中。

9.5.6.2 长突线荚线虫 *Linhystera longiapophysis* Yu，Huang & Xu，2014（图 9.50）

雄体圆柱状，头端尖细，尾端细长。体长 1232μm，最大体宽 23μm，头径 7μm。角皮具有宽环纹，身体中部的环纹宽约 2μm。内唇感器不明显，外唇感器刚毛状，与头刚毛近等长，并排列在同 1 圈上，长 6μm。化感器椭圆形，位置偏下，长 9μm，宽 5μm，为相应体径的 44%，前缘距头端为 3 倍头径。神经环位于咽的中部，距头端 67μm。口腔很小，缝隙状。咽圆柱形，基部膨大，形成咽球，长为体长的 10%。贲门三角形。尾细长，锥柱状，后端丝状，长 276μm，为泄殖孔相应体径的 18.4 倍。后部丝状部分占尾长的 3/4，无尾刚毛，末端稍膨大，具有 3 根极短的尾端刚毛。3 个尾腺细胞成串排列。

雄体生殖系统具有 1 个伸展的精巢，位于肠的左侧。交接刺长 24μm，为泄殖孔相应体径的 1.6 倍，向腹面弯曲呈弧形，近端小头状，远端渐尖。引带背侧具有 1 个长的尾状突，长约 10μm，并垂直于交接刺。无肛前辅器。

雌体未被发现。

分布于陆架泥沙质沉积物中。

9.5.7 后带咽线虫属 *Metadesmolaimus* Stekhoven，1935

表皮呈褐色，具有环纹。内唇感器刚毛状，外唇刚毛和头刚毛排列成 1 圈，化感器圆形。口腔向前延伸，呈柱状，具有口环。

9.5.7.1 张氏后带咽线虫 *Metadesmolaimus zhangi* Guo，Chen & Liu，2016（图 9.51）

表皮呈黄褐色。体长 930–981μm，最大体径 31–38μm。表皮具有粗的横向环纹。头部与身体连接处略微收缩。唇部突出，6 根内唇刚毛 3–4μm 长，6 根外唇刚毛长 14–17μm，与 4 根头刚毛（12–13μm）排列为 1 圈。口腔呈漏斗状，前部伸长，呈柱状，长 15–17μm，

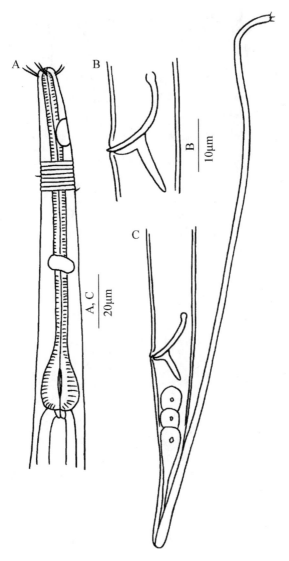

图 9.50　长突线荚线虫 *Linhystera longiapophysis*（Yu et al.，2014）
A. 雄体咽部；B. 交接刺和引带；C. 雄体尾部

宽 11-12μm。体刚毛主要位于咽部，长 4-52μm。其余的体刚毛短而稀疏，长 5-11μm。化感器圆形或椭圆形，宽为 30%-40%相应体径，距头端 14-16μm，具有 2 对侧刚毛，长 3-4μm，位于化感器前缘。咽柱状。神经环距头端 80μm。尾锥柱状，长为肛径的 4.3-5.3 倍，尾部具有短刚毛，尾端刚毛长 12-17μm。

雄体生殖系统具有双精巢，相对排列，全部位于肠的左侧。交接刺"L"形，长为肛径的 1.0-1.4 倍，近端膨大，远端尖锐。引带具有 2 个窄小的侧片。无引带突。

雌体口腔略大于雄体，化感器小且靠后，宽为 21%-25%倍相应体径，距头端 17-18μm。尾较长，尾端刚毛短。生殖系统具有单卵巢，直伸，位于肠的左侧。雌孔位于身体中后部。

分布于福建省漳州市东山岛砂质潮间带。

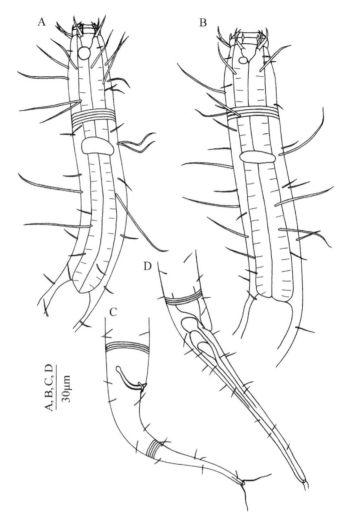

图 9.51　张氏后带咽线虫 *Metadesmolaimus zhangi*
A. 雄体咽部；B. 雌体咽部；C. 雄体尾部；D. 雌体尾部

9.5.8　拟格莱线虫属 *Paragnomoxyala* Jiang & Huang，2015

身体细长，角皮具有环纹。唇感器不明显，具有 4 根头刚毛。化感器圆形。口腔大，向前延伸，漏斗状。尾锥柱状，具有 3 根尾端刚毛。交接刺较直，无引带。雌体具有单子宫。

9.5.8.1　短毛拟格莱线虫 *Paragnomoxyala breviseta* Jiang & Huang，2015（图 9.52）

身体细长，向两端渐细。雄体体长 902–1100μm，最大体宽 38–53μm，头径 11–14μm。角皮具有清晰环纹，尾部环纹更明显。口唇突出，内唇感器和外唇感器不明显，头部只有 4 根头刚毛，长 3–4μm。化感器圆形，直径 7–9μm，为相应体径的 50%，着生于口腔基部。神经环位于咽的中前部，距头端为咽长的 45%–46%。口腔宽大，圆柱状，深 18–24μm，中部宽 9–11μm，壁角质化加厚，前端向外突出，无齿。咽圆柱状，基部稍微加粗，不形成咽球，长为体长的 23%。贲门圆锥状，长 7–12μm。尾锥柱状，长 128–152μm，为泄殖孔相应体径的 5.5–6.3 倍，锥状部分占尾长的 2/3，柱状部分占 1/3，末端稍膨大，具有 3 根尾端刚毛。3 个尾腺细胞在尾端具有 1 个突出开口。

交接刺细长，棒状，直伸，两端圆钝，稍向腹面弯曲，长 25–30μm，为泄殖孔相应体径的 1.1–1.2 倍。无引带。无肛前辅器。

雌体生殖系统只有 1 个前置伸展的卵巢，位于肠的左侧。具有退化的后子宫，内含圆形精子。雌孔开口于身体中后部腹面，距头端距离为体长的 66%–69%。

分布于陆架泥沙质沉积物中。

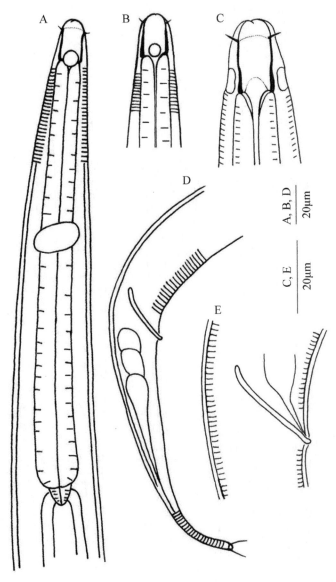

图 9.52　短毛拟格莱线虫 Paragnomoxyala breviseta
A. 雄体咽部；B. 雌体头端；C. 雄体头端；D. 雄体尾部；E. 雄体泄殖腔区，示交接刺

9.5.8.2 大口拟格莱线虫 *Paragnomoxyala macrostoma* Sun & Huang，2017（图 9.53）

身体细柱状。雄体体长 1045–1183μm，最大体宽 43–53μm，头径 17–19μm。角皮具有宽环纹，环纹之间宽约 2μm，通体散布短的体刚毛。口唇突出，内唇感器不明显，外唇感器乳突状。4 根头刚毛短，长 3–4μm。化感器圆形，直径 8μm，为相应体径的 36%，着生于口腔基部。神经环位于咽的中前部，距头端为咽长的 45%–46%。口腔宽大，漏斗状，深 16μm，中部宽 12–15μm，前端向外突出，无齿。咽圆柱状，基部不膨大，长为体长的 24%。贲门圆锥状，长 11μm。尾锥柱状，长 149–176μm，为泄殖孔相应体

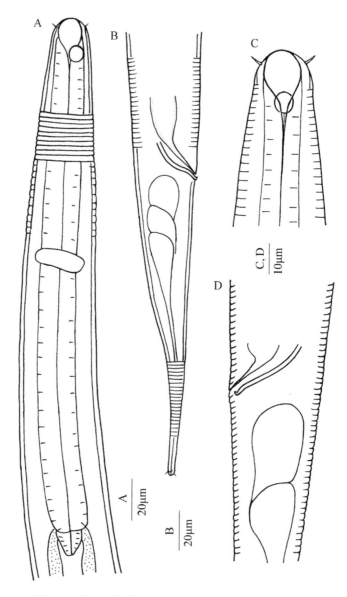

图 9.53 大口拟格莱线虫 *Paragnomoxyala macrostoma*

A. 雌体咽部；B. 雄体尾部；C. 雄体头端；D. 雄体泄殖腔区，示交接刺

径的 5.0–5.5 倍，柱状部分短，约占尾长的 1/4，末端稍膨大，具有 3 根短的尾端刚毛。3 个尾腺细胞在尾端具有 1 个突出开口。

交接刺细长，棒状，直伸，稍向腹面弯曲，远端钩状，长 26–30μm，为泄殖孔相应体径的 90%–100%。无引带。无肛前辅器。

雌体略大。生殖系统只有 1 个前置伸展的卵巢，向前延伸至咽部，位于肠的左侧。雌孔开口于身体中后部腹面，距头端为体长的 67%–69%。

广泛分布于潮间带和陆架砂质沉积物中。

9.5.9　拟单宫线虫属 *Paramonohystera* Steiner，1916

表皮具有环纹，内唇感器乳突状，外唇刚毛和头刚毛排列成 1 圈。化感器圆形或椭圆形。口腔锥状。尾锥柱状，具有尾端刚毛。交接刺细长，引带管状，无引带突。

9.5.9.1　宽头拟单宫线虫 *Paramonohystera eurycephalus* Huang & Wu，2010（图 9.54）

身体圆柱状。雄体体长 1695–1780μm，最大体宽 60–70μm，头径 31–33μm。角皮具有细环纹，通体散布短的体刚毛，特别在颈部较密集且长，有的长达 28μm。口唇突出，头感器排列成 6+10 的模式，内唇感器乳突状，外唇感器刚毛状，长 13μm，4 根头刚毛长 11μm，与 6 根外唇刚毛排列成 1 圈，着生于口腔中部口环处。化感器圆形，直径 18–20μm，为相应体径的 50%，着生于口腔基部。神经环位于咽的中前部，距离头端为咽长的 31%–34%。口腔宽大，前端向外突出，呈半球形；后端圆锥形，被咽组织包围，无齿。咽圆柱状，基部不膨大，长为体长的 22%。贲门圆锥状，被肠组织包围。尾锥柱状，较长，长 260–263μm，为泄殖孔相应体径的 4.9–5.7 倍，锥状部分逐渐过渡为柱状部分，各占 1/2，末端稍膨大，具有 3 根长的尾端刚毛，长 30–36μm。3 个尾腺细胞在尾端具有 1 个突起的开口。

雄体生殖系统具有 2 个反向排列的伸展的精巢。交接刺伸长，基部向腹面弯曲，近端头状，远端圆钝，长 157–168μm，为泄殖孔相应体径的 3.1–3.2 倍。引带管状，远端具有 1 个钩状结构。具有 5 或 6 个微小的肛前辅器。

雌体化感器偏小，直径 13–15μm，为相应体径的 34%。生殖系统只有 1 个前置伸展的卵巢，向前延伸至肠的前部，顶端弯折，位于肠的左侧。子宫内含椭圆形的卵和受精囊。雌孔开口于身体中部腹面，距头端距离为体长的 51%–54%。

分布于陆架泥沙质沉积物中。

9.5.9.2　中华拟单宫线虫 *Paramonohystera sinica* Yu & Xu，2014（图 9.55）

身体圆柱状，两端渐尖。雄体体长 933–1023μm，最大体宽 29–34μm，头径 13–16μm。角皮具有粗环纹，宽 2–3μm。通体散布体刚毛，特别在颈部较密集且长达 14μm。口腔分为两部分，前室半球状，后室锥状。内唇感器乳突状，外唇感器刚毛状，长 5–7μm，4 根头刚毛长约 9μm，与 6 根外唇刚毛排列成 1 圈，着生于口腔中部口环处。化感器圆形，直径 6–7μm，为相应体径的 33%–46%，着生于口腔基部。咽圆柱状，基部略微膨大，不形成咽球，长为体长的 16%。贲门圆锥状，被肠组织包围。神经环位于咽的中前部，距头端 75–89μm。尾锥柱状，较长，长 114–130μm，为泄殖孔相应体径的 5.7–6.6倍，锥状部分占 2/3，末端稍膨大，具有 3 根长的尾端刚毛，长 7μm。3 个尾腺细胞在尾端具有 1 个突起的开口。

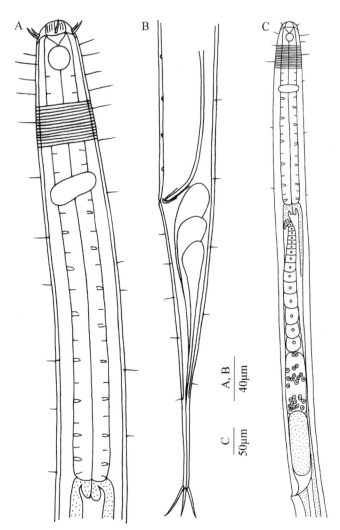

图 9.54 宽头拟单宫线虫 *Paramonohystera eurycephalus*
A. 雄体咽区；B. 雄体尾部；C. 雌体前半部分，示生殖系统

雄体生殖系统具有 2 个反向排列的伸展的精巢，前精巢位于肠的左侧，后精巢位于肠的右侧。交接刺伸长，长 79–88μm，为泄殖孔相应体径的 4.0–4.4 倍。引带复杂，远端具有 1 个钩状结构。具有 5 或 6 个微小的肛前辅器。

雌体生殖系统只有 1 个前置伸展的卵巢，后 3/4 位于肠的左侧，其余部分位于肠的右侧。子宫内含椭圆形长达 97μm 的卵和直径 2μm 的精子细胞。雌孔开口于身体后 1/3 处。

分布于陆架泥沙质沉积物中。

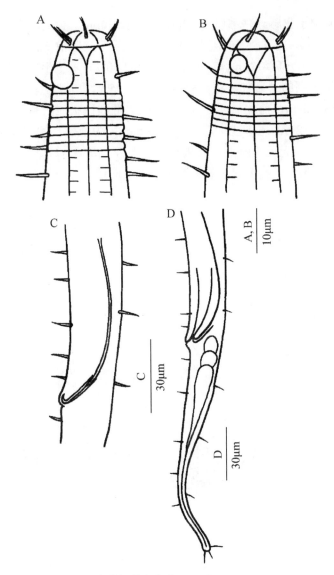

图 9.55 中华拟单宫线虫 *Paramonohystera sinica*

A. 雄体头端；B. 雌体头端；C. 交接刺和引带；D. 雄体尾部

9.5.10 假双单宫线虫属 *Paramphimonhystrella* Huang & Zhang，2006

体长 0.7–1.9mm，表皮光滑。头部渐尖。口腔较深，锥状或锥柱状，壁厚，无齿。头感器呈 6+10 模式排列，具有颈刚毛。化感器椭圆形。交接刺细长，无引带。无辅器。雌体单卵巢。具有 3 个尾腺细胞，其中近端 1 或 2 个明显较大。

9.5.10.1 丽体假双单宫线虫 *Paramphimonhystrella elegans* Huang & Zhang，2006（图 9.56）

身体细长。雄体体长 1778–1916μm，最大体宽 33–34μm，头径 6.5–7.0μm。角皮光滑，无装饰。除颈部外无体刚毛。颈部具有 2 圈长的颈刚毛，第 1 圈位于化感器基部，长 7μm；第 2 圈位于化感器基部以下 14μm 处，长 10μm。头尖，突出。内唇感器不明显；外唇感器刚毛状，与 4 根头刚毛排成 1 圈，着生于口腔前部口环处，长 4–5μm。化感器倒卵圆形，上下长 11–12μm，宽为相应体径的 50%，着生于口腔基部，前缘距头端14μm。神经环位于咽的中后部，距头端为咽长的 55%。口腔较大，圆锥状，纵向伸长并角质化，深 13–16μm，前端口环处宽 3.5–5μm。咽圆柱状，向基部逐渐变粗，不形成咽球，长为体长的 12%。尾锥柱状，长 280–298μm，为泄殖孔相应体径的 9–11 倍，锥状部分占尾长的 2/3，无亚腹刚毛，柱状部分占 1/3，末端稍膨大，具有 3 根长达 20μm的尾端刚毛。具有 3 个尾腺细胞，其中近端 2 个大而透明。

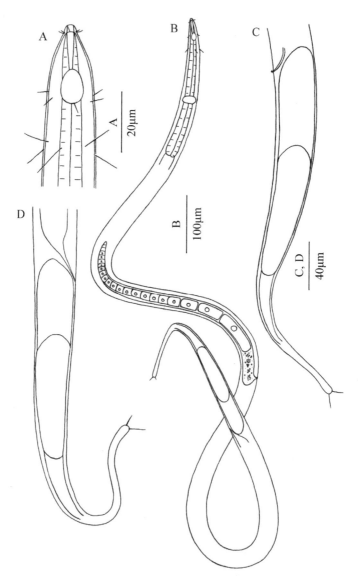

图 9.56　丽体假双单宫线虫 Paramphimonhystrella elegans
A. 雄体头端；B. 雌体；C. 雄体尾部；D. 雌体尾部

交接刺等长，向腹面稍弯曲，远端钩状，长 24–26μm，为泄殖孔相应体径的 0.96 倍。无引带。无肛前辅器。

雌体生殖系统只有 1 个前置伸展的卵巢，长 430μm，位于肠的左侧。雌孔开口于身体中部腹面，距头端距离为体长的 49%–55%。具有受精囊。

分布于陆架泥质沉积物中。

9.5.10.2　宽口假双单宫线虫 *Paramphimonhystrella eurystoma* Shi，Yu & Xu，2017（图 9.57）

身体细长，体长 1167–1208μm，两端渐细。角皮具有环纹。咽基部之下具有 1 圈 13–15 根 11–19μm 长的刚毛。体刚毛稀疏，无规则分布在身体表面，长 3–10μm。口腔锥柱状，

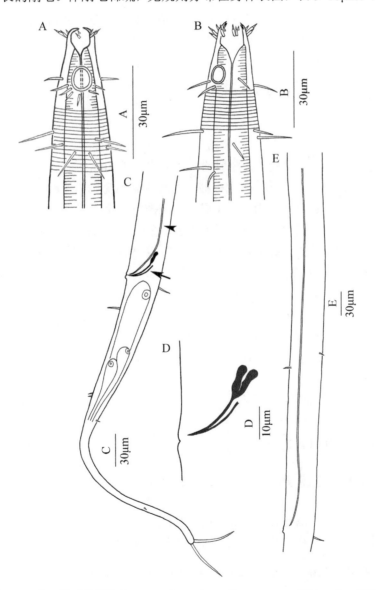

图 9.57　宽口假双单宫线虫 *Paramphimonhystrella eurystoma*（Shi et al.，2017）
A. 雄体头端；B. 雌体头端；C. 雄体尾部；D. 引带；E. 交接刺

角质化，无齿，深 14–20μm，宽 9–10μm。6 根内唇刚毛长 3–4μm，6 根外唇刚毛长 7–8μm，和 4 根 4–5μm 长的头刚毛排成 1 圈。化感器椭圆形。颈刚毛有 2 圈，第 1 圈位于化感器之下，长 8–11μm，第 2 圈位于距头端 1.5 倍体径处，长 12–18μm。咽柱状，基部略膨大。贲门小，心形。神经环位于咽中部。尾锥柱状，长为肛径的 9.0–10.3 倍。锥状和柱状部分各占尾长的一半。3 个尾腺细胞排列于尾部，其中 1 个明显大于其他 2 个。两根长而粗壮的尾端刚毛长 23–31μm。

雄体生殖系统具有双精巢，相对且直伸，全部位于肠的左侧。交接刺细长，为 64–71μm，相当于肛径的 2.4–2.8 倍，向腹面稍弯曲。引带短，角质化，长 25–28μm，约为 1 倍肛径，近端具有骨突。

雌体生殖系统只有 1 个前置伸展的卵巢，位于肠的左侧。储精囊较长，充满精子细胞。雌孔开口于身体中部，1 个棒状的角质化结构紧邻雌孔之后。

分布于陆架泥质沉积物中。

9.5.10.3 中华假双单宫线虫 *Paramphimonhystrella sinica* Huang & Zhang, 2006（图 9.58）

身体细长柱状，头端骤尖，尾端渐尖。体长 1012–1114μm，最大体径 30–32μm，头径 9–10μm。角皮光滑，无装饰。除颈部外无体刚毛。颈部具有 2 圈长的颈刚毛，每圈由 10 根刚毛组成。第 1 圈位于化感器的中部位置，长 8μm；第二圈位于化感器基部下 19μm 处，长 19μm。头部伸出，顶端平截。内唇感器不明显；外唇感器刚毛状，与头刚毛等长，长 5–8μm。6 根外唇刚毛和 4 根头刚毛排成 1 圈，着生于口腔前端。化感器圆形，边缘角质化加厚，直径 8–12μm，为相应体径的 56%–63%，着生于口腔基部，前缘距头端 16μm。神经环位于咽的中前部，距头端 86–95μm。口腔较宽大，圆锥状，纵向伸长并角质化，深 16–22μm，中部口环处宽 8–9μm。咽圆柱状，基部不加粗。长 180–182μm，占体长的 18%。尾锥柱状，长 220–222μm，为泄殖孔相应体径的 8–10 倍，锥状部分占尾长的 1/3，柱状部分占 2/3，末端稍膨大，具有 3 根长约 16μm 的尾端刚毛。具有 3 个尾腺细胞，其中最近端 1 个大而明显。

交接刺略向腹面弯曲，远端圆钝，长 26–34μm，为泄殖孔相应体径的 1.0–1.2 倍。无引带。无肛前辅器。

雌体生殖系统只有 1 个前置伸展的卵巢，位于肠的左侧。雌孔开口于身体中部腹面，距头端距离为体长的 48%–53%。

分布于陆架泥质沉积物中。

9.5.11 假埃氏线虫属 *Pseudelzalia* Yu & Xu，2015

表皮具有环纹。内唇感器乳突状，6 根外唇刚毛与 4 根头刚毛排列成 1 圈。化感器圆形。口腔圆柱状。交接刺细长，大于 2 倍泄殖孔相应体径。尾锥柱状，无尾端刚毛。

9.5.11.1 长毛假埃氏线虫 *Pseudelzalia longiseta* Yu & Xu, 2015（图 9.59）

身体柱状，两端渐尖，体长 733–853μm，最大体宽 13–17μm，头径 7–9μm。表皮具

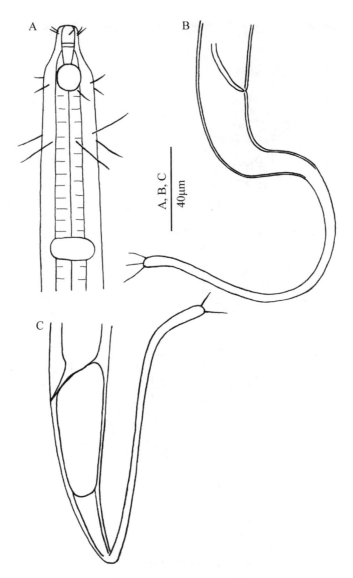

图 9.58　中华假双单宫线虫 *Paramphimonhystrella sinica*
A. 雄体前端；B. 雄体尾部；C. 雌体尾部

有环纹，体刚毛较粗。口腔圆柱状，口腔壁角质化，深 6.3μm，宽 3.8μm。6 个内唇乳突、6 根外唇刚毛与 4 根头刚毛排成 1 圈，长 3–4μm。化感器圆形，直径 5–6μm，为相应体径的 52%–60%，前缘距头端 8–13μm。咽柱状，长为体长的 15%–17%。贲门小，半圆形，未嵌入肠组织中。神经环位于咽中部，距头端 56–68μm。尾锥柱状，长 103–121μm，为肛径的 7.7–9.7 倍，无尾端刚毛，柱状部分占整个尾长的 1/3。具有 3 个尾腺细胞。喷丝头较长，锥状。

　　雄体生殖系统具有单精巢，向前直伸，位于肠的右侧。交接刺弯曲成对，长为 2.1–2.7 倍肛径。引带由四部分组成：腹侧部分细，长 11μm，背侧长的部分 18μm，较短的部分 14μm，腹面主体部分具有许多齿状突起。

雌体具有较小的身体和化感器。生殖系统具有 1 个向前直伸的卵巢，位于肠的左侧。雌孔位于身体后端约 2/5 处。

分布于陆架泥沙质沉积物中。

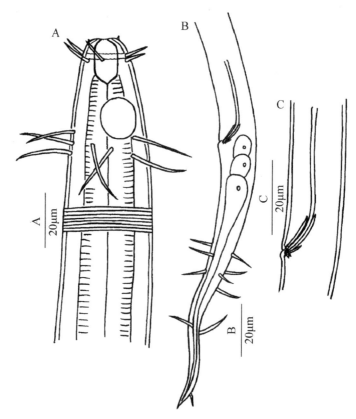

图 9.59 长毛假埃氏线虫 *Pseudelzalia longiseta*（Yu and Xu，2015）
A. 雄体前端；B. 雄体尾部；C. 交接刺和引带

9.5.12 假颈毛线虫属 *Pseudosteineria* Wieser，1956

体长 1–2mm。表皮具有环纹。化感器圆形。口腔圆锥状。头部具有 8 组长的亚头刚毛，着生于化感器，其他的颈刚毛或体刚毛较短。尾锥柱状，具有尾端刚毛。

9.5.12.1 中华假颈毛线虫 *Pseudosteineria sinica* Huang & Li，2010（图 9.60）

身体长梭状，向两端渐细。雄体体长 1250–1360μm，最大体宽 53–68μm，头径 18–20μm。角皮具有细环纹，通体散布短的体刚毛，特别在颈部和尾部较多。口唇突出，头感器排列成 6+10 的模式，内唇感器乳突状，外唇感器刚毛状，长约 9μm，4 根头刚毛长约 5μm，与 6 根外唇刚毛排列成 1 圈，着生于头的前端。紧邻头刚毛下面，着生 8 纵排亚头刚毛，每排 3 或 4 根，长度由前向后逐渐增加，达 16–53μm。化感器不显著。神经环位于咽的中前部，距头端为咽长的 40%。口腔圆锥状，前端向外突出，无齿。咽圆柱状，基部不膨大，长为总体长的 21%。贲门较小。尾锥柱状，长 162–198μm，为泄殖孔相应体径的 3.7–4.7 倍，具有大量长的尾刚毛。柱状部分占尾长的 1/4，末端稍膨大，具有 3 根长的尾端刚毛，长达 29μm。3 个尾腺细胞在尾端具有 1 个突起的开口。

雄体生殖系统具有 2 个精巢，前精巢伸展，位于肠的左侧，后精巢弯折，位于肠的右侧。2 条交接刺不等长，稍向腹面弯曲。左侧 1 条稍长，长 55–60μm，为泄殖孔相应体径的 1.4 倍。中间 1 个关节分成上下 2 段，近端头状，远端渐尖；右侧 1 条稍短，长 42–48μm，即 1–1.2 倍泄殖孔相应体径；中间无缢缩，近端头状，远端渐尖。引带向腹面弯曲，背部具有短的尾状突。无肛前辅器。

雌体生殖系统只有 1 个前置伸展的卵巢，位于肠的左侧。子宫内含有圆形的卵。雌孔开口于身体的后部，距头端距离为体长的 63%–65%。

分布于陆架泥沙质沉积物中。

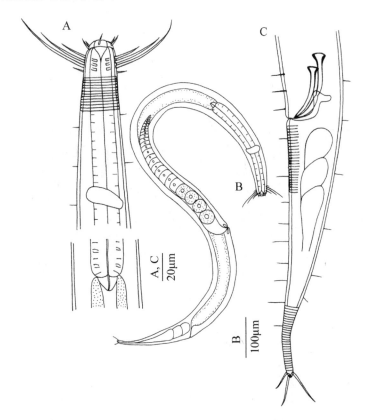

图 9.60　中华假颈毛线虫 *Pseudosteineria sinica*
A. 雄体咽区；B. 雌体；C. 雄体尾部

9.5.12.2　张氏假颈毛线虫 *Pseudosteineria zhangi* Huang & Li，2010（图 9.61）

身体柱状，向两端渐细。雄体体长 1360–1745μm，最大体宽 64–77μm，头径 23–25μm。角皮具有粗环纹，通体散布短的体刚毛，特别在颈部和尾部较多。口唇突出，头感器排列成 6+10 的模式，内唇感器乳突状，外唇感器刚毛状，长约 8μm，4 根头刚毛长约 5μm，与 6 根外唇刚毛排列成 1 圈，着生于头的前端。紧邻头刚毛下面，着生 8 纵排亚头刚毛，每排 3 根，长度由前向后逐渐增加，达 15–36μm。化感器圆形，直径 7.5–8.0μm，位于亚头刚毛着生处，距头端 18μm。神经环位于咽的中前部，距头端 128–138μm，占咽长的 37%。口腔长锥状，前端向外突出，无齿。咽圆柱状，基部不膨大，长为体长的 23%。贲门较小。尾锥柱状，长 215–242μm，为泄殖孔相应体径的 4.2–4.9 倍，锥状部分逐渐过渡为柱状部分，具有亚腹刚毛。柱状部分占尾长的 1/3，末端稍膨大，具有 3 根长的尾端刚毛，长达 22μm。3 个尾腺细胞在尾端具有 1 个突起的开口。

雄体生殖系统具有 2 个伸展的精巢，前精巢位于肠的左侧，后精巢位于肠的右侧。2 条交接刺等长，但异形。右侧 1 条细长，稍向腹面弯曲；左侧 1 条较粗，近端膨大呈头状，远端渐尖。交接刺长 55–58μm，为泄殖孔相应体径的 1.2 倍。引带桶状，背部具有短的尾状突。无肛前辅器。

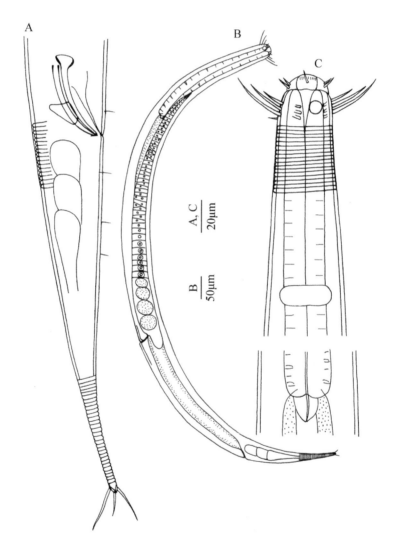

图 9.61　张氏假颈毛线虫 *Pseudosteineria zhangi*

A. 雄体尾部；B. 雌体；C. 雄体咽区

雌体生殖系统只有 1 个前置伸展的卵巢，向前伸展至咽部，位于肠的左侧。子宫内含有圆形的卵，具有退化的后子宫囊。雌孔开口于身体后部，距头端距离为体长的 60%–62%。

分布于陆架泥沙质沉积物中。

9.5.13 吻腔线虫属 *Rhynchonema* Cobb，1920

体长 0.4–1mm。表皮具有明显环纹。化感器位于身体变窄处之后。口腔狭长。咽的前 1/3 细窄。

9.5.13.1 厦门吻腔线虫 *Rhynchonema xiamenensis* Huang & Liu，2002（图 9.62）

身体细长，于咽的前部急剧变窄，体长 432–493μm。通体具有明显角质化的环纹。体环的边缘在身体的前半段向前突出，在身体的后半段向后突出。化感器圆形，位于咽

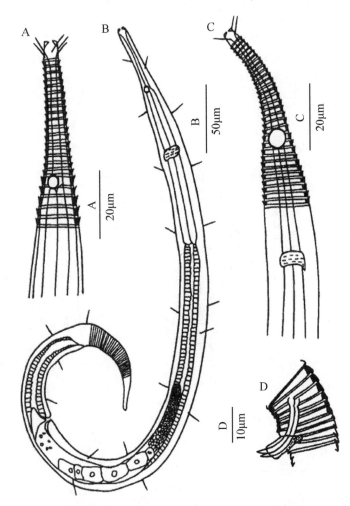

图 9.62 厦门吻腔线虫 *Rhynchonema xiamenensis*（Huang and Liu，2002）

A. 雌体头端；B. 雌体；C. 雄体头端；D. 交接刺与引带

收缩处的后方。化感器前缘距头端 39μm。口腔长漏斗状。咽的基部略微膨大，但不形成咽球。

雄体生殖系统具有双精巢，1 对对称的交接刺长约 19.2μm，近端头状，远端尖锐。引带略微弯曲，近端柄状。尾锥状，长为肛径的 3.7–4.6 倍。

雌体略大于雄体。卵巢直伸。雌孔处角质化加重，雌孔位于身体中前部，距头端距离为体长的 69.3%–73.3%。尾锥状，长为肛径的 3.9–4.3 倍。

分布于厦门砂质潮间带。

9.5.14 竿线虫属 *Scaptrella* Cobb，1917

体长 1–2mm。表皮具有环纹。化感器圆形。口腔圆柱状，具有 6 个外翻的具关节的齿状物。尾或长或短。

9.5.14.1 环带竿线虫 *Scaptrella cincta* Cobb，1917（图 9.63）

体长 1.7mm，最大体宽 41μm。具有长的头刚毛和非常长的丝状尾。表皮具有环纹，咽部环纹宽约 2μm，身体其他部位宽约 3μm。体刚毛发达，较细，每根长约 17μm。咽

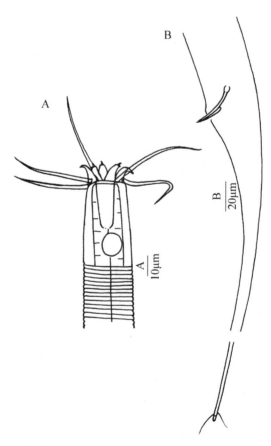

图 9.63　环带竿线虫 *Scaptrella cincta*（Wieser and Hopper，1967）

A. 雄体头端；B. 雄体尾部

长 220μm。头径 20μm。内唇刚毛长 6–7μm。6 根外唇刚毛和 6 根头刚毛排列成 1 圈，侧面的长 48μm，亚腹侧和亚背侧长 80μm。化感器圆形，内部呈螺旋状，雄体化感器直径 10μm，雌体直径 8μm。口腔圆柱状，深约 30μm。近端具有 6 个外翻的具关节的齿状物。尾锥柱状，长 360μm，锥状部分短，丝状部分长。尾部具有许多尾刚毛，具有 3 根尾端刚毛。

交接刺长 34μm，近端头状。引带细，紧贴交接刺。

分布于潮下带泥沙质沉积物中。

9.5.15 颈毛线虫属 *Steineria* Micoletzky，1922

体长 1–2mm。表皮具有环纹。头感器呈 6+10 的模式，6 根外唇刚毛长，4 根头刚毛较短。8 组亚头刚毛位于头刚毛处。化感器圆形。口腔圆锥状。

9.5.15.1 中华颈毛线虫 *Steineria sinica* Huang & Wu，2011（图 9.64）

身体圆柱状，向两端渐细。雄体体长 1174–1225μm，最大体宽 38–46μm，头径 17–18μm。角皮具有细环纹，通体散布短的体刚毛，特别在颈部和尾部较多。口唇突出，

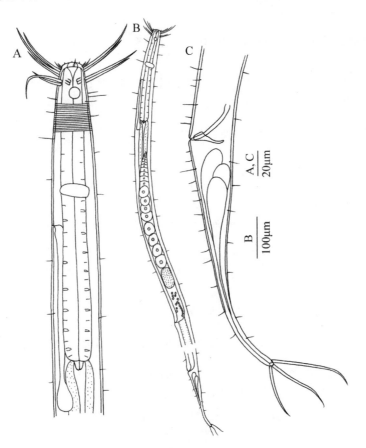

图 9.64 中华颈毛线虫 *Steineria sinica*

A. 雄体咽部；B. 雌体；C. 雄体尾部

头感器排列成 6+10 的模式，内唇感器乳突状，外唇感器刚毛状，长 7–9μm，4 根头刚毛长约 6μm，与 6 根外唇刚毛排列成 1 圈，着生于口腔中部口环处。紧邻头刚毛下面，着生 8 组长的亚头刚毛，每组 3 根，长达 48–55μm。亚头刚毛和化感器之间分布着 8 组长的颈刚毛，每组 2 根，长达 46μm。化感器圆形，直径 9μm，为相应体径的 35%，距头端约 1 个头径的距离。神经环位于咽的中前部，距头端 82–95μm。排泄细胞位于肠的前端，排泄孔位于神经环下面。口腔锥状，前端向外突出，无齿。咽圆柱状，基部不膨大，长为体长的 19%。贲门较大，圆锥形。尾锥柱状，长 169–178μm，为泄殖孔相应体径的 4.9–5.6 倍，锥状部分逐渐过渡为柱状部分，各占 1/2，末端稍膨大，具有 3 根长的尾端刚毛，长达 62μm。3 个尾腺细胞在尾端具有 1 个突起的开口。

雄体生殖系统具有 2 个反向排列的伸展的精巢。交接刺细，稍向腹面弯曲，近端头状，远端渐尖，长 39–43μm，为泄殖孔相应体径的 1.2 倍。引带管状，背部具有 1 个 16μm 长的尾状突。无肛前辅器。

雌体生殖系统只有 1 个前置伸展的卵巢，向前延伸至肠的前部，位于肠的左侧。子宫内含椭圆形的卵和受精囊，不具有退化的后子宫囊。雌孔开口于身体中后部，距头端距离为体长的 60%–61%。

分布于陆架泥沙质沉积物中。

9.5.16 棘刺线虫属 *Theristus* Bastian，1865

体长 1–3mm。表皮具有环纹。头端具有 10–14 根刚毛，排列成 6 组。口腔锥状。化感器圆形。尾锥状，无尾端刚毛。

9.5.16.1 锐利棘刺线虫 *Theristus acer* Bastian，1865（图 9.65）

体长 1.6–2.5mm，最大体宽 41–100μm。头刚毛 14 根，亚腹侧与亚背侧各 2 根，长 10–15μm，两侧面各 3 根。体刚毛短，分散。化感器距头端为头径的 0.9–1.2 倍，直径 7–8μm。尾锥状，长为肛径的 4.3–6.1 倍，无尾端刚毛。

交接刺长 49–54μm，弯曲呈 "L" 形，近端无头状突起。引带板状，具有引带突，引带突远端具有 2 个圆钝的齿状物。

雌体只有 1 个前置伸展的卵巢。雌孔位于身体中后部，距头端距离为体长的 65%–67%。

分布于潮间带与潮下带泥质沉积物中。

9.5.16.2 弗莱乌棘刺线虫 *Theristus flevensis* Stekhoven，1935（图 9.66）

身体细长，向两端渐细。雄体体长 1.1–1.2mm，最大体宽 39–45μm，头径 17–20μm。角皮具有粗环纹，宽约 1μm。通体具有体刚毛。内唇感器乳突状，外唇感器刚毛状，长 2.5μm，4 根头刚毛长约 5μm，与 6 根外唇刚毛排列成 1 圈，着生于口腔基部。化感器圆形，直径占相应体径的 27%–33%，距头端约 1 个头径的距离。口腔较大，长 5–9μm，宽 5–6μm。咽圆柱状，基部稍膨大，不形成咽球。神经环位于咽的中部。

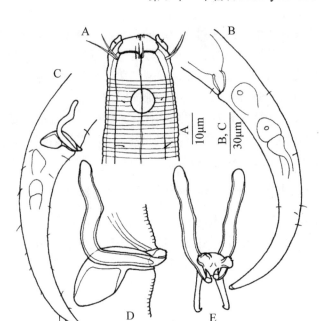

图 9.65 锐利棘刺线虫 *Theristus acer*（Warwick et al.，1998）
A. 雄体头端；B. 雌体尾部；C. 雄体尾部；D. 交接刺与引带侧面观；E. 交接刺与引带腹面观

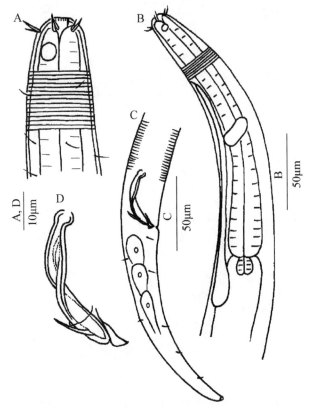

图 9.66 弗莱乌棘刺线虫 *Theristus flevensis*
A. 雄体头端；B. 雌体咽部；C. 雄体尾部；D. 交接刺与引带

雄体生殖系统具有 2 个反向排列的伸展的精巢，前精巢位于肠的左侧，后精巢位于肠的右侧。交接刺弯曲，长 39–46μm，形状较复杂，近端头状，中部扭曲，远端钝，具有脊状结构。引带长 8–9μm，近端弯曲，远端三角形，角质化加厚。尾锥状，向末端逐渐变尖，长为肛径的 4.9–5.9 倍。3 个尾腺细胞较大。

雌体尾较长，长为肛径的 6.7–7 倍。生殖系统只有 1 个前置伸展的卵巢，向前延伸至肠的前端，位于肠的左侧。雌孔开口于身体的中后部，距头端距离为体长的 70%–71%。

分布于福建红树林泥质沉积物中。

9.5.16.3 异刺棘刺线虫 *Theristus varispiculus* sp. nov.（图 9.67）

身体细长，向两端渐细。雄体体长 1040–1150μm，最大体宽 37–40μm，头径 17–20μm。角皮具有粗环纹，身体中部环纹宽 3μm，其余部分环纹宽 2.5μm。通体具有 6 纵列长的体刚毛，长达 20μm。内唇感器乳突状，外唇感器刚毛状，长 11μm，4 根头刚毛长约 7μm，与 6 根外唇刚毛排列成 1 圈，着生于口腔中下部位置。化感器不明显。神经环位于

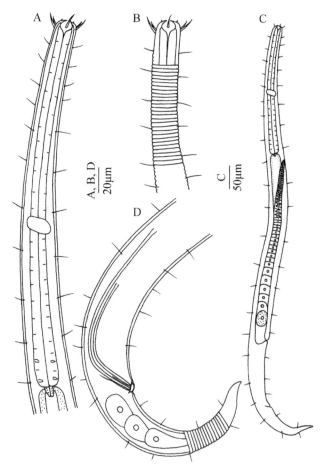

图 9.67 异刺棘刺线虫 *Theristus varispiculus* sp. nov.

A. 雄体咽部，示头刚毛、口腔、神经环和咽；B. 雄体头端；C. 雌体，示生殖系统；D. 雄体尾部，
示交接刺、引带和尾腺细胞

咽的中部，距头端 146–166μm。口腔较大，由两部分组成，前口腔半圆形，后口腔漏斗状，壁角质化加厚，无齿。咽圆柱状，基部稍膨大，不形成咽球，长 273–296μm，占体长的 25%。贲门圆锥形。尾锥状，向末端逐渐变尖，长 146–161μm，末端尖细，无尾端刚毛。3 个尾腺细胞较大。

雄体生殖系统具有 2 个反向排列的伸展的精巢。交接刺细长，向腹面弯曲，近端头状，远端渐尖。2 条交接刺不等长，左侧的 1 条较长，长 160–178μm；右侧的 1 条短，长 105–118μm。引带板状，远端膨大，角质化加厚，具有 2 对刺状结构，无尾状突。无肛前辅器。

雌体生殖系统只有 1 个前置伸展的卵巢，向前延伸至肠的前端，位于肠的左侧。子宫内含椭圆形的卵，不具有退化的后子宫囊。雌孔开口于身体的后部，距头端距离为体长的 68%–70%。

分布于潮间带砂质沉积物中。

9.5.16.4 中华棘刺线虫 *Theristus sinensis* sp. nov.（图 9.68）

身体细柱状。雄体体长 1705–1890μm，最大体宽 27–29μm，头径 20–22μm。角皮具有粗环纹，环纹宽约 2μm。无体刚毛。内唇感器刚毛状，长 3μm；外唇感器刚毛状，长 20μm，4 根头刚毛长约 11μm，与 6 根外唇刚毛排列成 1 圈，着生于口腔基部。化感器圆形，直径 7.5μm，为相应体径的 30%，位置偏下，前缘距头端 25μm。神经环

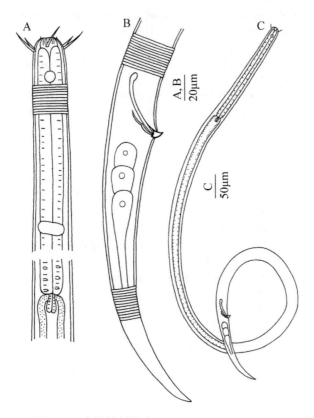

图 9.68 中华棘刺线虫 *Theristus sinensis* sp. nov.
A. 雄体头区，示口腔、化感器、神经环和咽；B. 雄体尾部，示交接刺、引带和尾腺细胞；C. 雄体

位于咽的中部，距头端118–142μm，占咽长的46%。口腔由两部分组成，前口腔半圆形，外突，具有角质化的纵肋，后口腔漏斗状，壁角质化加厚，无齿。咽圆柱状，基部稍膨大，不形成咽球，长257–300μm，占体长的16%。贲门长锥形。尾锥状，向末端逐渐变尖，长192–210μm，末端尖，无尾端刚毛。3个尾腺细胞明显。

雄体生殖系统具有2个反向排列的伸展的精巢。交接刺长51–52μm，为泄殖孔相应体径的1.8倍，稍向腹面弯曲，近端头状，远端圆钝。引带板状，远端三角形角质化加厚，近端呈双弯曲的尾状。无肛前辅器。

雌体未发现。

分布于潮间带砂质沉积物中。

主要参考文献

张艳, 张志南. 2010. 中国黄海与中国东海管咽线虫属(线虫动物门)一新种与一新纪录. 动物分类学报, 35(1): 16-19.

Aryuthaka C, Kito K. 2012. Two new species of the genus *Daptonema* Cobb, 1920 (Nematoda: Xyalidae) found in the monospecific *Halophila ovalis* patches within an intertidal mixed-species seagrass bed on the coast of the Andaman Sea, Thailand. Zootaxa, 3350: 34-46.

Fonseca G, Bezerra T N. 2014. Order Monhysterida // Schmidt-Rhaesa A. Handbook of Zoology. Berlin/Boston: Walter de Gruyter GmbH: 435-465.

Huang H L, Liu S F. 2002. One new species of free-living marine nematodes from southeastern beach of Xiamen Island. J Oceanogr Taiwan Strait, 21(2): 177-180.

Shi B Z, Yu T T, Xu K D. 2017. Two new species of *Paramphimonhystrella* (Nematoda, Monhysterida, Xyalidae) from the deep-sea sediments in the Western Pacific Ocean and adjacent shelf seafloor. Zootaxa, 4344(2): 308-320.

Tchesunov A V, Miljutin D M. 2006. Three new free-living nematode species (Monhysterida) from the Arctic abyss, with revision of the genus *Eleutherolaimus* Filipjev, 1922 (Linhomoeidae). Russian Journal of Nematology, 14(1): 57-75.

Tchesunov A V, Miljutina M A. 2005. Three new minute nematode species of the superfamily Monhysteroidea from Arctic Abyss. Zootaxa, 1051: 19-32.

Tchesunov A V, Mokievsky V O. 2005. A review of the genus *Amphimonhystera* Allgen, 1929 (Monhysterida: Xyalidae, Marine Freeliving Nematodes) with description of three new species. Zootaxa, 1052: 1-20.

Warwick R M, Platt H M, Somerfield P J. 1998. Free-living Marine Nematodes. Part Ⅲ: Monhysterids. Synopses of the British Fauna (New series) No. 53. Shrewsbury: Field Studies Council: 296.

Wieser W. 1956. Free-living marine nematodes Ⅲ. Axonolaimoidea and Monhysteroidea. Lunds Universitets Arsskrift (N.F.2), 52: 1-115.

Wieser W. 1959. Free-living Nematodes and Other Small Invertebrates of Puget Sound Beaches. Seattle: University of Washington Press: 179.

Wieser W, Hopper B. 1967. Marine nematodes of the east coast of North America, Ⅰ. Florida. Bulletin Museum of Comparative Zoology, 135(5): 239-344.

Yu T T, Huang Y, Xu K D. 2014. Two new species of the genus *Linhystera* (Xyalidae, Nematoda) from the East China Sea. Journal of the Marine Biological Association of the United Kingdom, 94(3): 515-520.

Yu T T, Xu K D. 2015. Two new nematodes, *Pseudelzalia longiseta* gen. nov., sp. nov. and *Paramonohystera sinica* sp. nov. (Monhysterida: Xyalidae), from sediment in the East China Sea. Journal of Natural History, 49(9-10): 509-526.

Zhang Y, Zhang Z N. 2006, Two new species of the genus *Elzalia* from the Yellow Sea, China. Journal of the Marine Biological Association of the United Kingdom, 86 : 1047-1056.

第 10 章　编形目 Plectida Gadea，1973

10.1　覆瓦线虫科 Ceramonematidae Cobb，1933

10.1.1　覆瓦线虫属 *Ceramonema* Cobb，1920

表皮具有 70–320 个环带和 8 列纵向的脊。外唇和头感器刚毛状，呈 2 圈排列。化感器长环状。口腔不明显。雌体具有双卵巢。

10.1.1.1　龙骨覆瓦线虫 *Ceramonema carinatum* Wieser，1959（图 10.1）

体长 0.86–1.2mm（*a*=43–46），体表具有鳞片状角皮，被 8 列纵向的脊分隔开，纵脊向前一直延伸至头部。颈部环纹宽 7.5μm。头部具有头鞘，长 36μm，宽 22μm。头感器呈 6+6+4 模式排列，外唇刚毛和头刚毛等长，每根 12–14μm 长。化感器纵向环状，长 17μm，宽 7.5μm，位于头部的中后部分，距近端 14μm。尾锥柱状，长为肛径的 7.5–8.5 倍，尾尖长 13μm。肛径 17–22μm。

交接刺长 24–33μm，两端渐细，中部膨大，远端 1/4 处具有 1 个小的刺状突起。引带长 16–22μm，板状，具有 1 个与交接刺相同的小尖头。

雌体生殖系统具有 2 个卵巢，雌孔位于身体中部。

分布于潮间带砂质沉积物中。

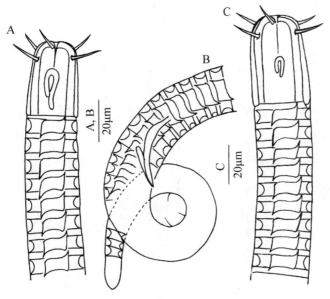

图 10.1　龙骨覆瓦线虫 *Ceramonema carinatum*
A. 雄体头端；B. 雄体尾部；C. 雌体头端

10.1.2 环饰线虫属 *Pselionema* Cobb，1933

表皮具有 70–350 个环带和 8 列纵向的脊。外唇感器乳突状，只有 4 根头刚毛。化感器长环状。无口腔。

10.1.2.1 迪斯环饰线虫 *Pselionema dissimile* Vitiello，1974（图 10.2）

身体近似圆柱形，约由 160 个环带组成，体长 750–1045μm，角皮具有粗糙的鳞片状角质层，头部和尾尖光滑，每个环带宽约 5μm，被 8 列纵向的脊分隔开，纵脊从头鞘处一直延伸至尾端，体环的宽度向尾部逐渐变窄，锥状尾尖之前的环通常是整个身体最窄的部位。体刚毛只存在于雄体尾部。头鞘纵长，长 24μm，宽 16μm，整体呈柱状。头部在头刚毛着生处收缩。无内唇刚毛与外唇刚毛，头刚毛长 6μm。化感器位于头鞘的中部，纵向伸长，环状弯曲，两分支不等长，背支短于腹支，化感器前缘距头端 9μm。口腔微小。咽柱状，分为前、后两部分，神经环位于咽的后半部分。尾长，大部分柱状，尾尖处呈锥状。尾腺细胞开口于黏液管。

雄体生殖系统具有双精巢，相对排列且反折。交接刺对称，长约为 1.6 倍肛径，弓状。引带板状。尾部亚腹侧具有刚毛。

雌体生殖系统具有双卵巢，相对，反折，前卵巢位于肠的右侧，后卵巢位于肠的左侧。雌孔缝状，位于身体中部靠前。

分布于潮下带泥质沉积物中。

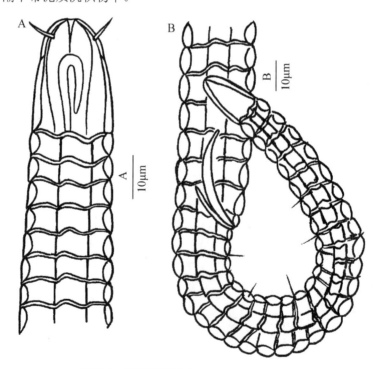

图 10.2　迪斯环饰线虫 *Pselionema dissimile*

A. 雄体头端；B. 雄体尾部

10.2　拟双盾线虫科 Diplopeltoididae Tchesunov，1990

10.2.1　拟双盾线虫属 *Diplopeltoides* Gerlach，1962

　　角皮具有环纹。化感器长环状或倒"U"形，有的化感器下具有角质板。口腔小，漏斗状。咽柱状，粗细不均，具有狭管和后咽球。雌体的生殖系统具有双卵巢，相对，反折（Holovachov and Boström，2017）。

10.2.1.1　球状拟双盾线虫 *Diplopeltoides bulbosus*（Vitiello，1972）Holovachov & Boström，2017（图 10.3）

　　身体圆柱形。体长 1162–1319μm。表皮通体具有横纹，头部和尾尖处光滑。身体中部每条环纹宽 2.5–3.0μm，无纵向条纹。体刚毛分布于咽部至尾部。化感器下方不具有角质板。无内唇刚毛和外唇刚毛，头感器乳突状，距头端 3.5–6.0μm。化感器呈倒"U"形，

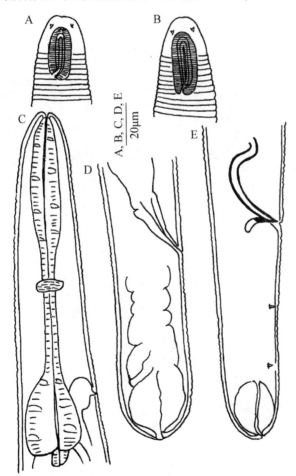

图 10.3　球状拟双盾线虫 *Diplopeltoides bulbosus*（Holovachov and Boström，2017）
A. 雌体头端；B. 雄体头端；C. 雌体咽部；D. 雌体尾部；E. 雄体尾部

腹侧分支稍长于背侧分支，腹侧分支末端弯向背侧。化感器长 24–25μm，宽 7–9μm。化感器具有横向条纹。口腔微小。咽长 166–172μm，中部狭窄，基部具有后咽球。贲门锥状。神经环围绕咽的窄管部分。排泄孔开口于咽球基部腹侧面，排泄管短。尾长 84–88μm，相当于 3.2–3.4 倍肛径，柱状或棒状，末端圆钝。3 个尾腺细胞分别开口于尾尖处。

雄体生殖系统具有双精巢，2 个精巢同向直伸。交接刺成对，长 36–42μm，弯曲，近端向背侧弯曲呈柄状，远端渐尖。引带板状，具有引带突。

雌体生殖系统具有双卵巢，相对排列，反折。雌孔孔状，位于身体中部靠后。

分布于潮下带泥质沉积物中。

10.2.1.2 锥尾拟双盾线虫 Diplopeltoides conoicaudatus Sun，Huang & Huang，2021（图 10.4）

身体粗短，向两端渐尖。体长 581–625μm。表皮具有横向环纹，身体中部每条环纹宽 2μm，无纵向条纹。内唇感器和外唇感器不明显，头刚毛短，长约 2μm。化感器位于头刚毛着生处，长环状，长 16–18μm，宽 7μm。口腔微小，无齿。咽圆柱状，基部具有咽球。贲门发达，锥状。神经环距头端 60–65μm，相当于咽长的 53%–55%。尾锥状，

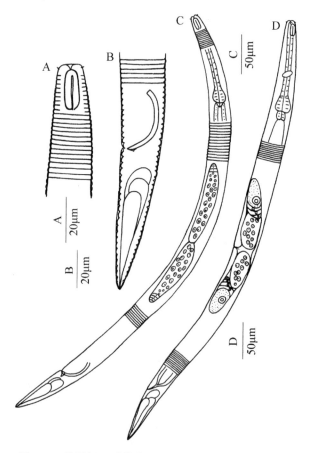

图 10.4 锥尾拟双盾线虫 Diplopeltoides conoicaudatus
A. 雄体头端；B. 雄体尾部；C. 雄体；D. 雌体

长为肛径的 3.1–3.5 倍。3 个尾腺细胞分别开口于尾尖处。

　　雄体生殖系统具有双精巢，2 个精巢同向直伸。前精巢位于肠的左侧，后精巢位于肠的右侧。精子细胞椭圆形。交接刺细长，弯曲，长 41–46μm。引带小，三角形，具有小的角质化引带突，长 3μm。

　　雌体生殖系统具有双卵巢，相对，反折，前卵巢位于肠的左侧，后卵巢位于肠的右侧。雌孔位于身体中部，距头端为体长的 52%。

　　分布于潮下带泥质沉积物中。

10.2.1.3　长化感器拟双盾线虫 *Diplopeltoides longifoveatus* Sun，Huang & Huang，2021 （图 10.5）

　　身体纤细，两端渐尖。体长 715–886μm。表皮具有横纹。内唇感器和外唇感器不明显，头感器乳突状。化感器纵长且狭窄，长 32–33μm，宽 5μm，位于距头端 10–12μm 处。化感器具有横向条纹，下方不具有角质板。口腔微小。咽圆柱状，基部具有咽球。神经环位于咽中部，距头端 70μm。排泄细胞位于肠的前方，排泄孔位于咽球的前部。尾柱状，长为 3.5–3.7 倍肛径，尾尖圆钝。3 个尾腺细胞分别开口于尾尖处。

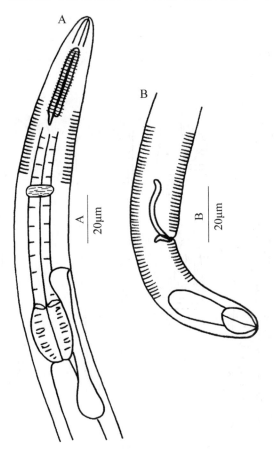

图 10.5　长化感器拟双盾线虫 *Diplopeltoides longifoveatus*

A. 雄体咽部；B. 雄体尾部

雄体生殖系统具有双精巢，2 个精巢相对且直伸。交接刺倒"S"形，近端向背部弯曲。长 26–29μm。引带小，具有 3μm 长的角质化引带突。

雌体未见。

分布于潮下带泥质沉积物中。

10.2.1.4 裸拟双盾线虫 *Diplopeltoides nudus*（Gerlach，1956）Tchesunov，2006（图 10.6）

身体圆柱状。表皮具有环纹。身体中部每条环纹宽 2.0–2.5μm，无纵向条纹。体刚毛主要着生于尾部。内唇感器和外唇感器不明显，头感器乳突状，着生于距头端3.5–4.0μm 处。化感器位于头刚毛着生处，呈倒"U"形，背支长于腹支，下方无角质板。口腔微小。咽柱状，中部狭窄，基部具有咽球。贲门圆形。神经环位于咽中部。排泄系统明显，排泄孔位于身体腹侧咽球位置，排泄管短。尾柱状，尾端圆钝。3 个尾腺细胞分别开口于尾端处。

雄体生殖系统具有双精巢，2 个精巢直伸。交接刺弯曲弓形，近端背侧弯曲呈柄状，远端渐尖。引带板状，具有 1 对角质化的引带突。

雌体生殖系统具有双卵巢，相对，反折，前卵巢位于肠的右侧或左侧，后卵巢位于肠的左侧。雌孔位于身体中部偏后。

分布于潮下带泥质沉积物中。

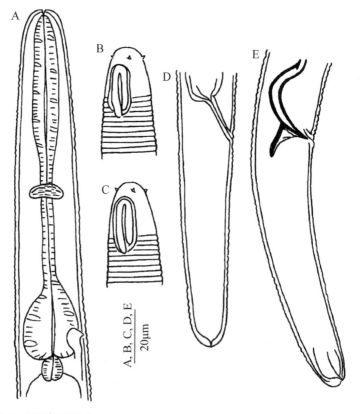

图 10.6 裸拟双盾线虫 *Diplopeltoides nudus*（Holovachov and Boström，2017）
A. 雌体咽部；B. 雌体头端；C. 雄体头端；D. 雌体尾部；E. 雄体尾部

10.3　拱咽线虫科 Camacolaimidae Micoletzky，1924

10.3.1　连咽线虫属 *Deontolaimus* de Man，1880

角皮具有环纹。内唇感器和外唇感器乳突状，头感器刚毛状。化感器单螺旋或多螺旋。口腔窄，内有针状背齿。交接刺弯曲，近端膨大，远端尖锐。引带板状。雌体具有双卵巢，相对排列，反折。尾长锥状。

10.3.1.1　长尾连咽线虫 *Deontolaimus longicauda*（de Man，1922）Holovachov & Boström，2015（图 10.7）

体长 1.0–1.5mm，细长，柱状，两端逐渐变窄。体表具有环纹，但无侧装饰。头刚毛长为头径的 0.5–0.6 倍。化感器单螺旋状，1 圈，位于头刚毛后方。神经环围绕着咽的中部。排泄细胞位于肠的前端，身体的腹侧，排泄孔位于神经环之后，开口于身体腹侧。口腔管状，内有 1 个大的针状背齿，齿整体呈柱状，尖端角质化，圆形。咽柱状，末端膨大，不形成咽球。贲门短，嵌入肠组织中。尾锥状，较长，向腹侧弯曲。3 个尾腺细胞清晰，尾尖处黏液管锥状，发达。

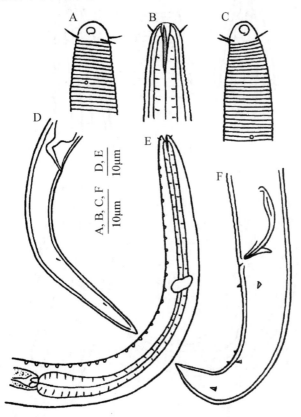

图 10.7　长尾连咽线虫 *Deontolaimus longicauda*（Holovachov and Boström，2015）
A、B. 雄体头端；C. 雌体头端；D. 雌体尾部；E. 雄体咽部；F. 雄体尾部

雄体生殖系统具有双精巢，直伸。交接刺较长，近端弯曲呈钩状，其下逐渐膨大，具有中肋，后半部分逐渐变细。引带板状，具有 1 对引带突。腹侧具有许多小的齿槽状辅器，分布在身体腹侧的大部分，从泄殖孔处向前端延伸，止于口腔下面。尾部具有 3 对乳突状感器。

雌体生殖系统具有双卵巢，反折，输卵管短。储精囊中充满精子。雌孔位于身体中部，距头端距离为体长的 48%–51%。

分布于潮下带泥质沉积物中。

10.3.1.2　缓连咽线虫 *Deontolaimus tardus*（de Man，1889）Holovachov & Boström，2015（图 10.8）

体长 1.6–2.3mm，细长，柱状，两端逐渐变窄。角皮具有粗环纹。体表具有乳突状体感器。唇区锥状，与身体之间无分隔。内、外唇感器不明显，头刚毛短，长为 10% 头径。化感器单螺旋状，1 圈，位于头刚毛前面。排泄细胞位于肠的前端、身体的腹侧，排泄孔位于神经环之后，开口于身体腹侧。口腔管状，内有 1 个大的针状背齿，尖端三角形。咽柱状，后部膨大，不形成咽球。贲门短，嵌入肠组织中。尾锥状，较长，向腹

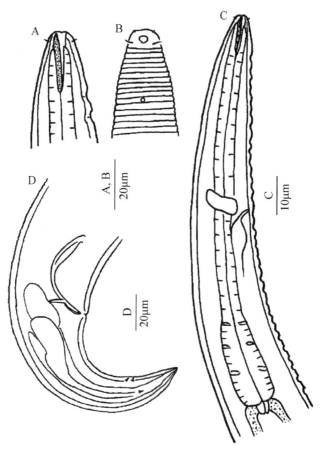

图 10.8　缓连咽线虫 *Deontolaimus tardus*（Holovachov and Boström，2015）

A、B. 雄体头端；C. 雄体咽部；D. 雄体尾部

侧弯曲。3 个尾腺细胞清晰，尾尖处黏液管锥状，角质化。

雄体生殖系统具有双精巢，直伸，交接刺较长，为 58–59μm，向腹侧弯曲，前半部分膨大，具有中肋，后半部分逐渐变细，近端稍向腹面弯曲。引带板状，具有 1 对引带突。腹侧具有小的齿槽状辅器，分布在咽部和肠的大部分区域。

雌体生殖系统具有双卵巢，反折，输卵管短。储精囊中充满精子。雌孔位于身体中后部，距头端距离为体长的 51%–56%。

分布于潮下带泥质沉积物中。

10.4 纤咽线虫科 Leptolaimidae Örley，1880

10.4.1 前微线虫属 *Antomicron* Cobb，1920

表皮具有环纹，侧面具有中肋。化感器长环状。口腔小。肛前具有 3–10 个管状辅器。尾锥状，较长，近似圆柱状。

10.4.1.1 美丽前微线虫 *Antomicron elegans* de Man，1922（图 10.9）

体长 1.0–1.1mm，最大体宽 32–33μm（$a = 27$–32）。角皮具有间距较大的横向条纹，侧带明显，较窄，无条纹。身体两侧各有 2 纵列刚毛，起始于第 1 个皮孔，延伸至尾部。4 根头刚毛长 4–5μm，为头径的 0.5 倍。化感器纵向椭圆形，长 12μm，宽 5μm，中央区域具有颗粒状物。口腔管状，与食管内膜融合。咽中部具有 2 个不明显的咽球，咽基部具有 1 个大的咽球，食管壁角质化加厚。尾锥柱状，长为肛径的 4.3–6.4 倍，后端 1/3 为柱状，末端稍膨大，无尾端刚毛。

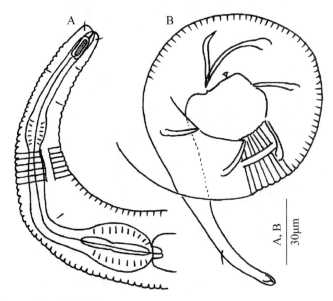

图 10.9 美丽前微线虫 *Antomicron elegans*（Platt and Warwick，1988）
A. 雄体咽部；B. 雄体尾部

　　雄体交接刺长 37–39μm，细长，弯曲，近端头状，远端渐尖。引带长 25μm，近端弯曲。4 个管状辅器长 19–22μm，近端膨大，具有向前的开口，远端有时可见分裂。具有 1 对乳突状肛前辅器，呈圆锥形。

　　雌体尾较长。生殖系统具有 2 个卵巢。雌孔位于体长的 45%处。

　　分布于潮下带泥质沉积物中。

10.4.1.2　霍氏前微线虫 *Antomicron holovachovi* Zhai，Wang & Huang，2020（图 10.10）

　　身体圆柱形，颈前端渐细，尾端渐尖。角皮具有横向环纹，环纹间距大，间隔 2.2μm。侧面各具有 1 个中央侧带，宽 2μm，从化感器基部向后延伸至尾前部。部分皮孔位于咽部侧带两侧。头鞘明显。内、外唇感器不明显。头刚毛短，长 1.5μm。化感器长环状，长 11μm，宽 4.5μm，为相应体径的 2.4 倍，距头端 8μm。口腔管状。咽圆柱形，具有明显的后咽球，咽管角质化加厚。贲门圆柱状，被肠组织包裹。神经环包围咽部，位于排泄孔前。排泄细胞大，位于肠的前端（距头端 230μm），排泄管短，在咽球前方形成壶腹，排泄孔开口于神经环后。尾锥柱状，末端为柱状。尾无环纹，末端膨大。尾刚毛分散。有 3 个尾腺细胞。黏液管明显。

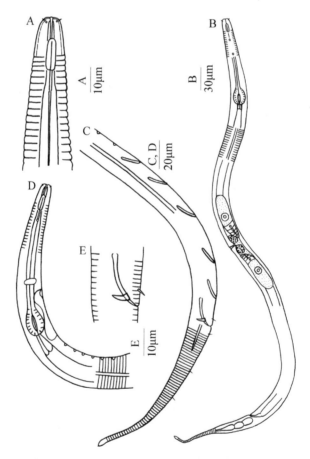

图 10.10　霍氏前微线虫 *Antomicron holovachovi*
A. 雄体头端；B. 雌体；C. 雄体后部；D. 雄体咽部；E. 雄体泄殖孔区，示交接刺

　　雄体生殖系统具有双精巢；前精巢伸展；后精巢反折。交接刺细长，稍向腹侧弯曲，近端头状，远端锥状。引带矩形，背面具有尾状突，长 5μm。肛前具有 5 个直的管状辅器，长 10.5–11.0μm，最前端辅器距泄殖孔 122μm。管状辅器前面具有 41 个间距均匀的齿槽状辅器。具有 1 对肛前刚毛，1 对肛后刚毛，两者长 2–3μm。

　　雌体生殖系统具有双子宫，有 2 个相对排列的反折的卵巢。输卵管狭长。2 个卵圆形储精囊位于雌孔前、后两侧。储精囊内充满卵圆形精子。雌孔位于身体的正中间。

　　分布于潮下带泥质沉积物中。

10.4.2　拟纤咽线虫属 *Leptolaimoides* Vitiello，1971

　　体长 0.5–1.5mm。表皮具有环纹。具有 4 根短的头刚毛。化感器长环形。口腔狭长，圆柱形。有或无管状辅器。尾长，丝状。

10.4.2.1　斑纹拟纤咽线虫 *Leptolaimoides punctatus* Huang & Zhang，2006（图 10.11）

　　身体圆柱形，尾端纤细。角皮具有明显的较宽的环纹和侧装饰。侧装饰由 2 纵列伸

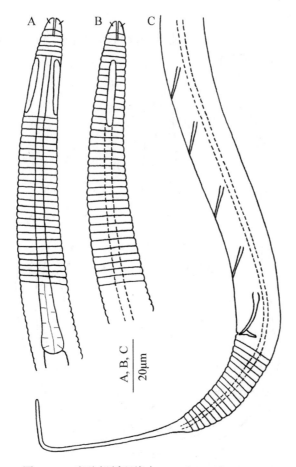

图 10.11　斑纹拟纤咽线虫 *Leptolaimoides punctatus*

A. 雌体前部；B. 雄体前部；C. 雄体后部

长的斑点组成，2 排装饰点相距 2μm，从化感器处一直延伸到尾的锥状部分。头圆锥状，直径 5.5–6.0μm，为咽基部体径的 38%。内唇感器和外唇感器均为乳突状。4 根头刚毛较短。化感器长环形，长 19μm，宽 3.5μm，为相应体径的 30%，前端距头端 12μm。口腔狭长，柱状。咽基部膨大为咽球。贲门不明显。神经环、排泄系统均不明显。尾长为泄殖孔相应体径的 8.7 倍，锥柱状，后部 2/3 突然变细呈丝状。

交接刺长 17μm，为泄殖孔相应体径的 1.3 倍，向腹面稍弯曲，近端膨大，远端渐尖。引带背部具有细长的尾状突，长约 8μm。肛前具有 4 个均匀排列的管状辅器，每个辅器长 11–12μm。

分布于潮下带泥质沉积物中。

10.4.2.2　管状拟纤咽线虫 *Leptolaimoides tubulosus* Vitiello，1971（图 10.12）

身体圆柱形，具有丝状尾，体长 548–606μm。角皮具有环纹。侧面具有宽的侧带。4 根头刚毛短。化感器呈长环形，长 19–21μm，宽 3.5–4.0μm，距头端 9μm。口腔狭长，圆柱形。咽基部轻微膨大，不形成咽球。尾长 101μm，为肛径的 8.4 倍，锥柱状，远端 3/10 突然变细呈丝状，末端尖。

交接刺宽，长 12.7μm，为肛径的 1.3 倍，近端头状，远端锥状。引带背面具有 1 对尾状突，长约 8μm。肛前具有 3 个管状辅器，每个长约 11μm，位于泄殖孔前 21–52μm 处。

分布于潮下带泥质沉积物中。

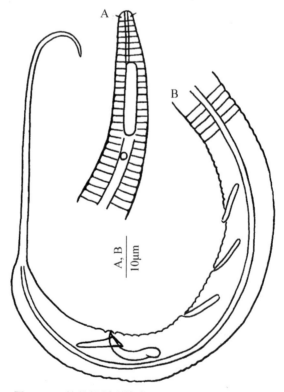

图 10.12　管状拟纤咽线虫 *Leptolaimoides tubulosus*
A. 雄体头端；B. 雄体后部

10.4.3　纤咽线虫属 *Leptolaimus* de Man，1876

角皮具有环纹，侧翼明显。化感器单螺旋形。口腔管状，狭长。雌、雄体具有管状和齿槽状肛前辅器或咽部辅器，齿槽状肛前辅器 0–40 个，管状辅器 0–11 个；雌体具有2 个反折的卵巢（Holovachov，2014）。

10.4.3.1　第八纤咽线虫 *Leptolaimus octavus* Holovachov & Boström，2013（图 10.13）

身体圆柱形，咽的前部渐细，尾后部渐尖，体长 527–605μm。角皮具有环纹，侧面中央具有翼带，宽 2.0–3.0μm。内、外唇感器不明显。头刚毛长约 2μm。化感器圆形，直径 4μm，为相应体径的 50%，距头端 9μm。口腔管状，狭长。咽圆柱形，具有明显的卵圆形后咽球。贲门圆柱状，被肠组织包围。神经环包围着咽部，位于咽长的 58%处。尾锥柱状，末端膨大。有 3 个尾腺细胞。

雄体生殖系统具有双精巢：前精巢伸展，后精巢反折。交接刺弯曲，近端头状，远端渐尖。引带板状，背部具有 1 对尾状突。肛前具有 4 个管状辅器，呈"S"状弯曲，

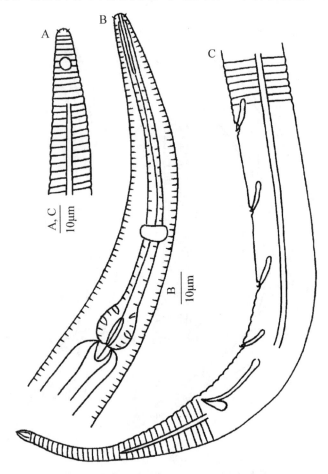

图 10.13　第八纤咽线虫 *Leptolaimus octavus*

A. 雄体头端；B. 雄体咽部；C. 雄体后部

末端具有小齿，间距近相等，最前端一个辅器距泄殖腔 103–133μm。无齿槽状辅器。

雌体生殖系统具有双子宫，有 2 个相对排列的反折的卵巢。输卵管狭窄，具有 2 个椭圆形的储精囊，分别位于输卵管的前、后两侧。雌孔位于身体中部。无辅器。

分布于潮下带泥质沉积物中。

10.4.3.2　第二纤咽线虫 *Leptolaimus secundus* Holovachov & Boström，2013（图 10.14）

身体长梭状，两端渐细。角皮具有环纹，身体中部环纹宽 1.1–1.3μm。两侧中央各具有 1 个翼带，宽 1.0–1.5μm。翼带从第 1 个皮孔处向后延伸至尾的近末端。内、外唇感器不明显。头刚毛长为头径的 30%–50%。化感器圆形，位于 2 个头径距离处。口腔管状，狭长。咽圆柱形，具有明显的卵圆形后咽球。贲门圆柱形。尾锥柱状，末端渐尖。具有 3 个尾腺细胞。

雄体生殖系统具有双精巢：前精巢伸展，后精巢反折。交接刺成对，弓形，近端头状，远端渐尖。引带板状，具有小的尾状突。肛前腹部具有 1 个管状辅器和 9–15 个齿槽状辅器。管状辅器稍弯曲，末端圆钝，位于交接刺前。齿槽状辅器壁角质化。最前端的齿槽状辅器位于肠的前端，距头端 147–153μm。

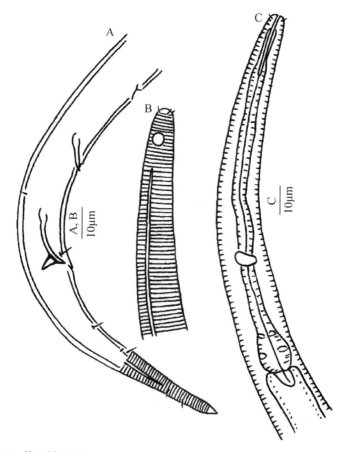

图 10.14　第二纤咽线虫 *Leptolaimus secundus*（Holovachov and Boström，2013）
A. 雄体后部；B. 雄体头端；C. 雄体咽区

雌体生殖系统双子宫，有 2 个相对排列的反折的卵巢。2 个椭圆形的受精囊分别位于输卵管的前后两侧。雌孔位于腹侧中部。

分布于潮下带泥质沉积物中。

10.4.3.3　革兰氏纤咽线虫 *Leptolaimus gerlachi* Murphy，1966（图 10.15）

身体纤细，两端渐尖，体长 726–728μm。角皮具有环纹，两侧具有中肋，从口腔基部开始延伸至尾的中前部。内、外唇感器不明显。头刚毛长约 3μm。化感器圆形，有缺口，直径 3μm，为相应体径的 40%，距头端 6μm，为头径的 1 倍。神经环位于咽长的 59% 处，包裹着咽部。口腔管状，深约 15μm。咽呈圆柱状，基部略膨大，不形成咽球。贲门圆柱形。尾锥柱状，末端膨大。黏液管明显突出。

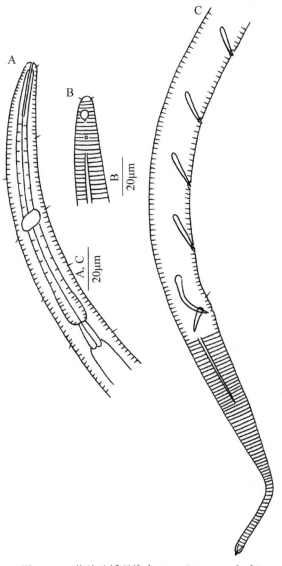

图 10.15　革兰氏纤咽线虫 *Leptolaimus gerlachi*

A. 雄体咽部；B. 雄体头端；C. 雄体后部

雄体生殖系统具有双精巢；前精巢伸展，后精巢反折。交接刺弓状，长 25μm，近端头状，远端锥形。引带板状，具有尾状突，长 10–11μm。具有 4 或 5 个管状辅器，间距不均匀，最前端 2 个辅器间距稍大于后边辅器间距。最前端辅器距泄殖腔 160μm，每个辅器长 15–17μm。无齿槽状辅器。具有 1 根肛前刚毛，长 3μm。

雌体生殖系统具有双子宫，具有 2 个相对排列的反折的卵巢。雌孔位于身体中部腹面。无辅器。

分布于潮下带泥质沉积物中。

10.5 拟微咽线虫科 Paramicrolaimidae Lorenzen，1981

10.5.1 拟微咽线虫属 *Paramicrolaimus* Wieser，1954

体长 2–5mm，头部收缩，角皮具有横向环纹。外唇刚毛和头刚毛较长，呈 6+4 模式排列。化感器被角皮环纹包围。咽球不明显。有肛前辅器。尾锥状。

10.5.1.1 小拟微咽线虫 *Paramicrolaimus mirus* Tchesunov，1988（图 10.16）

体长 3.1–4.6mm，最大体宽 38–50μm。角皮具有细环纹。体刚毛较短，仅分布在尾部和肛前辅器的位置。头部在化感器前边略收缩，头径 19–20μm。化感器横向螺旋形，具有 1.25 圈，宽 11–13μm，为相应体径的 43%–57%。6 根外唇刚毛长 8–9μm，4 根头刚毛长 10–11μm。口腔不规则，深而窄，口腔壁角质化，口腔顶端具有 1 个背齿和 1 个亚腹齿。咽长 172–192μm；前端膨大，包围口腔；末端 1/4 膨大，形成 1 个细长不明显的咽球，长 50–60μm，宽 23–30μm。腹腺细胞较大，长 35–45μm，位于咽基部；排泄孔至头端的距离为咽长的 2/3。神经环位于咽的中部。尾粗壮，圆锥形，向腹部弯曲，长为肛径的 3 倍，具有 6 根腹部刚毛和 4 根尾端刚毛。3 个尾腺细胞明显。

1 对精巢，都指向近端。交接刺向腹侧弯曲呈弓形，腹面具有翼膜，弦长 37–42μm，为肛径的 1.2 倍。引带板状，长 22–30μm，无引带突。肛前具有 8–10 个（通常 9 个）乳突状辅器，在其腹侧顶端具有刺状结构，指向尾端。后 2 个辅器之间的间距为其他间距的 1.5 倍。最前面的辅器位于泄殖孔前方 230–260μm 处。

雌体无体刚毛和尾刚毛，具有 2 个相对排列的反折的卵巢。雌孔位于体长的 41%处。

分布于潮下带泥沙沉积物中。

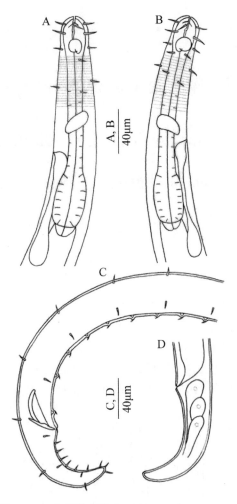

图 10.16　小拟微咽线虫 *Paramicrolaimus mirus*
A. 雌体咽区；B. 雄体咽区；C. 雄体后部；D. 雌体尾部

主要参考文献

Holovachov O. 2014. Order Plectida Gadea, 1973 // Schmidt-Rhaesa A. Handbook of Zoology. Berlin/Boston: Walter de Gruyter GmbH: 487-535.

Holovachov O, Boström S. 2013. Swedish Plectida (Nematoda). Part 4. The genus *Leptolaimus* de Man, 1876. Zootaxa, 3739(1): 1-99.

Holovachov O, Boström S. 2015. Swedish Plectida (Nematoda). Part 10. The genus *Deontolaimus* de Man, 1880. Zootaxa, 4034(1): 1.

Holovachov O, Boström S. 2017. Three new and five known species of Diplopeltoides Gerlach, 1962 (Nematoda, Diplopeltoididae) from Sweden, and a revision of the genus. European Journal of Taxonomy, 369: 1-35.

Holovachov O, Boström S. 2018. *Neodiplopeltula* gen. nov. from the west coast of Sweden and reappraisal of the genus *Diplopeltula* Gerlach, 1950 (Nematoda, Diplopeltidae). European Journal of Taxonomy, 458: 134.

Platt H M, Warwick R M. 1988. Free-living Marine Nematodes Part Ⅱ: British Chromadorids. Leiden: E. J. Brill: 502.

第 11 章　嘴刺目 Enoplida Filipjev，1929

11.1　裸口线虫科 Anoplostomatidae Gerlach & Riemann，1974

11.1.1　裸口线虫属 *Anoplostoma* Bütschli，1874

该属的特征是具有大的柱状口腔，口腔未被咽肌包裹，口内无齿，雄体具有交合伞，肛门后具有刺状刚毛。

11.1.1.1　胎生裸口线虫 *Anoplostoma viviparum* Bastian，1865（图 11.1）

体长 1.3–2.1mm，最大体宽 40–80μm（a=22–34），位于身体中部，向两端逐渐变细。表皮光滑，无体刚毛。头感器呈 6+6+4 的模式排列，6 个内唇感器乳突状，6 个外唇刚毛每根 8–11μm，着生于 4 根 3–6μm 长的头刚毛之前。化感器距头端约 3 倍头径的距离，宽约 20%相应体径。口腔柱状，口内无齿。咽肌肉组织未包裹口腔。咽基部略微膨大，但未形成咽球。神经环位于咽中部。尾锥柱状，长为肛径的 5–10 倍。

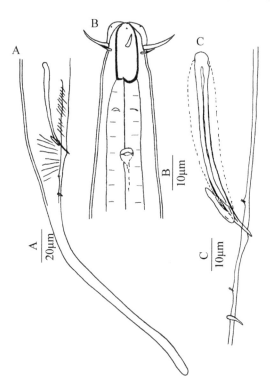

图 11.1　胎生裸口线虫 *Anoplostoma viviparum*（Platt and Warwick，1983）

A. 雄体尾部；B. 雄体头端，示头刚毛、口腔和化感器；C. 交接刺和引带

交接刺长 53–63μm，相当于肛径的 2–3 倍。引带较短，成对。2 列纵向的脊位于肛门两侧。雄体精巢成对，相对排列。

雌体生殖系统具有双卵巢，反折。卵胎生。雌孔位于身体中部。

分布于潮下带泥质沉积物中。

11.2　前感线虫科 Anticomidae Filipjev，1918

11.2.1　前感线虫属 *Anticoma* Bastian，1865

表皮光滑。6 根外唇刚毛和 4 根头刚毛排列成 1 圈。口腔小，锥状；颈部侧面有成列的颈刚毛。雄体具有引带，具有管状辅器；排泄系统明显。

11.2.1.1　尖细前感线虫 *Anticoma acuminata*（Eberth，1863）Bastian，1865（图 11.2）

体长 1564–2500μm，最大体宽 48–60μm。头部圆钝。头感器呈 6+10 的模式排列，6 根外唇刚毛和 4 根头刚毛排列成 1 圈。颈部具有 2 排纵列的刚毛，每列 4 根，最长约等于 71% 的相应体径。口腔狭小。神经环位于咽中部。排泄孔位于颈刚毛附近，距离化

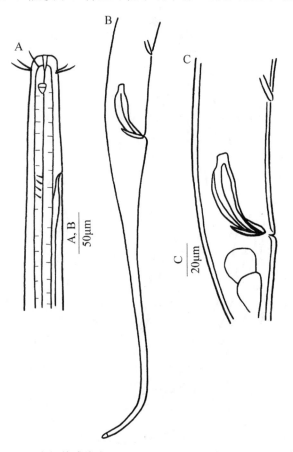

图 11.2　尖细前感线虫 *Anticoma acuminata*（Bastian，1865）
A. 雄体头端；B. 雄体尾部；C. 雄体泄殖孔区

感器较远，距头端距离约为 1/4 的咽长。化感器袋状，宽约为相应体径的 28%，距头端约 1 个头径。尾细长，锥柱状，逐渐变窄，尾端稍膨大。尾部具有分散的刚毛。雄体尾长约为 8 倍肛径。雌体尾略长，约为 10 倍肛径。

交接刺弯曲，中部较宽，具有中肋，长度约和肛径等长。引带较短。具有 1 个管状辅器，位于肛前 2 倍肛径处。

分布于陆架泥质沉积物中。

11.2.1.2 *Anticoma* sp.（图 11.3）

体长 1497μm，最大体宽 47μm（*a*=31.9）。身体在咽前部急剧狭窄。表皮光滑，颈部具有 2 列 3μm 长的颈刚毛，每列 4 根，最远处刚毛距头端 62μm。头部圆钝，头径 6μm。外唇刚毛和头刚毛位于 1 圈，长约 7μm。咽柱状，向基部逐渐变粗，长约为体长的 36%。贲门圆锥形。神经环位于咽中部。排泄孔未观察到。尾长约为 3.5 倍肛径，锥柱状，末端 1/3 为柱状。无尾刚毛和尾端刚毛。3 个尾腺细胞排列在尾的锥状部分。黏液口明显。

交接刺较短，长约 37μm，略微弯曲，近端膨大，腹侧不具有隔膜。无引带。具有 1 个管状辅器，长约 8μm，位于肛门前 56μm 处。

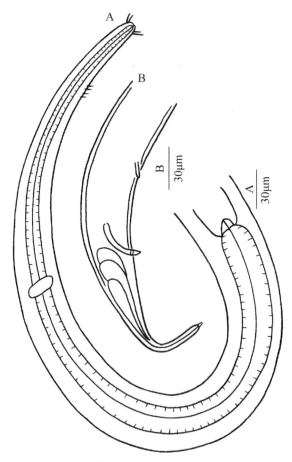

图 11.3 *Anticoma* sp.
A. 雄体咽部；B. 雄体尾部

雌体未发现。

分布于陆架泥质沉积物中。

11.2.2　头感线虫属 *Cephalanticoma* Platonova，1976

个体较大，4–5mm 长。头鞘发达。口腔小，具有小齿。排泄孔位于颈刚毛之后。雄体具有管状辅器。

11.2.2.1　短尾头感线虫 *Cephalanticoma brevicaudata* Huang，2012（图 11.4）

雄体长纺锤形，两端渐尖，体长 4010μm，最大体宽 145μm。表皮光滑。头有角质化加厚的头鞘。内唇感器乳突状，6 个外唇感器刚毛状，与头刚毛排成 1 圈。外唇刚毛略长（15μm），4 根头刚毛短（11μm）。化感器袋状，位于头刚毛之下，距头端 13μm，开口椭圆形，宽 9μm。距头端 72μm 处具有 2 列颈刚毛，分别排在颈部两侧，每列 3根，长 16–18μm。神经环位于咽的中前部，约占咽长的 44%。排泄孔位于神经环前 68μm。口腔锥状，内壁角质化加厚，内有 3 个小齿。咽圆柱形，基部略膨大，不形成咽球。尾锥柱状，长为泄殖孔相应体径的 3.1 倍，柱状部分约占尾长的 1/3。在尾的亚腹面具

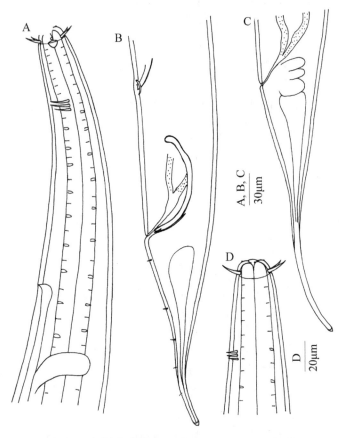

图 11.4　短尾头感线虫 *Cephalanticoma brevicaudata*
A. 雄体前端，示化感器、颈刚毛；B. 雄体尾部，示交接刺、引带和肛前辅器；C. 雌体尾部；D. 雌体头端

有短的尾刚毛，无尾端刚毛。3 个尾腺细胞位于尾的锥状区域。尾的末端具有明显的黏液口。

交接刺弧形，近端头状，远端钝，无翼膜，长度约为泄殖孔相应体径的 1.8 倍。引带棒状，长 30μm，无引带突。肛前辅器管状，长 34μm，距离泄殖孔 148μm，即 2.3 倍泄殖孔相应体径处。

雌体略小，尾相对较长，柱状部分约占尾长的一半。颈刚毛短，只有 8μm 长。雌孔在身体的前半部分。没有发现德曼系统。

分布于陆架泥质沉积物中。

11.2.2.2　丝尾头感线虫 *Cephalanticoma filicaudata* Huang & Zhang，2007（图 11.5）

雄体细长，呈纺锤形，两端渐尖，体长 6.5mm，最大体宽 1800μm。表皮光滑。头

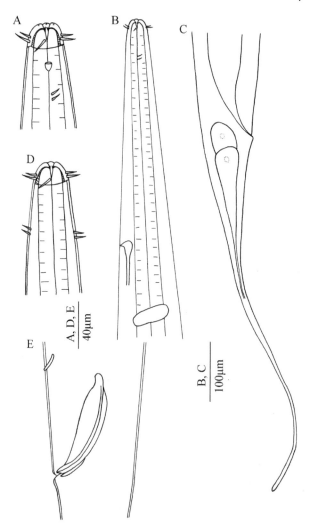

图 11.5　丝尾头感线虫 *Cephalanticoma filicaudata*

A. 雄体头端，示头刚毛、化感器和颈刚毛；B. 雄体前端；C. 雌体尾部；
D. 雌体头端；E. 雄体泄殖孔区，示交接刺和肛前辅器

端圆形，具有角质化的头鞘，直径 28–30μm。具有 6 个唇瓣，每个具有 1 个小的内唇乳突。外唇感器刚毛状，长约 20μm，6 根外唇刚毛与 4 根头刚毛排列成 1 圈。颈部每侧各具有 1 纵列颈刚毛，每列 2 根，长约 20μm，最前面的颈刚毛距头端 52–72μm。化感器袋状，位于头刚毛至头端的中间位置。口腔较小，圆锥状，内有 3 个小齿。咽管圆柱形，基部略膨大，不形成咽球。神经环位于咽的中部并环绕咽。排泄孔位于颈刚毛之后，距头端 328–360μm。尾锥柱状，长 512–668μm，约为泄殖孔相应体径的 7 倍，柱状部分细长呈丝状，无尾端刚毛。具有 3 个尾腺细胞。

雄体生殖系统具有前、后 2 个反向排列的精巢。交接刺宽阔，有中肋和翼膜，向腹面弯曲呈弧形，近端收缩呈头状，远端圆钝，长 120–130μm，约为泄殖孔相应体径的 1.5–1.7 倍。引带棒状，长 31–37μm，无引带突。肛前辅器管状，长 17–19μm，位于肛前 90–102μm，即 1.2 倍泄殖孔相应体径处。

雌体形态与雄体相似，尾相对较长。生殖系统具有 2 个反折的卵巢，生殖孔位于身体稍前部的腹面，距头端距离为体长的 44%–47%。没有发现德曼系统。

分布于陆架泥质沉积物中。

11.2.3　拟前感线虫属 *Paranticoma* Micoletzky，1930

体长 2.4–3.3mm。口腔小，口内无齿；颈侧面具有成列的刚毛。排泄孔位于颈刚毛前，呈乳突状。雄体无肛前辅器。

11.2.3.1　三颈毛拟前感线虫 *Paranticoma tricerviseta* Zhang，2005（图 11.6）

雄体柱状，向末端逐渐变细，具有丝状尾。表皮光滑，无侧装饰。头圆钝，无头鞘，直径 14–17μm。内唇感器乳突状，外唇感器刚毛状，与头刚毛排成 1 圈，长 9–11μm。化感器袋状，位于头刚毛着生处，距头端约 7μm，宽 6μm。距头端 57μm 处具有 2 纵列颈刚毛，每列 3 根。神经环位于咽的中部，约占咽长的 49%。排泄孔位于身体前端，距头端 23μm，开口于 1 个刺状突起上。口腔杯状，具有 3 个不显著的角质化小齿。咽管圆柱形，基部略膨大，不形成咽球。尾锥柱状，较长，为泄殖孔相应体径的 7 倍，柱状部分约占尾长的 1/3，呈丝状。在尾的亚腹面具有短的尾刚毛，无尾端刚毛。3 个尾腺细胞位于尾的锥状区域。尾的末端具有 1 个明显的黏液口。

交接刺宽阔，长 50–60μm，具有中肋和翼膜，向腹面略弯曲呈弧形，中下部腹面具有 1 个突起。引带棒状，长 20–26μm，无引带突。无交接辅器。肛后具有 2 对亚腹刚毛，长 4.5–6.0μm，距泄殖孔 59–69μm。

雌体形态与雄体相似，但尾丝较长。生殖系统具有 2 个反折的卵巢。雌孔位于身体中部，距头端距离约占体长的 53%。

分布于陆架泥沙质沉积物中。

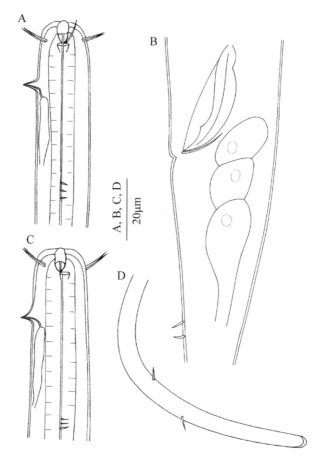

图 11.6 三颈毛拟前感线虫 *Paranticoma tricerviseta*（Zhang，2005）
A. 雄体前端，示头刚毛、化感器、排泄孔、颈刚毛；B. 雄体泄殖孔区，示交接刺、
引带和尾腺细胞；C. 雌体头端；D. 雌体尾端

11.3 光皮线虫科 Phanodermatidae Filipjev，1927

11.3.1 梅氏线虫属 *Micoletzkyia* Ditlevsen，1926

体长 3–9mm。头部收缩；头鞘不明显。口腔微小，无齿。交接刺长；具有管状辅器。

11.3.1.1 丝尾梅氏线虫 *Micoletzkyia filicaudata* Huang & Cheng，2011（图 11.7）

雄体长纺锤状，向两端逐渐变细。表皮光滑。头小，伸出，半球状，颈部有 1 收缩。头鞘较薄。6 个唇瓣各有 1 个内唇乳突，6 个外唇感器刚毛状，与 4 根头刚毛排成 1 圈，长 16μm。化感器袋状，开口椭圆形，宽 6μm。排泄孔位于颈部，距头端 120μm，约占咽长的 24%。神经环位于咽的中部，约占咽长的 51%。口腔小而简单。咽圆柱形，基部不加粗，无咽球。尾锥柱状，长为泄殖孔相应体径的 8.1 倍，柱状部分细长呈丝状，约占尾长的 5/6，无尾刚毛和尾端刚毛。3 个尾腺细胞位于尾的锥状区域。尾的末端具有 1 个明显的黏液管开口。

　　生殖系统具有 2 个伸展的精巢。交接刺细长，直伸，长 262μm，为泄殖孔相应体径的 4.4 倍。交接刺近端膨大呈头状，远端尖细。引带管状，具有明显的背部尾状引带突。具有 1 个管状肛前辅器，长 24μm，距泄殖孔 104μm 或为泄殖孔相应体径的 1.7 倍。

　　雌体未发现。

　　分布于大陆架泥质沉积物中。

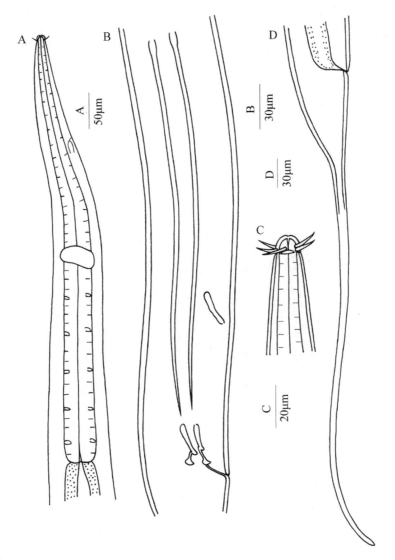

图 11.7　丝尾梅氏线虫 Micoletzkyia filicaudata
A. 雄体咽区；B. 雄体泄殖孔区，示交接刺、引带和肛前辅器；C. 雄体头端；D. 雌体尾部

11.3.1.2　南海梅氏线虫 *Micoletzkyia nanhaiensis* Huang & Cheng，2011（图 11.8）

　　个体较大，体长 5400μm，身体长纺锤状，向两端逐渐变细。表皮光滑。头小，半球状，基部收缩。头鞘较薄。内唇感器不明显，6 个外唇感器刚毛状，长 10μm。4 根头刚毛长 7μm，与外唇刚毛排成 1 圈。口腔小而简单。咽圆柱形，基部多皱褶，不形成咽

球。排泄孔位于颈部,距头端 60μm。神经环位于咽的前部,约占咽长的 38%。尾锥柱状,约为泄殖孔相应体径的 5 倍,柱状部分较纤细,约占尾长的 2/3,锥状部分有少量短的亚腹刚毛,无尾端刚毛。尾的末端具有 1 个尖细的黏液管开口。

生殖系统具有 2 个伸展的精巢。交接刺细长弯曲,长 137–152μm,为泄殖孔相应体径的 7 倍。交接刺近端膨大呈头状,远端膨大呈花柱状。引带长 16μm,近端具有 1 个膨大的引带突,长达 20μm。肛前辅器管状,约 20μm 长,距泄殖孔 28μm。

雌体未发现。

分布于大陆架泥沙质沉积物中。

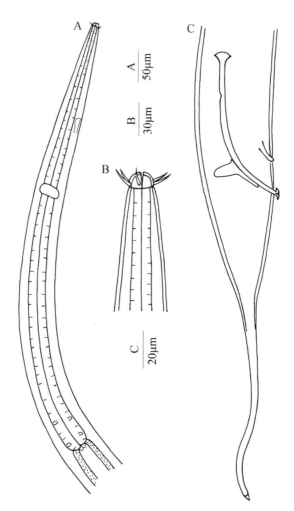

图 11.8　南海梅氏线虫 *Micoletzkyia nanhaiensis*
A. 雄体咽区;B. 雄体头端,示头刚毛;C. 雄体尾部,示交接刺、引带和肛前辅器

11.3.2　光皮线虫属 *Phanoderma* Bastian,1865

头部具有三瓣头鞘,同时具有条纹状的头鞘后缘。咽的后半部分皱褶状。交接刺细长,肛前具有管状辅器。

11.3.2.1　隔光皮线虫 *Phanoderma segmentum* Murphy，1963（图 11.9）

体长 2717–2740μm，最大体宽约 93μm。表皮光滑，具有较短的体刚毛。前端逐渐收缩，头部锥状，头鞘发达，分为三瓣。头径 21μm。头感器呈 6+10 的模式排列，其中 6 根外唇刚毛长约 7μm，4 根头刚毛长约 10μm。前部具有 1 个方形的眼点，距头端 35μm。口腔较小。排泄细胞梨形，位于咽基部。排泄孔位于神经环前，距头端 13%咽长处。咽的后部膨大皱褶，外缘锯齿状。神经环位于咽中前部，距头端 44%咽长处。尾短，锥柱状，长约为 2.6 倍肛径。尾腺细胞延伸至肛门前。

交接刺细长，弯曲，长 206μm，近端膨大呈头状，远端锥状。引带短，包裹着交接刺远端。管状辅器位于肛门前 122μm 处。

分布于砂质潮间带及藻类上。

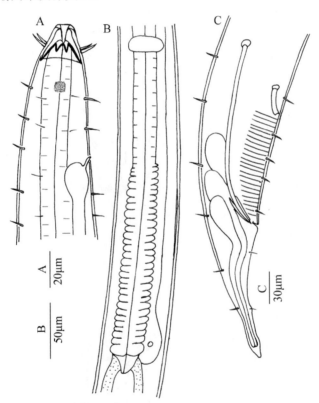

图 11.9　隔光皮线虫 *Phanoderma segmentum*（Murphy，1963）
A. 雄体头端；B. 雄体咽部；C. 雄体尾部

11.4　腹口线虫科 Thoracostomopsidae Filipjev，1927

11.4.1　嘴咽线虫属 *Enoplolaimus* de Man，1893

表皮光滑或具有点状环纹。唇部外突；唇感器刚毛状；外唇刚毛和头刚毛排列成 1 圈，位于头鞘后部。口腔内具有颚，拱形，颚前端齿状；颚包含 2 片相同的前柄；齿短于颚。肛前辅器管状。

11.4.1.1 中间嘴咽线虫 *Enoplolaimus medius* Pavljuk，1984（图 11.10）

身体柱状，头部略尖。体长 1.6–1.8mm，最大体宽 42–44μm。表皮具有小点组成的环纹，但较难分辨。唇部发达，6 根内唇刚毛每根长约 12μm，位于头鞘前缘，6 根长的外唇刚毛和 4 根头刚毛排列成 1 圈，位于头鞘后缘，1 圈刚毛长 39–45μm。口腔锥状，内有具爪状前端的颚。颚发达，拱形，每个颚由 1 个棒状和 2 个分叉的角质板组成。3 个齿短于颚。咽柱状，长约为体长的 23%。神经环位于距头端 146μm 处。贲门锥状。尾锥柱状，尾端膨大，无尾端刚毛。尾长为肛径的 5.74 倍，具有稀疏的尾刚毛。

雄体生殖系统具有双精巢，前卵巢直伸，后卵巢反折。交接刺弯曲，长 47–53μm，近端略微膨大呈头状。引带长，具有 2 个板状结构，远端具有 1 个向背侧弯曲的呈钩状的引带突。肛前辅器管状，位于肛前 1.9 倍肛径处。

雌体生殖系统具有双卵巢，反折，相对排列，前卵巢位于肠的右侧，后卵巢位于肠的左侧。阴道直伸，长度为体径的 48%。雌孔位于身体中后部，距头端距离为体长的 57%。

分布于砂质潮间带。

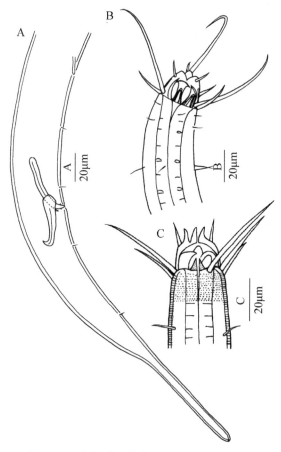

图 11.10　中间嘴咽线虫 *Enoplolaimus medius*
A. 雄体尾部；B. 雄体头端；C. 雌体头端

11.4.2　表刺线虫属 *Epacanthion* Wieser，1953

外唇刚毛和头刚毛位于头鞘中部或前部；通常具有颈刚毛。口腔内具有 3 个齿和 3
个颚，每个颚被薄膜分为 2 个片状的角质板，两片之间通过前部棒状结构相连。雌体具
有 2 个反折、相对排列的卵巢，均位于肠的左侧。雄体双精巢，均位于肠的左侧。尾呈
较细的长锥状。

11.4.2.1　簇毛表刺线虫 *Epacanthion fasciculatum* Shi & Xu，2016（图 11.11）

身体长柱状，体长约 4750μm。表皮光滑，具有不明显的环纹。头部略收缩。头鞘
角质化。唇发达，具有典型的唇瓣，唇瓣不具有条纹。头感器呈 6+10 的排列模式，具
有 6 根内唇刚毛，6 根外唇刚毛和 4 根头刚毛排列成 1 圈。头刚毛位于头鞘后缘。口腔
内有 3 个颚和 3 个齿。每个颚长约 15μm，通过角质化的薄膜相连。口内有 3 个大小不
同的齿，2 个亚腹齿大于背齿。排泄细胞发达，开口于齿的后方。12 对亚头刚毛不等长，
排列于 1 圈。颈刚毛较密集，无规则排列于颈部。另有 18 簇短的颈刚毛呈 1 圈排列于
神经环之后，咽长的 1/3 处，每簇 10 根刚毛。咽圆柱状，不具有咽球，贲门呈倒三角形。
雄体生殖系统具有双精巢，相对排列。交接刺弯曲，64μm 长，相当于肛径的 1.3 倍。

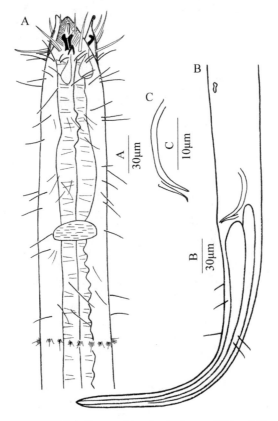

图 11.11　簇毛表刺线虫 *Epacanthion fasciculatum*（Shi and Xu，2016）
A. 雄体头端；B. 雄体尾部；C. 交接刺和引带

引带细长，呈针状，平行于交接刺远端。远端呈钩状，长度约为交接刺的 1/3。肛前具有 1 个管状辅器，位于肛前 135μm 处。3 个尾腺细胞排列于尾部。尾锥柱状，长度约为肛径的 6.6 倍。尾部具有尾刚毛，无尾端刚毛。

雌体未见。

分布于潮间带砂质沉积物中。

11.4.2.2　多毛表刺线虫 *Epacanthion hirsutum* Shi & Xu，2016（图 11.12）

身体长柱状，体长 1879–2433μm。表皮光滑，具有不明显的环纹。头部略收缩。头鞘角质化。唇部发达，具有典型的唇瓣，唇瓣不具有条纹。头感器刚毛状，6 根外唇刚毛与 4 根头刚毛排列于 1 圈。头刚毛位于头鞘后缘。8 对亚头刚毛不等长，排列于 1 圈。咽区刚毛较密集，大致分为 2 圈，着生于颈部，前 1 圈大约 20 根刚毛，后 1 圈刚毛呈分散排列。另有 1 圈典型的短的刚毛排列于神经环之后，咽长的 1/3 处。神经环之后

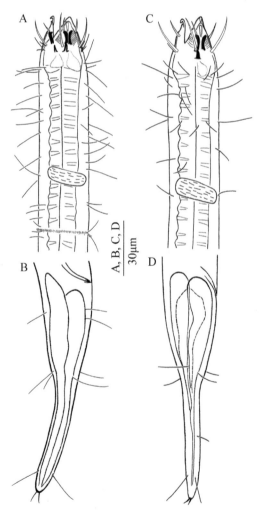

图 11.12　多毛表刺线虫 *Epacanthion hirsutum*（Shi and Xu，2016）

A. 雄体头端；B. 雄体尾部；C. 雌体头端；D. 雌体尾部

刚毛明显减少。口腔内有 3 个颚和 3 个齿。每个颚长 13–17μm，通过角质化的薄膜相连。咽肌组织发达，前端包裹口腔，膨大，末端不膨大。贲门呈倒三角形。排泄细胞发达，开口于齿的后方。尾锥柱状，长度为肛径的 3.7–5.0 倍。尾部 4 根刚毛排列成 1 圈，位于尾柱状和锥状连接处，另有部分尾刚毛无规则着生于尾部，具有 2 根长的亚尾端刚毛和 2 根短的尾端刚毛。3 个尾腺细胞明显。

雄体生殖系统具有 2 个相对的精巢，均位于肠的左侧。交接刺略微弯曲，长 21–33μm。引带小，长度仅为交接刺的 20%，锥状，平行于交接刺远端。无肛前辅器。

雌体个体较大。无亚头刚毛。咽部的颈刚毛较雄体稀疏，头刚毛后有 1 圈 12 根的颈刚毛。卵巢成对，弯折，相对排列。雌孔位于身体中部。

分布于潮间带砂质沉积物中。

11.4.2.3　长尾表刺线虫 *Epacanthion longicaudatum* Shi & Xu，2016（图 11.13）

体长 2228–2683μm。表皮光滑，具有不明显的环纹。头部略收缩。头鞘角质化。唇部发达，具有典型的唇瓣，唇瓣不具有条纹。头感器刚毛状，呈 6+10 的排列模式，6 根外唇刚毛和 4 根头刚毛排列为 1 圈。头刚毛位于头鞘后缘。10 组亚头刚毛不等长，排列于 1 圈，每簇 3 根。咽区刚毛较有规律，大致分为 3 圈，着生于颈部，第 1 圈大约 40 根刚毛，后 2 圈各有 20 根刚毛。另有第 4 圈 16 簇典型的短刚毛排列于神经环之后，咽长的 1/3 处。神经环之后刚毛明显减少。口腔内有 3 个颚和 3 个齿。每个颚长约 8μm，通过角质化的薄膜相连。2 个亚腹齿大于背齿。咽肌组织发达，前端包裹口腔，膨大，末端不膨大，贲门呈倒三角形。排泄细胞发达，开口于齿的后方。尾锥柱状，长度为肛径的 6.7–7.9 倍。尾部具有不规则排列的尾刚毛，另有 3 根长的亚尾端刚毛，无尾端刚毛。

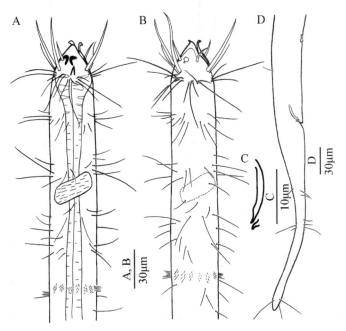

图 11.13　长尾表刺线虫 *Epacanthion longicaudatum*（Shi and Xu，2016）
A. 雄体头端；B. 雌体头端；C. 交接刺和引带；D. 雄体尾部

雄体生殖系统具有 2 个相对的精巢，均位于肠的左侧。交接刺略弯曲，近端膨大，长 25–35μm。引带锥状，长度仅为交接刺的 1/5，平行于交接刺远端。具有 1 个管状辅器，位于肛前 86–92μm 处。

雌体个体较大。咽部的颈刚毛较雄体稀疏，头刚毛后有 1 圈 12 根的颈刚毛。雌体同样具有 3 圈长的颈刚毛，但没有第 4 圈 16 簇短的颈刚毛。雌孔位于身体中部，卵巢成对，弯折，相对排列。

分布于潮间带砂质沉积物中。

11.4.2.4 疏毛表刺线虫 *Epacanthion sprsisetae* Shi & Xu，2016（图 11.14）

身体长柱状，体长 2533–2648μm。表皮光滑，具有不明显的环纹。头部略收缩。头鞘角质化。唇部发达，具有典型的唇瓣。头感器刚毛状，呈 6+10 的排列模式。头刚毛位于头鞘后缘。12 组亚头刚毛不等长，排列于 1 圈，每簇 3 根。体刚毛稀疏。另有 1 圈 8 簇、每簇 10 根典型的短刚毛排列于神经环之后，咽长的 1/6 处。神经环之后刚毛明显减少。口腔内有 3 个颚和 3 个齿。每个颚长约 13μm，通过角质化的薄膜相连。2 个亚腹齿大于背齿。咽肌组织发达，前端包裹口腔，膨大，末端不膨大，贲门呈倒三角

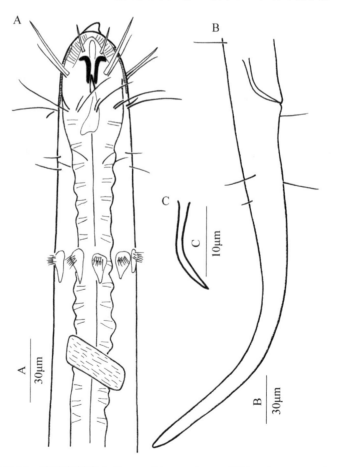

图 11.14　疏毛表刺线虫 *Epacanthion sprsisetae*（Shi and Xu，2016）

A. 雄体头端；B. 雄体尾部；C. 交接刺与引带

形。排泄细胞发达，开口于齿的后方。

雄体生殖系统具有 2 个相对的精巢，均位于肠的左侧。交接刺略弯曲，近端膨大，长 32–38μm。无引带和肛前辅器。尾锥柱状，长度为肛径的 6.5–6.9 倍。尾部具有不规则排列的尾刚毛，无尾端刚毛。

分布于潮间带砂质沉积物中。

11.4.3　拟棘尾线虫属 *Paramesacanthion* Wieser，1953

角皮光滑，具有头鞘。内唇感器刚毛状，外唇刚毛和头刚毛位于头鞘的中前部。颚拱形，前端具有爪状结构。交接刺具有关节，有或无肛前辅器。头部刚毛具有两性差异，雌体的很短。

11.4.3.1　东海拟棘尾线虫 *Paramesacanthion donghaiensis* sp. nov.（图 11.15）

身体长纺锤形，体长 1805–1904μm。头感器刚毛状。6 根内唇刚毛长 7μm，着生于头顶端。6 根外唇刚毛粗而长，达 33μm。4 根头刚毛长 20μm，与外唇刚毛排列成 1 圈，着生于头鞘前部。亚头刚毛位于头鞘中部。6 纵列颈刚毛，每列由 3 或 4 根刚毛组成，每根长 16μm，位于神经环至头端的中间位置。口腔深 34μm，宽 13μm，有 3 个颚和 3 个齿，2 个亚腹齿略大于背齿。神经环位于咽长的 37%。咽包围口腔基部，圆柱状，基部稍膨大，角质化加厚。贲门小，锥状。尾细长，近端 3/4 锥状，远端为柱状，尾末端膨大，尾长为泄殖孔相应体径的 4 倍，尾刚毛长 5–6μm。尾腺细胞向前延伸至泄殖孔前 300μm。

雄体生殖系统具有 2 个伸展的精巢，位于肠的左侧。交接刺弓状，长 41μm，中部有关节，分成等长的上、下 2 节。近端 1 节柱状，远端 1 节镰刀状。引带弯曲呈钩状，长 17μm。肛前具有 1 个管状辅器，长 16μm，位于泄殖孔前 96μm 处。

雌体具有少量短的颈刚毛，生殖系统具有 2 个反折的卵巢。输卵管的两侧各具有 1 个卵圆形的囊状储精囊。雌孔位于身体中部（即距头端为体长的 48%）。

该种以长的外唇刚毛、6 纵列颈刚毛和特殊的交接刺、引带结构以及尾具有极短的柱状部分而不同于本属其他种。

分布于潮下带泥沙质沉积物中。

11.4.3.2　似三尖拟棘尾线虫 *Paramesacanthion paratricuspis* sp. nov.（图 11.16）

体长 2202–2363μm。头鞘角质化加厚，头部收缩，由 1 个角质化的环将头与身体分开。头感器呈 6+10 的模式排列，第 1 圈 6 根内唇刚毛较短，位于头端。6 根外唇刚毛和 4 根头刚毛等长，位于头鞘前部，每根长 6μm，距头端 25μm。具有 1 圈 6 根亚头刚毛，每根约 24μm，距头端 30μm。头部具有头器，长 11μm，宽 18μm，前缘距头端 12μm。化感器不明显。口腔桶状，长 100μm，宽 50μm，口腔壁角质化，内有 3 个颚，背侧 1 个、亚腹侧 2 个。2 个亚腹齿略大于背齿。具有 2 圈颈刚毛，第 1 圈距头端 60μm，包含 12 根刚毛，第 2 圈距头端 120μm，6 纵列，每列 4 根，长约 10μm。咽柱状，包裹口腔末端，神经环位于咽长的 39% 处。

雄体生殖系统具有 2 个相对排列的精巢，均位于肠的左侧。交接刺细长稍弯曲，长

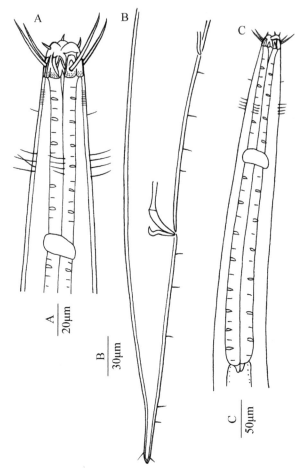

图 11.15 东海拟棘尾线虫 *Paramesacanthion donghaiensis* sp. nov.

A. 雄体头端；B. 雄体尾部；C. 雄体咽部

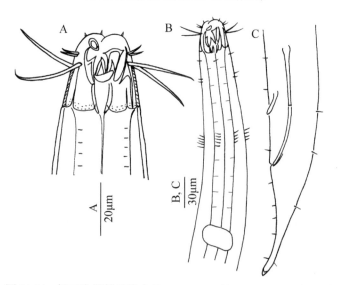

图 11.16 似三尖拟棘尾线虫 *Paramesacanthion paratricuspis* sp. nov.

A. 雄体头端，示口腔、头刚毛、齿、颚等；B. 雄体颈部；C. 雄体尾部，示交接刺、辅器

125μm，中部有 1 关节分为近等长的上、下 2 节。近端呈头状膨大。引带小而简单，无引带突。肛前具有管状辅器，长约 30μm，位于肛前 52μm 交接刺关节处。尾锥柱状，具有尾刚毛，但无尾端刚毛。喷丝头明显。

雌体生殖系统具有 2 个反向排列的反折的卵巢，位于肠的左侧。雌孔位于身体中部。

分布于潮下带和潮间带泥沙质沉积物中。

11.4.4 腹口线虫属 *Thoracostomopsis* Ditlevsen，1918

具有头鞘；外唇刚毛较长，口腔内具有 3 个长齿，呈矛状；颚位于口腔前部；交接刺细长或短粗；引带或有或无；具有管状肛前辅器。

11.4.4.1 *Thoracostomopsis* sp.（图 11.17）

身体长梭状，体长 3.2mm，最大体宽约 117μm（a=27.4）。表皮光滑。内唇刚毛 6μm，外唇刚毛很长，每根长 52–55μm。4 根头刚毛每根长 27μm。雄体具有长的颈刚毛，位

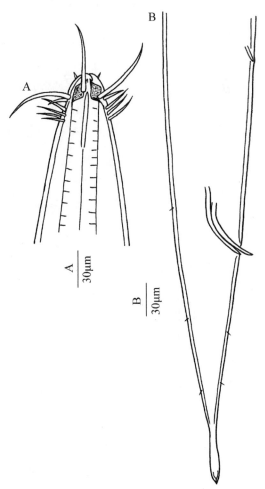

图 11.17 *Thoracostomopsis* sp.

A. 雄体头端；B. 雄体尾部

于头鞘后缘。齿呈长矛状，长 42μm。3 个颚环绕着齿，每个颚中部都具有突起。咽呈柱状，长约为体长的 20%。尾锥柱状，具有 1 个膨大的尾端，尾长约为 3.7 倍肛径。

交接刺成对且等长，弯曲，长 73μm，角质化，近端不膨大，远端尖锐。无引带。具有 1 个管状辅器，长约 14μm，位于肛门前 168μm 处。

分布于潮下带泥质沉积物中。

11.5　烙线虫科 Ironidae de Man，1876

11.5.1　锥线虫属 *Conilia* Gerlach，1956

内唇感器乳突状，外唇感器和头感器刚毛状。口腔管状，具有 3 个大小不等的齿和 1 个倾斜的齿板。咽前端膨大，基部无咽球。交接刺通常只有 1 条，具有引带和生殖附件。尾锥柱状。

11.5.1.1　中华锥线虫 *Conilia sinensis* Chen & Guo，2015（图 11.18）

身体细长，圆柱状，体长 2101–2399μm，最大体宽 33–36μm。头端圆钝，膨大。

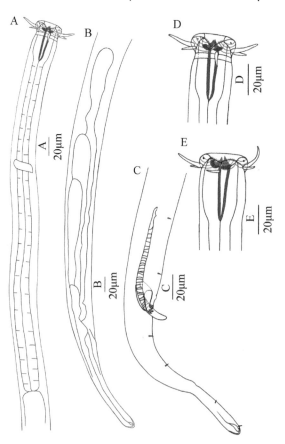

图 11.18　中华锥形线虫 *Conilia sinensis*
A. 雌体咽部；B. 雌体后部；C. 雄体尾部；D. 雌体头端；E. 雄体头端

6 个内唇感器乳突状，6 根外唇刚毛与 4 根短粗圆钝的头刚毛排列成 1 圈。头部下端有 1 宽 4μm 的收缩环带。口腔前室杯状，后室管状，角质化加厚。在杯状前部边缘处有 3 个大小相近的实心弯曲爪状齿。杯状口腔前缘有 1 排角质化的小齿。咽为体长的 18%–21%，前端明显膨大，基部稍膨大。神经环位于咽长的 37%–40%处。尾锥柱状，长为泄殖孔相应体径的 4.5–5.7 倍，向腹部明显弯曲，尾中部腹侧中央具有 1 个小的突起。3 个细长的尾腺细胞位于肛前。

雄体生殖系统具有 2 个精巢，一前一后位于肠的右侧。交接刺单条，伸长，具有横向或稍倾斜的环纹，长 87–100μm，为泄殖孔相应体径的 3.5–4.2 倍。生殖附件成对，长 25–28μm，远端弯曲，有 2 个坚固的钩状结构。引带为稍弯曲的薄带状，长 18–22μm。具有 1 个乳突状肛前辅器。

雌体头部无收缩。角质化的管状口腔较深，长 35–36μm。尾直，无尾刚毛。生殖系统具有 2 个反折的卵巢。雌孔位于体长的 54%–57%处。

分布于福建漳州东山岛潮间带砂质沉积物中。

11.5.2　烙线虫属 *Ironella* Cobb，1920

头感器均为刚毛状，排列成 3 圈。化感器袋状。口腔伸长，具有 3–5 个齿。咽前端膨大，包裹口腔，无后咽球。交接刺细长，引带小，肛前辅器呈粗短的刚毛状。

11.5.2.1　多辅器烙线虫 *Ironella multisupplementa* sp. nov.（图 11.19）

个体细长，体长 6930μm，最大体宽 37μm（*a*=187.3）。表皮具有环纹。唇瓣向外扭曲，具有 6 根内唇刚毛。外唇刚毛粗，长 13μm。头刚毛细，长 10μm，位于距头端 21μm 处。化感器袋状，位于头刚毛之后。口腔呈长锥状，具有角质化内壁，内有 3 个弯曲的齿。咽柱状，长约 430μm，具有前咽球，无后咽球。贲门锥状。神经环位于咽长的 33%处。尾较短，锥状，具有 3 个尾腺细胞。

雄体生殖系统具有 2 个精巢，相对排列。交接刺短而厚，略为弯曲，具有中肋，长约 36μm。引带板状，长约 21μm，紧贴交接刺。交接刺侧面具有 1 个 10μm 长的角质板。21 个乳突状辅器位于肛前腹侧，每个乳突尖端具有 1 根刚毛，辅器间距近相等，约 12μm。肛前第 1 个辅器距泄殖孔 16μm。

该种不同于本属其他种的特征是较短的交接刺和较多的肛前辅器。

分布于潮下带泥质沉积物中。

11.5.3　负线虫属 *Pheronous* Inglis，1966

头感器均为乳突状。口腔具有 4 个齿。咽末端膨大，形成后咽球。交接刺短而宽。引带具有小的引带突；雄体具有肛前辅器和肛后刚毛。尾锥状，末端锐尖。

11.5.3.1　东海负线虫 *Pheronous donghaiensis* Chen & Guo，2015（图 11.20）

身体长梭状，两端渐尖。表皮光滑，分散着小的乳突。头部收缩，形成深沟状。头感器呈 6+10 的模式排列为 2 圈，其中 6 个外唇乳突和 4 个头乳突位于 1 圈，外唇乳突较大。化感器呈袋状，宽为相应体径的 59%–62%，化感器前缘恰好位于头部深沟处。口腔具有 1 个杯状的前室和角质化的管状后室，分别深 5–8μm 和 55–56μm。前室内壁具有几排小齿。具有 2 个小的背齿和 2 个较大的实心弯曲的亚腹齿，2 个亚腹齿分别位于前室和后室交界处。咽长为体长的 16%。咽在前端膨大呈前咽球，向基部逐渐扩大，不形成后咽球。贲门锥状。排泄孔位于唇部。腹腺细胞位于咽后部。尾锥状渐细，尾末端锐尖，无尾腺细胞。泄殖孔后亚腹侧具有 2 排锥状乳突，每排 8 或 9 个。

雄体生殖系统具有 2 个相对排列的精巢，位于肠的右侧。交接刺成对，短粗，近端具有中央隔膜。引带很短，近端稍薄，远端较厚，具有 2 个爪状结构。

雌体尾较长，尾部具有几个不规则分散的乳突。生殖系统具有 2 个反折的卵巢，相对排列，位于肠的右侧。雌孔位于体长的 60% 处。

分布于潮间带泥质沉积物中。

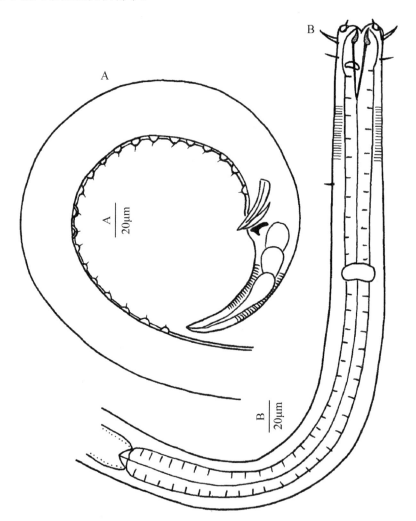

图 11.19　多辅器烙线虫 *Ironella multisupplementa* sp. nov.

A. 雄体后部；B. 雄体咽部

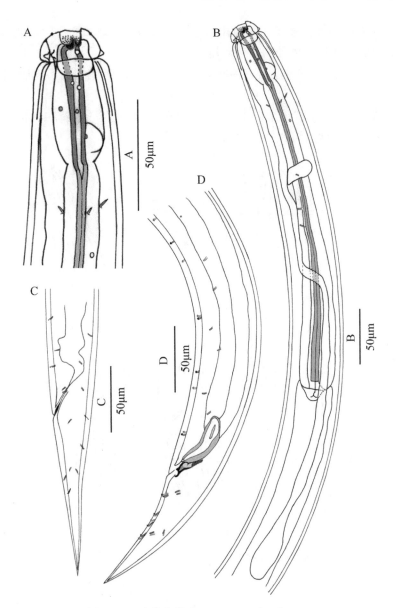

图 11.20　东海负线虫 Pheronous donghaiensis
A. 雄体头端；B. 雌体咽部；C. 雌体尾部；D. 雄体尾部

11.5.4　笛咽线虫属 Syringolaimus de Man，1888

角皮具有密横纹。唇感器和头感器不明显或乳突状。口腔柱状，具有 3 个齿。咽具有圆形或椭圆形的后咽球。尾锥状或锥柱状，尾尖延长。

11.5.4.1　纹尾笛咽线虫 Syringolaimus striatocaudatus de Man，1888（图 11.21）

身体细长，体长 845–1300μm，最大体宽 26–32μm。角皮具有细横纹。头感器乳突状。化感器横向缝状，宽 4μm，距头端 8μm。口腔柱状，深 40–47μm，具有 3 个实心齿，每个齿长 4μm，具有突起。咽圆柱形，具有长的前咽球和圆形的后咽球。尾细长，锥柱状，长为泄殖孔相应体径的 6 倍，尾尖长 11μm。

交接刺宽，稍向腹侧弯曲，具有中间隔膜，近端头状，远端尖细。引带板状，长 5μm，无引带突。

雌体生殖系统具有 2 个反折、相对排列的卵巢。雌孔位于身体中间位置。

分布于潮下带泥沙质沉积物中。

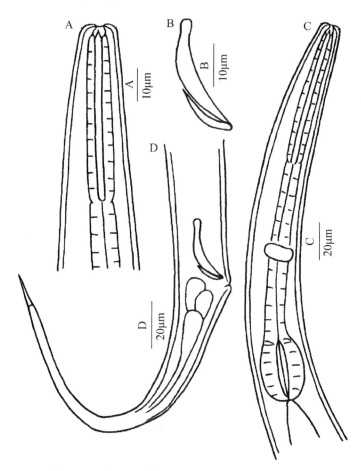

图 11.21　纹尾笛咽线虫 Syringolaimus striatocaudatus
A. 雄体前端；B. 交接刺和引带；C. 雄体咽部；D. 雄体尾部

11.5.5　海线虫属 Thalassironus de Man，1889

体长 2–8mm。表皮具有浅环纹。6 根外唇刚毛和 4 根头刚毛排列成 1 圈；具有 2 列颈刚毛。口腔管状，内有 2 个背齿和 1 个腹齿。尾锥柱状。

11.5.5.1　丝状海线虫 Thalassironus filiformis Huang，Huang & Xu，2019（图 11.22）

身体细长，体长 3680–3700μm。表皮光滑。头刚毛处收缩。内唇感器不明显，6 根外唇刚毛长 7.5–8.0μm，4 根头刚毛与外唇刚毛排成 1 圈，几乎等长。化感器袋状，宽

8–9μm，位于头刚毛之后，距顶端 20μm。口腔柱状，长 47μm，宽 5μm，口腔壁加厚，内有 3 个齿；另有 3 个附加齿位于化感器之后。咽始于齿后，近端膨大，形成前咽球，逐渐狭窄至神经环，至咽基部再次膨大，但不形成后咽球。尾长 772–780μm，相当于 21 倍肛径。末端逐渐呈丝状。3 个尾腺细胞排列于尾前部。

交接刺细长，长 68μm，中部两次弯曲，并且具有翼状隔膜。引带棒状，长 22μm，略微弯曲，无引带突。肛前具有 1 根明显分节的刚毛。

雌体生殖系统具有双卵巢，反折，相对排列，前卵巢位于肠的左侧，后卵巢位于肠的右侧。雌孔开口于身体中部靠前位置。

分布于潮下带泥质沉积物中。

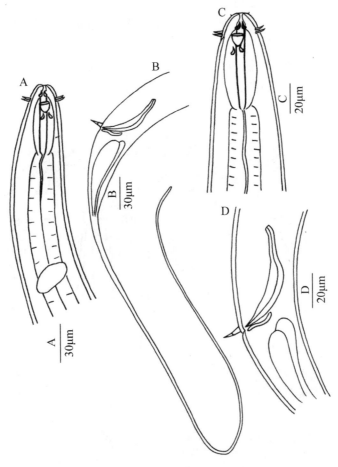

图 11.22　丝状海线虫 Thalassironus filiformis
A. 雄体头端；B. 雄体尾部；C. 雌体头端；D. 雄体泄殖孔区，示交接刺、引带和肛前刚毛

11.5.6　三齿线虫属 Trissonchulus Cobb，1920

内唇感器乳突状，外唇感器和头感器乳突状或短刚毛状。口腔内有 3 个齿。咽末端膨大或形成后咽球。尾很短，锥状，宽且钝。

11.5.6.1 乳突三齿线虫 *Trissonchulus benepapillosus*（Schulz, 1935）Gerlach & Riemann, 1974（图 11.23）

体长 1490–1841μm，最大体宽 39–56μm。表皮光滑，颈部具有一些小的乳突。头部收缩，形成 1 深沟。6 个内唇感器乳突状，6 个外唇乳突和 4 根短的头刚毛排列成 1 圈。头刚毛长 2–3μm。化感器袋状，宽为相应体径的 62%–74%，位于头部凹陷的后方。口腔包含 1 个杯状的前端和 1 个角质化的管状后端，长度分别为 4–6μm 和 36–39μm。口腔的杯状前庭中有 1 个大的角质化背齿和 2 个亚腹齿。咽长为体长的 16%–17%，两端略微膨大。贲门呈半圆形。神经环位于咽中部。排泄孔开口于内唇和头刚毛之间。排泄细胞呈拉长的瓶状，位于咽后方。排泄系统内充满颗粒状物质。尾锥状，末端钝。3 对均匀的小的乳突状肛后辅器呈 2 列分布于肛后亚腹侧。肛前也分布着 2 列不均匀的乳突状肛前辅器。尾腺细胞细长。

雄体生殖系统具有双精巢，相对且直伸，均位于肠的左侧。交接刺细长且弯曲，近端宽，远端钝。中部具有中肋。引带短，具有引带突。

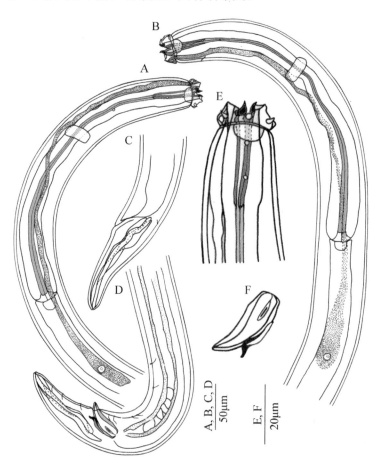

图 11.23 乳突三齿线虫 *Trissonchulus benepapillosus*
A. 雄体咽部；B. 雌体咽部；C. 雌体尾部；D. 雄体尾部；E. 雄体头端；F. 交接刺和引带

　　雌体较雄体略长，尾部不具有乳突状辅器。生殖系统具有双卵巢，反折，相对排列，均位于肠的右侧。雌孔呈横缝状，位于身体中部偏后。

　　分布于福建漳州东山岛潮间带砂质沉积物中。

11.5.6.2　扁刺三齿线虫 *Trissonchulus latispiculum* Chen & Guo，2015（图 11.24）

　　体长 3325–4545μm，最大体宽 76–95μm。表皮光滑，颈部具有一些小的乳突。头部收缩，形成 1 深沟。内唇感器乳突状，6 个外唇乳突和 4 根短的头刚毛排列成 1 圈。头刚毛长 2–3μm。化感器袋状，宽为相应体径的 31%–43%，位于头部凹陷的后方。口腔包含 1 个杯状的前端和 1 个角质化的管状后端，长度分别为 10–12μm 和 54–57μm。口腔的杯状前庭中有 1 个大的弯曲的爪状背齿和 2 个亚腹齿，亚腹齿大于背齿。口腔内壁还具有一些小的齿状物。咽长为体长的 0.13–0.16 倍，两端略微膨大。贲门呈心形。神经环基本位于咽的 35%–44%处。排泄孔开口于内唇和头刚毛之间。排泄细胞呈拉长

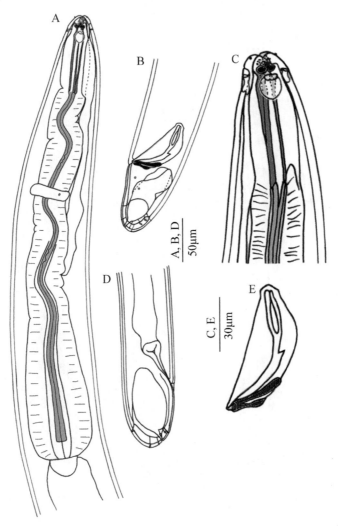

图 11.24　扁刺三齿线虫 *Trissonchulus latispiculum*

A. 雄体咽部；B. 雄体尾部；C. 雄体头端；D. 雌体尾部；E. 交接刺和引带

的瓶状，位于咽后方。尾锥状，末端钝。尾部表皮分布一些小的乳突状辅器。尾腺细胞细长。

雄体生殖系统具有双精巢，相对且直伸，分别位于肠的左、右两侧。交接刺较宽且具有翼状薄膜，近端膨大，中部背侧具有中脊。引带短，具有引带突。

雌体尾部不具有乳突状辅器。生殖系统具有双卵巢，反折，相对排列，均位于肠的右侧。雌孔呈横缝状，位于身体中部偏后。

分布于福建泉州洛阳江红树林潮间带沉积物中。

11.5.6.3 海洋三齿线虫 *Trissonchulus oceanus* Cobb，1920（图 11.25）

体长 2273–2673μm，最大体宽 42–59μm。表皮光滑，颈部具有一些小的乳突。头部

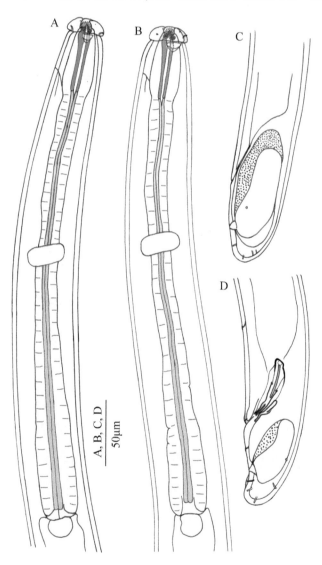

图 11.25　海洋三齿线虫 *Trissonchulus oceanus*
A. 雌体咽部；B. 雄体咽部；C. 雌体尾部；D. 雄体尾部

收缩，形成 1 深沟。内唇感器乳突状，6 个外唇乳突和 4 根锥状头刚毛排列成 1 圈。头刚毛长 2–3μm。化感器袋状，宽为相应体径的 38%–46%，位于头部凹陷的后方。口腔包含 1 个杯状的前室和 1 个角质化的管状后室，长度分别为 7–10μm 和 37–41μm。口腔的杯状前室中有 1 个大的背齿和 2 个亚腹齿，3 个齿大小相等。口腔内壁还具有一些小的齿状物。咽长为 12%–14%体长，两端略微膨大，卵圆形。神经环位于咽的 42%–48%处。排泄孔开口于内唇和头刚毛之间。排泄细胞呈拉长的瓶状，位于咽后方。尾短，锥状或长圆形，末端钝，略向腹侧弯曲。尾部分布着 3 对小的乳突状肛后辅器。喷丝头开口于尾端腹侧。

雄体生殖系统具有双精巢，直伸，相对排列。交接刺弯曲，近端膨大，中部背侧具有隔膜。引带短，具有引带突。

雌体较雄体略长，尾部更加圆钝，不具有乳突状辅器。生殖系统具有双卵巢，反折，相对排列。雌孔呈横缝状，位于身体中部偏后。

分布于福建漳州东山岛潮间带砂质沉积物中。

11.6　尖口线虫科 Oxystominidae Chitwood，1935

11.6.1　吸咽线虫属 *Halalaimus* de Man，1888

身体细长丝状，两端尖细。化感器细长，呈纵向的缝状。头感器呈 3 圈排列。几乎无口腔。咽细长，无咽球。尾锥柱状，尾端尖、钝或分叉。

11.6.1.1　纤细吸咽线虫 *Halalaimus gracilis* de Man，1888（图 11.26）

身体细长，呈长梭状，体长 0.8–1.3mm，最大体宽 17–26μm（*a*=40–60），表皮光滑。颈部狭长，头部略微收缩。6 根外唇刚毛距头端约 1 倍头径，4 根头刚毛距头端约 2 倍头径。化感器细长，纵向缝状，长 37μm，前缘距头端 4.5 倍头径。无口腔。咽长相当于 30%体长，末端膨大。尾锥柱状，长为 12–15 倍肛径，锥状部分占尾的 1/3，其余部分呈丝状，尾端稍膨大。

雄体生殖系统具有 2 个相对排列的精巢。交接刺长 179μm，腹侧具有翼膜。引带包裹交接刺远端，无引带突。

雌体生殖系统具有 2 个直伸且相对排列的卵巢，雌孔位于身体中部。

分布于潮下带泥质或细沙质沉积物中。

11.6.1.2　伊赛氏吸咽线虫 *Halalaimus isaitshikovi* Filipjev，1927（图 11.27A、B）

身体细长，呈长梭状，体长 1960–1990μm，最大体宽 43μm，表皮光滑。颈部长且狭窄，头部略微收缩。4 根头刚毛与 6 根外唇刚毛分别排列成 2 圈，几乎等长，距头端约 2 倍头径。化感器细长，长 37μm，前缘距头端 4.5 倍头径。咽长相当于 30%体长，末端膨大。尾锥柱状，锥状部分占尾的 2/3，其余部分呈柱状。锥状部分具有条纹状侧装饰。

雄体生殖系统具有 2 个相对排列的精巢。交接刺长 36–59μm，腹侧具有翼膜。引带长 10μm，包裹交接刺远端，无引带突。

雌体生殖系统具有 2 个直伸且相对排列的卵巢，雌孔位于身体中部。

分布于潮下带泥质或细沙质沉积物中。

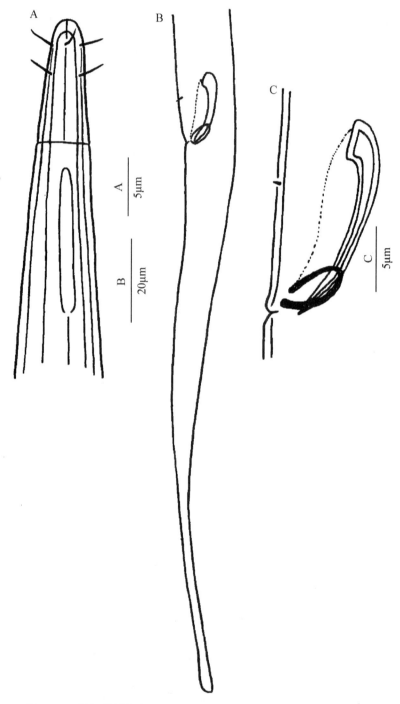

图 11.26 纤细吸咽线虫 *Halalaimus gracilis*（Platt and Warwick，1983）

A. 雄体头端，示头刚毛、化感器等；B. 雄体尾部，示交接刺、引带等；C. 交接刺和引带

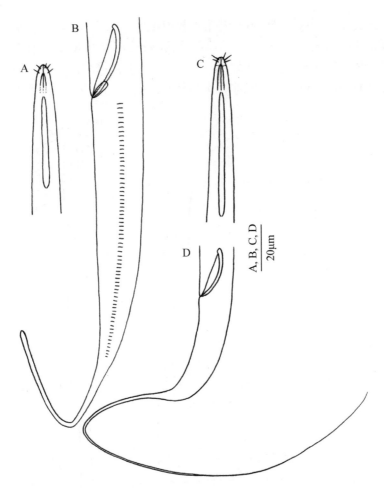

图 11.27　伊赛氏吸咽线虫 *Halalaimus isaitshikovi*（A、B）和长尾吸咽线虫 *Halalaimus longicaudatus*
（C、D）

A. 雄体头端，示头刚毛、化感器等；B. 雄体尾部，示交接刺、引带等；
C. 雄体头端，示头刚毛、化感器等；D. 雄体尾部，示交接刺、引带等

11.6.1.3　长尾吸咽线虫 *Halalaimus longicaudatus*（Filipjev，1927）Schneider，1939（图 11.27C、D）

身体细长，表皮光滑。颈部长且狭窄。4 根头刚毛较短，与 6 根外唇刚毛分别排列成 2 圈，距头端约 0.5 倍头径。化感器细长，为 48–55μm，前缘距头端 10–12μm。咽长 495μm，末端膨大。尾长为 11–17 倍肛径，锥状部分占尾的 28%，其余部分呈细丝状。

雄体生殖系统具有 2 个精巢，相对排列。交接刺长 27–31μm，腹侧具有翼膜。引带不发达。

分布于潮下带泥质或细沙质沉积物中。

11.6.1.4　长化感器吸咽线虫 *Halalaimus longamphidus* Huang & Zhang，2005（图 11.28）

身体线形，细长，体长 2173–3391μm，最大体宽 26–46μm。前端尖细，尾端丝状。

颈部细长。头感器排列成 3 圈，6 个内唇感器刚毛状，长 3.5μm，距头端 4μm。6 根外唇刚毛和 4 根头刚毛长 10–11μm。化感器细缝状，较长，为 70–81μm，前缘距头端 20μm。咽较长，约为体长的 1/4，基部稍膨大，无咽球。尾锥柱状，长 252–351μm，前半部分锥状，侧面具有横纹状侧装饰；后半部分丝状，末端二叉状分支，分叉长 13–16μm。

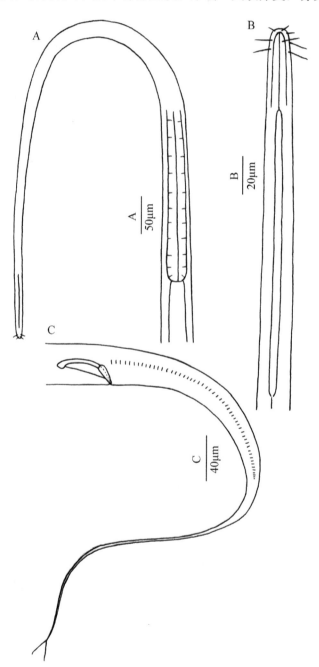

图 11.28　长化感器吸咽线虫 *Halalaimus longamphidus*

A. 雄体咽区；B. 雄体头端，示化感器；C. 雄体尾部，示交接刺和引带

　　雄体生殖系统具有 2 个反向排列的精巢。交接刺长 29–46μm，向腹面弯曲呈弧形，腹面具有翼膜。引带长椭圆形，长 14–15μm，包裹交接刺远端，无引带突。无肛前辅器。

　　雌体生殖系统具有 2 个反向排列的伸展的卵巢。卵椭圆形。雌孔位于身体的中部。

　　分布于大陆架泥沙质沉积物中。

11.6.1.5　泥生吸咽线虫 *Halalaimus lutarus* Vitiello，1970（图 11.29A、B）

　　身体纤细，体长 924–1185μm，最大体宽 13–20μm。表皮具有环纹。颈部细长且狭

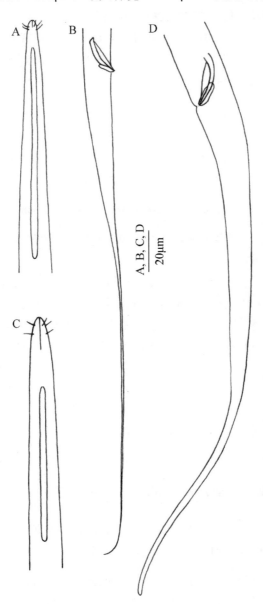

图 11.29　泥生吸咽线虫 *Halalaimus lutarus*（A、B）和沃氏吸咽线虫 *Halalaimus wodjanizkii*（C、D）
A. 雄体头端，示头刚毛、化感器等；B. 雄体尾部；C. 雄体头端；D. 雄体尾部

窄，4 根头刚毛较短，与 6 根外唇刚毛排列成 2 圈，距头端约 0.5 倍头径。化感器细长，长 59–75μm，前缘距头端 59–75μm。咽长 248–332μm，末端膨大。尾长为 11–18 倍肛径，锥状部分占尾的 30%，其余部分呈丝状。

交接刺长 11–14μm，稍直，腹侧具有翼膜。引带板状，无引带突。

分布于潮下带泥质沉积物中。

11.6.1.6 沃氏吸咽线虫 *Halalaimus wodjanizkii* Sergeeva，1972（图 11.29C、D）

个体长梭状，细长，体长 2080–2390μm，最大体宽 30–40μm。头感器呈 2 圈排列，距头端约 1 倍头径。化感器长且狭窄，长 45–65 μm，距头端 3–4 倍头径。咽长约为 20% 体长，末端膨大。尾长，前半部分锥状，后半部分柱状。尾端不膨大。

分布于潮下带泥质沉积物中。

11.6.2 利亭线虫属 *Litinium* Cobb，1920

化感器形状通常具有两性差异，雄体马蹄状，雌体圆形，包围着 1 个心形的角质化凹陷。尾端表皮不角质化，无突出的尾尖（Tchesunov et al.，2014）。

11.6.2.1 锥尾利亭线虫 *Litinium conoicaudatum* Huang & Huang，2017（图 11.30）

雄体细长，圆柱形，头端稍渐尖。体长 2510μm，最大体宽 32μm。角皮光滑，无体刚毛。头圆锥形。唇感器刚毛状，排列成 2 圈，均长 3μm。6 根内唇刚毛紧邻 6 根外唇刚毛，距头端 3μm。4 根头刚毛长 3.5μm，位于化感器基部，距头端 12μm。化感器较大，葫芦状，宽 6.5μm，占相应体径的 65%。口腔微小，无齿。咽圆柱形，末端膨大呈咽球，三角形。贲门心形。神经环位于咽的中部，排泄孔位于神经环与头端的中间位置。尾粗短，圆锥形，长为泄殖孔相应体径的 0.84 倍，末端圆钝，具有黏液管开口。

雄体生殖系统具有 1 个伸展的前精巢，位于肠的右侧。交接刺为泄殖孔相应体径的 1.4 倍，细长，弯曲呈弧形，腹面具有翼膜，近端钩状，远端尖细。引带三角形，背部具有 1 个尾状引带突，长 6μm。具有 1 个乳突状肛前辅器，其上着生 1 根 3μm 长的刚毛，位于交接刺的中间位置，距泄殖孔 20μm。

分布于大陆架泥质沉积物中。

11.6.3 线形线虫属 *Nemanema* Cobb，1920

身体前端具有明显环纹。具有 6 根外唇刚毛和 4 根头刚毛。化感器圆形。无口腔。通体具有分散的卵圆形皮腺细胞。尾锥状，尾端圆钝。

11.6.3.1 柱尾线形线虫 *Nemanema cylindraticaudatum* de Man，1922（图 11.31）

体长 2.5–2.9mm，最大体宽 32–56μm（*a*=52–78）。表皮光滑，通体具有卵圆形皮腺细胞。6 根外唇刚毛 2.5μm，4 根头刚毛较短，位于距头端 1.6 倍头径处。化感器卵圆形，距头端 2–2.8 倍头径，雄体化感器宽约为 30% 相应体径，雌体为 24% 相应体径。无口腔。

咽细长，长约为体长的 18%，具有 1 个小的后咽球。排泄孔位于咽的中部，距头端 52% 咽长。尾锥状，尾端圆钝，长约为 2.6 倍肛径。

交接刺长约为 1.4 倍肛径，宽阔，具有中肋，近端圆钝。引带为长环状。无肛前刚毛或辅器。

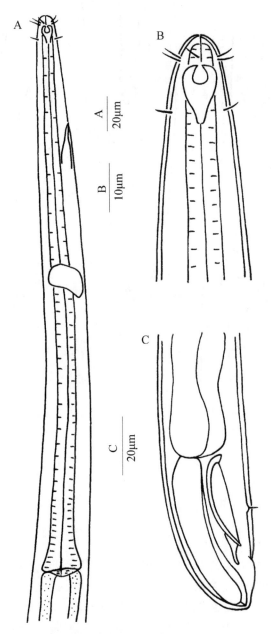

图 11.30　锥尾利亭线虫 *Litinium conoicaudatum*
A. 雄体咽区；B. 雄体头端，示化感器；C. 雄体尾部，示交接刺和引带

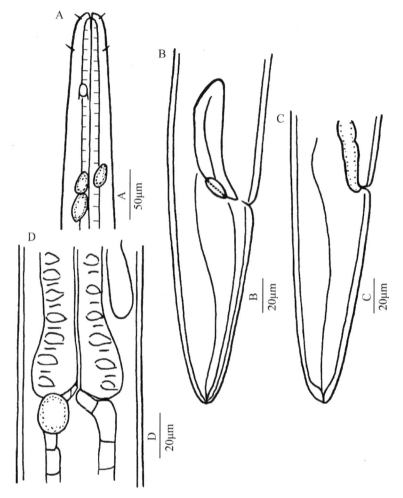

图 11.31 柱尾线形线虫 *Nemanema cylindraticaudatum*（de Man，1922）

A. 雄体头端；B. 雄体尾部；C. 雌体尾部；D. 咽基部

雌体生殖系统具有 1 个后置卵巢，较大，反折。雌孔位于身体前端，距头端距离为体长的 34%。

分布于潮下带泥质沉积物中。

11.6.3.2 小线形线虫 *Nemanema minitum* Sun & Huang，2018（图 11.32）

个体相对较小，纺锤形，体长 1939μm，最大体宽 50μm。角皮光滑，无侧装饰，通体具有大量椭圆形皮腺细胞。内唇感器不明显。6 个外唇感器刚毛状，长 1.5μm。4 根头刚毛稍短，排列靠前，位于距头端 1.4μm 处。化感器较大，卵圆形，长 8μm，宽 5.5μm，前缘距头端 3.4 倍头径。无口腔。咽细长，达 436μm，为体长的 23%，基部膨大，壁加厚，不形成咽球。贲门矩圆形。排泄孔壁加厚，距头端为咽长的 38%。腹腺细胞较大，基部位于贲门处。尾锥状，长 186μm，为泄殖孔相应体径的 2.8 倍，无尾刚毛。

雄体生殖系统具有 2 个反向排列的精巢。交接刺长 41μm，为泄殖孔相应体径的 1.3 倍，向腹面弯曲，具有腹面翼膜，近端弯钩状，远端渐尖。引带环形，无引带突。具有

1 个乳突状肛前辅器，其上着生 3 根刚毛。

没有发现雌体。

分布于陆架砂质沉积物中。

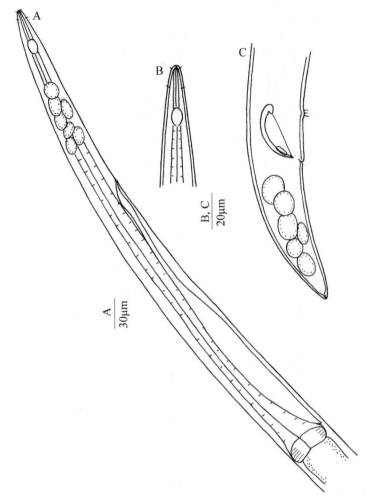

图 11.32　小线形线虫 *Nemanema minitum*

A. 雄体咽区，示化感器、皮腺细胞和排泄系统；B. 雄体头端，示化感器；C. 雄体尾部，示交接刺和引带

11.6.4　尖口线虫属 *Oxystomina* Filipjev，1918

头感器 3 圈。化感器椭圆形。无口腔。卵圆形皮腺细胞遍及全身。尾锥柱状，末端膨大呈棒状。

11.6.4.1　美丽尖口线虫 *Oxystomina elegans* Pcaronova，1971（图 11.33）

身体纤细，丝状，体长 1375–2010μm，最大体宽 17–29μm。角皮光滑。头刚毛和颈刚毛不明显。雄体化感器椭圆形，长约 12μm，距头端 21μm，雌体较雄体更小、更圆。无口腔。咽长约为 23% 体长，具有小的后咽球。排泄孔位于距头端 77μm 处。尾锥柱状，后端棒状，长为 6.6–7.7 倍肛径。

　　交接刺长 36–38μm，近端稍膨大，远端尖锐。无引带，无肛前刚毛。

　　分布于潮下带泥质沉积物中。

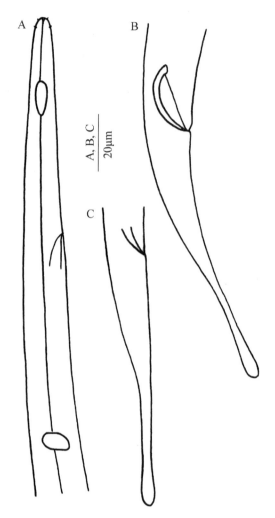

图 11.33　美丽尖口线虫 *Oxystomina elegans*
A. 雄体前部，示化感器、排泄孔、神经环等；B. 雄体尾部，示交接刺、引带等；C. 雌体尾端

11.6.4.2　长尖口线虫 *Oxystomina elongata* Butschli，1874（图 11.34）

　　体长 1910–2175μm，最大体宽 36–45μm。表皮光滑。6 根外唇刚毛长约 2.5μm。4 根头刚毛长约为 2.8 倍头径。雄体化感器椭圆形，长 18μm，距头端 30μm，雌体化感器较雄体小而圆。无口腔。咽长约为 25%体长，具有 1 个小的后咽球。排泄细胞小，椭圆形，排泄孔位于咽长的 1/3 处。尾锥柱状，末端膨大，长约为 5 倍肛径。

　　交接刺长 30–39μm，近端向腹侧弯曲呈钩状，远端渐尖。引带小而弯曲，包裹交接刺远端。具有一长一短 2 根肛前刚毛。

　　分布于潮下带泥质沉积物中。

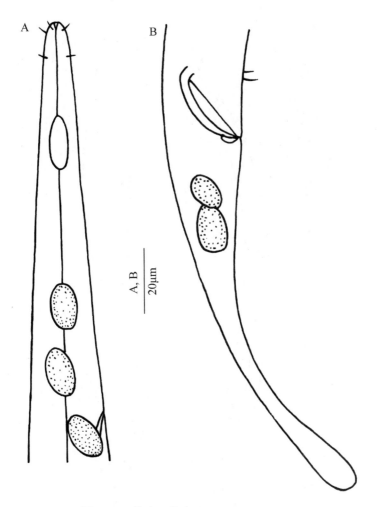

图 11.34　长尖口线虫 *Oxystomina elongata*
A. 雄体前部，示头刚毛、化感器和颗粒细胞；B. 雄体尾部，示交接刺、引带和肛前刚毛

11.6.4.3　长尾尖口线虫 *Oxystomina longicaudata* sp. nov.（图 11.35）

身体纤细，体长 1900–1965μm。表皮光滑。内唇感器不明显，6 根外唇刚毛每根长约 2.5μm，头感器不明显。化感器呈椭圆形，长 12μm，宽 5μm，距头端 35μm。无口腔。咽细长，占体长的 33%，基部稍膨大，无咽球。排泄孔略为角质化，距头端 190μm。贲门呈倒三角形，被肠组织包裹。–尾锥柱状，较长，长约为 9.5 倍肛径，具有 1 个棒状的尾端，无尾端刚毛。

雄体生殖系统具有单精巢。交接刺弯曲，长约 20μm，每根交接刺都具有平行的角质化边界。不具有中央隔膜。无引带。2 根肛前刚毛不等长，分别长 4μm 和 3μm，位于肛前 23μm 处。尾部具有 3 个尾腺细胞。

雌体未发现。

该新种区别于属内其他种的特征是具有非常长的颈部和咽；长的锥柱状尾；椭圆形的化感器；交接刺细长，弧形，不具有中央隔膜；无引带；2 根不等长的肛前刚毛。

分布于潮下带泥沙质沉积物中。

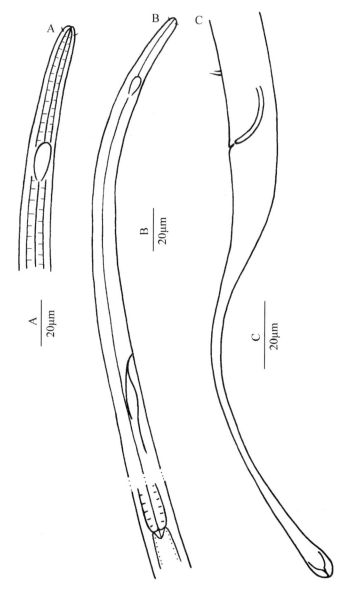

图 11.35　长尾尖口线虫 *Oxystomina longicaudata* sp. nov.
A. 雄体头端；B. 雄体咽部；C. 雄体尾部

11.6.4.4　大化感器尖口线虫 *Oxystomina macramphida* sp. nov.（图 11.36）

雄体细长，两端尖细，体长 1740–1958μm，最大体宽 40–44μm。角皮光滑，周身布满卵圆形的皮腺细胞。内唇感器不明显。6 个外唇感器刚毛状，长 2μm。4 根头刚毛较短，1.5μm，位于距头端 11μm 处。化感器椭圆形，较大，长 20–23μm，宽 6–7μm，前缘距头端 25μm。无口腔。咽细长，圆锥状，基部膨大成卵圆形咽球。神经环距头端 105μm。排泄孔角质化，位于神经环下面，距头端 116μm。贲门三角形。尾锥柱状，长 125–128μm，为泄殖孔相应体径的 4.7–5.0 倍，末端膨大呈棒状，无尾端刚毛，具有 3 个尾腺细胞，开口于尾的末端。

雄体生殖系统具有单精巢。交接刺长 37–40μm，向腹面弯曲呈弓形，腹面具有翼膜，近端钩状。引带较小，椭圆形，长 5μm，无引带突。具有 2 根不等长的肛前刚毛，长的 8μm，短的 4μm，位于肛前 22μm 处。

雌体生殖系统具有单子宫，具有 1 个后置的弯折的卵巢，前子宫退化成 1 短管。阴道括约肌发达。雌孔位于身体前端，距头端距离为体长的 23%。

该种区别于本属其他已知种的特征是化感器较大，交接刺近端钩状，腹面具有翼膜，引带小而椭圆形，肛前具有 2 根不等长的刚毛，尾长且末端膨大，雌孔位置靠前。

分布于黄海、东海大陆架泥沙质沉积物中。

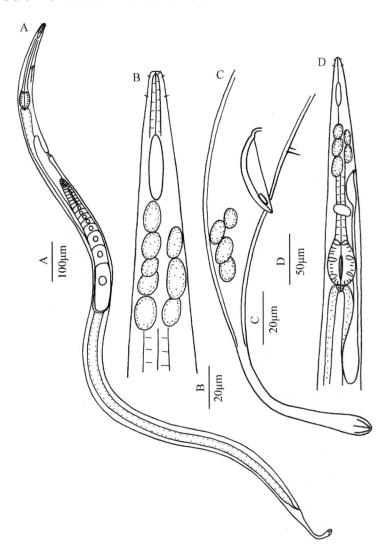

图 11.36　大化感器尖口线虫 Oxystomina macramphida sp. nov.
A. 雌体；B. 雄体头端，示化感器和皮腺细胞；C. 雄体尾部，示交接刺和引带；D. 雄体咽部，示咽球和排泄系统

11.6.5 海咽线虫属 *Thalassoalaimus* de Man，1893

具有 10–12 根唇刚毛，4 根头刚毛。化感器袋状。口腔小或无口腔。肛前辅器乳突状。特别是锥状尾腹侧表皮加厚，尾端具有尾鞘，尾尖明显。

11.6.5.1 粗尾海咽线虫 *Thalassoalaimus crassicaudatus* Huang & Huang，2017（图 11.37）

雄体细长，圆柱形，头端稍渐尖，体长 2662μm，最大体宽 25μm。角皮光滑。头半圆形，直径 8μm。头感器排列成 3 圈，6 个内唇感器乳突状，6 个外唇感器刚毛状，长 4μm，位于距头端 3μm 处。4 根头刚毛长 3.5μm，位于化感器基部，距头端 15μm

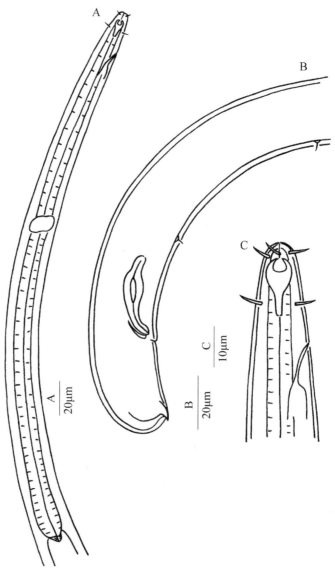

图 11.37 粗尾海咽线虫 *Thalassoalaimus crassicaudatus*

A. 雄体咽区，示化感器、神经环；B. 雄体后部，示交接刺和引带；C. 雄体头端，示化感器和排泄孔处。化感器倒烧瓶状，宽 5.5μm，占相应体径的 65%。口腔微小，无齿。咽细长，末端膨大，但不形成咽球。贲门三角形。神经环位于咽的中部，排泄孔位于身体前端，距头端 26μm。尾粗短，长圆形，为泄殖孔相应体径的 1.3 倍，近末端腹面有 1 个角质化加厚的刺突，尾腺开口其上。

雄体生殖系统只有 1 个伸展的前精巢，位于肠的右侧，向前延伸至咽的基部。交接刺长为泄殖孔相应体径的 1.2 倍，微弯呈弧形，中部膨大，两端窄细，远端头状，中间具有长椭圆形的孔隙。引带板状，长 11μm，无引带突。具有 2 个乳突状肛前辅器，每个顶端具有 1 根 2μm 长的刚毛，前 1 根距泄殖孔 108μm，后 1 根距泄殖孔 36μm。

分布于大陆架泥质沉积物中。

11.6.5.2　长尾海咽线虫 Thalassoalaimus longicaudatus Vitiello，1970（图 11.38）

体长 1206–1917μm，最大体宽 25μm。角皮光滑。头端渐尖。头径 5μm。头感器排

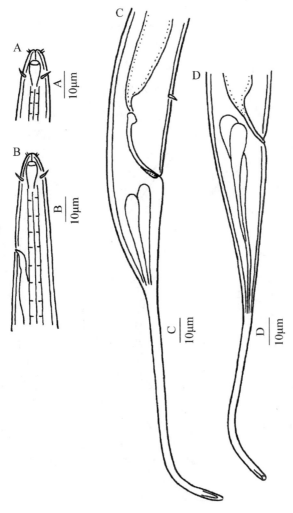

图 11.38　长尾海咽线虫 Thalassoalaimus longicaudatus（Vitiello，1970）
A. 雄体头端；B. 雌体头端；C. 雄体尾部；D. 雌体尾部

列成 3 圈，外唇刚毛靠近内唇刚毛，长 2μm。4 根头刚毛位于化感器基部。化感器倒烧瓶状，长 10μm，宽 5μm。口腔微小，无齿。咽细长，末端膨大，但不形成咽球。贲门三角形。排泄孔位于身体前端，距头端 27μm。

雄体生殖系统只有 1 个伸展的前精巢，位于肠的右侧。交接刺长为泄殖孔相应体径的 1.1–1.4 倍，稍弯曲呈弧形，具有腹侧翼膜。无引带。具有 2 个乳突状肛前辅器，每个顶端具有 1 根短刚毛，后 1 根距泄殖孔 28μm，前 1 根距泄殖孔 78μm。尾锥柱状，尾长为泄殖孔相应体径的 6.0–6.4 倍，尾末端具有 1 个角质化加厚的刺突。

雌体生殖系统具有单子宫，卵巢向后反折，位于肠的右侧。雌孔至头端的距离为体长的 29%。

分布于潮下带泥质沉积物中。

11.6.5.3 奈氏海咽线虫 *Thalassoalaimus nestori* Martelli，2017（图 11.39）

身体圆柱状，体长 2050–2260μm。表皮光滑，具有体刚毛。头感器呈 6+6+4 模式排列。6 根内唇刚毛和 6 根外唇刚毛分别长 3μm 和 3.5μm。4 根头刚毛长 5μm，距头端的距离为相应体径的 3.5 倍。化感器袋状，距头端 1.5μm，长 7μm，宽 4μm。排泄孔距头端 142μm，为相应体径的 23.7 倍。口腔小而狭窄。咽柱状，长 400μm，基部具有 1 个小的不发达的咽球。尾锥状，长 51μm，尾端角质化加厚，尖刺状。

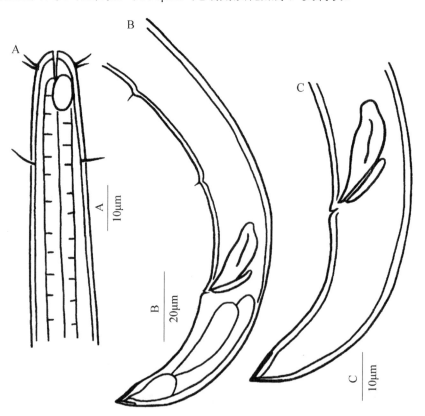

图 11.39 奈氏海咽线虫 *Thalassoalaimus nestori*

A. 雄体头端；B. 雄体后部；C. 雄体尾部

雄体生殖系统具有 2 个相对排列的精巢。前、后精巢均位于肠的左边。交接刺长 25μm，宽纺锤形，近端头状，远端渐尖，中间具有中肋。引带长 11μm，近端圆形。2 个乳突状肛前辅器分别着生 1 根刚毛，长 2μm，分别距泄殖孔 37μm 和 73μm。

雌体生殖系统具有单子宫，后卵巢位于肠的右侧，向后反折。雌孔位于体长的 35%处。

分布于潮下带泥质沉积物中。

11.6.6　韦氏线虫属 *Wieseria* Gerlach，1956

身体细长，两端渐尖，头感器刚毛状，3 圈。化感器双环形。口腔小，雄体具有 1 根肛前刚毛。尾锥柱状，尾末端尖，圆或分叉，具有 3 个尾腺细胞（通常延伸至泄殖孔之前）。

11.6.6.1　二叉韦氏线虫 *Wieseria bicepes* Jia & Huang，2019（图 11.40）

身体细长，逐渐向两端变细。表皮光滑，无体刚毛。唇感器刚毛状，内唇刚毛与

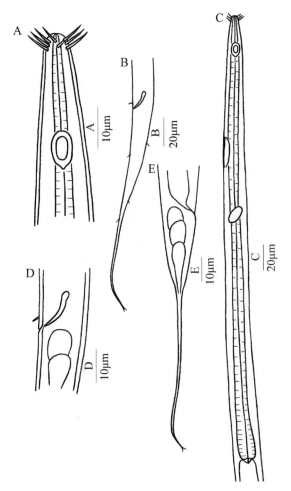

图 11.40　二叉韦氏线虫 *Wieseria bicepes*

A. 雄体前部；B. 雄体尾部；C. 雄体咽部；D. 雄体泄殖孔区，示交接刺和肛前刚毛；E. 幼体的尾部

外唇刚毛等长，约 6μm，头刚毛紧邻外唇刚毛且长度相同。化感器椭圆环状且基部有手柄状结构，距头端约 24μm。口腔细缝状，咽部细长，圆柱状，基部变宽，不形成咽球。贲门圆锥状。神经环位于咽部 2/5 处。排泄孔在咽部约 1/4 处，距头端 92μm。尾锥状，逐渐变成丝状，长约为 10.9 倍肛径，尾末端分叉。尾刚毛短且稀疏，长 2.3–2.8μm，3 个尾腺细胞位于尾的锥状部位。

雄体生殖系统具有 2 个反向伸展的精巢，前精巢在肠的左侧，后精巢在肠的右侧。交接刺略弯曲，近端圆头状，远端渐尖，长为 86%–103% 肛径。无引带。1 根肛前刚毛约 2.5μm，距肛门 3μm。

没有发现雌体。幼体与雄体的形态结构相似，除了体形更宽外，尾部锥状部分与丝状部分连接处收缩变窄，尾部有 3 个明显的尾腺细胞。

分布于潮下带泥质沉积物中。

11.6.6.2　中华韦氏线虫 Wieseria sinica Huang，Sun & Huang，2018（图 11.41）

雄体细长，近圆柱形，两端渐尖，体长 2398μm，最大体宽 20μm。角皮光滑，无侧装饰。头感器刚毛状，伸向身体后端。6 根内唇刚毛长 6.5μm，距头端 2μm。6 根外唇刚

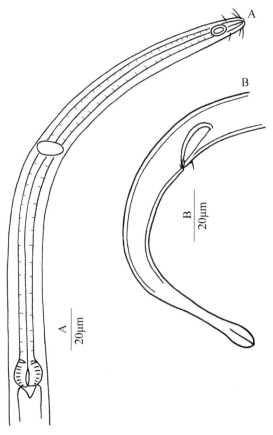

图 11.41　中华韦氏线虫 Wieseria sinica

A. 雄体咽区，示头刚毛、化感器、神经环和咽球；B. 雄体尾部，示交接刺、引带和肛前刚毛

毛紧邻内唇刚毛，长 4μm。4 根头刚毛较短，长 3.5μm，位于距头端 8μm 处。化感器椭圆形，具有双边，长 6μm，宽 4μm，前缘距头端 9μm。口腔微小，细缝状，无齿。咽细长，柱状，具有 1 个球状的后咽球。贲门圆锥形。神经环位于咽的中部。排泄孔不明显。尾锥柱状，末端膨大呈棒状，为泄殖孔相应体径的 7.3 倍，无尾端刚毛和尾腺细胞。

雄体生殖系统具有 2 个伸展的精巢，前精巢位于肠的左侧，后精巢位于肠的右侧。交接刺长 19μm，为泄殖孔相应体径的 1.4 倍，弓形，腹面具有翼膜，近端圆钝，远端渐尖。引带较小，环状，无引带突。肛前辅器乳突状并着生 1 根 4μm 长的刚毛，位于肛前 4μm 处。

分布于陆架泥质沉积物中。

11.7 矛线虫科 Enchelidiidae Filipjev，1918

11.7.1 无管球线虫属 *Abelbolla* Huang & Zhang，2004

颈部细长。6 根外唇刚毛和 4 根头刚毛排列成 1 圈。口腔内右亚腹齿大，左亚腹齿和背齿小，中部被 1 条光滑的环带分成上、下 2 室。咽柱状，向后逐渐均匀加粗，不形成咽球。有或无翼状肛前辅器。

11.7.1.1 布氏无管球线虫 *Abelbolla boucheri* Huang & Zhang，2004（图 11.42）

体长 2130–2210μm。颈部细长，前端尖细。头径为咽基部体径的 23%–28%。6 根外唇刚毛和 4 根头刚毛排列成 1 圈，长 9–13μm，着生于口腔中部环带处。口腔下面着生 1 圈 6 根长的颈刚毛，为 17–22μm。化感器不明显。神经环位于咽的前半部分，距头端为咽长的 42%–48%。口腔桶状，深 13–14μm，宽 8μm，中部被 1 条光滑的环带分成上、下 2 室，基部着生 3 个齿，其中右亚腹齿大，左亚腹齿和背齿小。咽柱状，向后逐渐均匀加粗，不形成咽球。尾细长，为泄殖孔相应体径的 5.6–8.5 倍，锥柱状，前半部分锥状，后半部分柱状，具有短的尾刚毛，尾端具有 3 根尾端刚毛。

雄体生殖系统具有 2 个伸展的精巢。交接刺长 56–62μm，为泄殖孔相应体径的 1.8–2 倍，细长，弯曲，具有中肋，后端渐尖。引带三角形，背部具有 1 个短的尾突，长 10–14μm。具有 2 个翼状辅器，前面 1 个长 17–20μm，后面 1 个长 14–19μm，距泄殖孔 120–158μm，2 个辅器间距 93–124μm。

雌体生殖系统具有 2 个反向排列的反折的卵巢，雌孔位于身体中部，距头端距离为体长的 53%–55%。

分布于东海、黄海大陆架泥质沉积物中。

11.7.1.2 黄海无管球线虫 *Abelbolla huanghaiensis* Huang & Zhang，2004（图 11.43）

体长 2228–2642μm，前端尖细。头径为咽基部体径的 18%–25%。颈的前半部分明显细缩。6 个内唇感器乳突状，6 根外唇刚毛和 4 根头刚毛排列成 1 圈，长 4–8μm，着

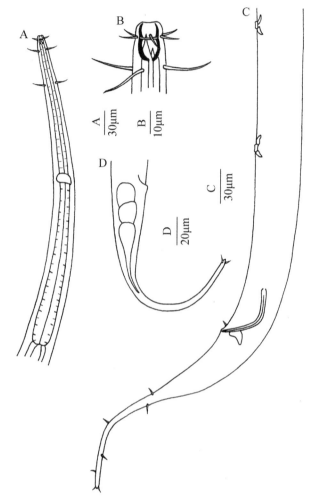

图 11.42 布氏无管球线虫 *Abelbolla boucheri*

A. 雄体咽区；B. 雄体头端，示口腔齿、颈刚毛；C. 雄体尾部，示交接刺、引带和肛前辅器；D. 雌体尾部

生于口腔中部环带处。口腔下面着生 1 圈 6 根长的颈刚毛，为 9–13μm，距头端 23μm。化感器不明显。神经环位于咽的中部，距头端距离为咽长的 45%–54%。口腔桶状，深 13–14μm，宽 7–8μm，中部被 1 条光滑的环带分成上、下 2 室，基部着生 3 个齿，其中右亚腹齿大，左亚腹齿和背齿小。咽柱状，向后逐渐均匀加粗，不形成咽球。尾锥柱状，长为泄殖孔相应体径的 4.9–5.9 倍，前 2/3 锥状，逐渐过渡为柱状，末端稍膨大，具有 3 根尾端刚毛。

雄体生殖系统具有 2 个伸展的精巢。交接刺长 61–89μm，为泄殖孔相应体径的 1.7–2.5 倍，细长，弯曲呈弓形，近端头状，远端宽阔具齿。引带背部具有长的尾状突，长 26–33μm。具有 2 个翼状辅器，前面 1 个长 17–24μm，后面 1 个长 19–21μm，距泄殖孔 135–208μm，2 个辅器间距 70–90μm。

雌体生殖系统具有 2 个反向排列的等大的反折卵巢，雌孔位于身体中后部，距头端距离为体长的 54%–58%。

分布于大陆架泥质沉积物中，水深 59–70m。

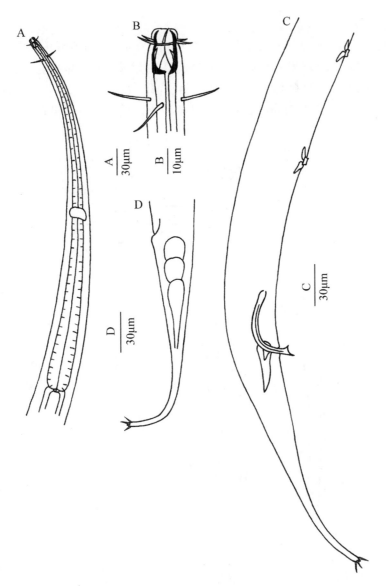

图 11.43　黄海无管球线虫 *Abelbolla huanghaiensis*

A. 雄体咽区，示口腔齿、神经环；B. 雄体头端，示口腔齿、颈刚毛；C. 雄体后部，示交接刺和肛前辅器；D. 雌体尾部

11.7.1.3　大无管球线虫 *Abelbolla major* Jiang，Wang & Huang，2015（图 11.44）

体长 2357μm，两端渐尖。头径 16μm，为咽基部体径的 36%。角皮光滑，具有短的颈刚毛，长 6–10μm。6 个内唇感器乳突状，6 根外唇刚毛和 4 根头刚毛排列成 1 圈，长 4–5μm，着生于口腔中部环带处。神经环位于咽的中部，距头端为咽长的 48%。口腔桶状，深 13μm，宽 8μm，中部被 1 条光滑的环带分成上、下 2 室，基部着生 3 个齿，其中右亚腹齿大，左亚腹齿和背齿小。咽柱状，向后逐渐均匀加粗，不形成咽球。贲门三角形。尾短，锥柱状，长 90μm，为泄殖孔相应体径的 2.6 倍，前 2/3 锥状，逐渐过渡为柱状，向腹面弯曲，末端稍膨大，具有黏液管开口，无尾端刚毛；锥状部分具有 1 列 4

根腹刚毛，长 5μm。

雄体生殖系统具有 2 个伸展的精巢。交接刺长 50μm，为泄殖孔相应体径的 1.5 倍，向腹面弯曲呈弧形，近端粗，向远端逐渐变细。引带背部具有三角形的尾状突，长 20μm。肛前具有 1 根 5μm 长的刚毛和 2 个翼状辅器，前面 1 个辅器较大，长为泄殖孔相应体径的 1.5 倍，距泄殖孔 153μm；后面 1 个辅器较小，长为泄殖孔相应体径的 1.1 倍，距泄殖孔 55μm。

雌体未发现。

分布于浙江宁波潮间带泥沙质沉积物中。

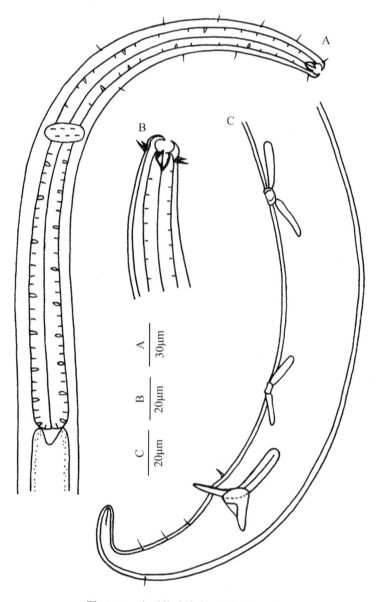

图 11.44　大无管球线虫 *Abelbolla major*
A. 雄体咽区，示口腔、神经环；B. 雄体头端，示口腔齿；C. 雄体后部，示交接刺、引带和肛前辅器

11.7.1.4　瓦氏无管球线虫 *Abelbolla warwicki* Huang & Zhang，2004（图 11.45）

　　体长 2315–3642μm，相对较粗，前端圆钝。头径为咽基部体径的 26%–28%。6 个内唇感器乳突状，6 根外唇刚毛和 4 根头刚毛排列成 1 圈，长 9–16μm，着生于口腔中部环带处。口腔下面着生 1 圈 6 根长的颈刚毛，长 32–35μm。神经环位于咽的 1/3 处。口腔宽阔，深 16–31μm，宽 10–23μm，中部被 1 条光滑的环带分成上、下 2 室，基部着生 3 个齿，其中右亚腹齿非常大，左亚腹齿和背齿小。咽柱状，向后逐渐均匀加粗，不形成咽球。尾锥柱状，长为泄殖孔相应体径的 3.3–3.6 倍，前 2/3 锥状，逐渐过渡为细柱状，末端稍膨大，具有 2 根尾端刚毛。具有 3 个尾腺细胞。

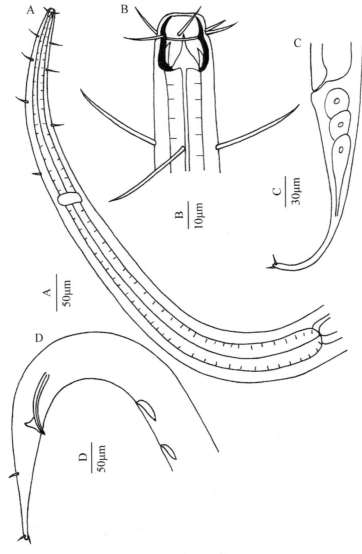

图 11.45　瓦氏无管球线虫 *Abelbolla warwicki*

A. 雄体咽区，示神经环；B. 雄体头端，示口腔齿和刚毛；C. 雌体尾部；D. 雄体后部，示交接刺和肛前辅器

雄体生殖系统具有 2 个伸展的精巢。交接刺长 100–130μm，为泄殖孔相应体径的 2 倍，稍向腹面弯曲，近端稍粗，向远端逐渐变细。引带三角形，背部具有短的尾状突，长 16–23μm。2 个肛前辅器不呈翼状，退化成袋状，2 个辅器之间相距 70–90μm。

雌体未发现。

分布于大陆架泥质沉积物中。

11.7.2　管球线虫属 *Belbolla* Andrássy，1973

前端尖细。6 根外唇刚毛和 4 根头刚毛着生于同 1 圈。口腔内具有 1 个大的右亚腹齿和 2 个小的齿。口腔环带将口腔分为上、下 2 室。咽后部具有多个咽球（7–10 个）。2 个翼状肛前辅器存在或退化。

11.7.2.1　黄海管球线虫 *Belbolla huanghaiensis* Huang & Zhang，2005（图 11.46）

体长 3037–3700μm，最大体宽 76–96μm。前端非常尖细，头径 11–13μm，为咽基部

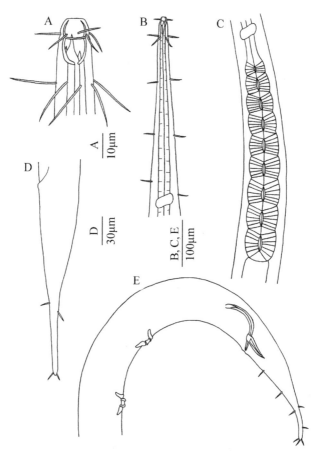

图 11.46　黄海管球线虫 *Belbolla huanghaiensis*
A. 雄体头端，示口腔齿、颈刚毛；B、C. 雄体咽区，示神经环和咽球；D. 雌体尾部；
E. 雄体后部，示交接刺、引带和肛前辅器

体径的 14%–15%。6 个内唇感器乳突状，6 根外唇刚毛和 4 根头刚毛等长，排列成 1 圈，长 10–13μm，着生于口腔中部环带处。颈部分布许多刚毛，其中最前端 1 圈颈刚毛较长，由 10 根组成，长 18–26μm，距头端 26μm。神经环位于咽的前部，距头端距离为咽长的 41%–46%。口腔杯状，深 16–17μm，宽 10–11μm，中部被 1 条光滑的环带分成上、下 2 室，基部着生 3 个齿，其中右亚腹齿大，左亚腹齿和背齿小。咽柱状，在神经环之后逐渐加粗，形成 9 个咽球。尾锥柱状，长为泄殖孔相应体径的 3.8–5.2 倍，前 2/3 锥状，逐渐过渡为柱状，末端稍膨大，具有 4 根尾端刚毛和少量尾刚毛。

雄体生殖系统具有 2 个精巢。交接刺较长，长 106–137μm，为泄殖孔相应体径的 1.9–2.1 倍，弯曲呈弓形，近端头状，远端尖细。引带背部具有长的尾状突，长 45–60μm。具有 2 个翼状辅器，前面 1 个长 41–45μm，后面 1 个长 36–46μm，距泄殖孔 210–255μm，2 个辅器间距 115–140μm。

雌体生殖系统具有 2 个反向排列的反折的卵巢，雌孔位于身体中部，距头端距离为体长的 48%–59%。

分布于大陆架泥质沉积物中，水深 59–77m。

11.7.2.2　尖头管球线虫 *Belbolla stenocephalum* Huang & Zhang，2005（图 11.47）

雄体体长 2226–2394μm，最大体宽 66–67μm。前端非常尖细，头径 12–13μm，为咽基部体径的 19%–20%。6 个内唇感器乳突状，6 根外唇刚毛和 4 根头刚毛等长，排列成 1 圈，长 9–12μm，着生于口腔中部环带处。颈部分布许多刚毛，其中最前端 1 圈颈刚毛较长，由 10 根组成，长 17–26μm，距头端 23μm。神经环位于咽的前部，距头端距离为咽长的 42%–47%。口腔杯状，深 16–18μm，宽 10–11μm，中部被 1 条光滑的环带分成上、下 2 室，基部着生 3 个齿，其中右亚腹齿大，左亚腹齿和背齿小。咽柱状，在神经环之后逐渐加粗，形成 8 个咽球。尾锥柱状，长为泄殖孔相应体径的 3.5–4.1 倍，前 2/3 锥状，逐渐过渡为柱状，末端稍膨大，具有 2 根尾端刚毛和少量尾刚毛。

雄体生殖系统具有 2 个精巢。交接刺长 80–100μm，为泄殖孔相应体径的 2.2–2.9 倍，弯曲呈弓形，近端较粗，逐渐变细，远端膨大。引带背部具有长的尾状突，长 34–36μm。具有 2 个翼状辅器，前面 1 个长 37–47μm，后面 1 个长 34–37μm，距泄殖孔 130–180μm，2 个辅器间距 70–110μm。

雌体生殖系统具有 2 个反向排列的反折的卵巢，雌孔位于身体中部，距头端距离为体长的 48%–50%。

分布于大陆架泥质沉积物中。

11.7.2.3　瓦氏管球线虫 *Belbolla warwicki* Huang & Zhang，2005（图 11.48）

雄体体长 1470–1770μm，最大体宽 37–43μm。前端尖细，头径 7–8μm，为咽基部体径的 17%–22%。6 个内唇感器乳突状，6 根外唇刚毛和 4 根头刚毛等长，排列成 1 圈，长 5–6μm，着生于口腔中部环带处。颈部细长，分布许多刚毛，其中最前端 1 圈颈刚毛较长，由 10 根组成，长 10–15μm，距头端 12μm。化感器不明显。神经环位于咽的中部，距头端距离为咽长的 51%–56%。口腔杯状，深 9μm，宽 5–6μm，中部被 1 根光滑的环

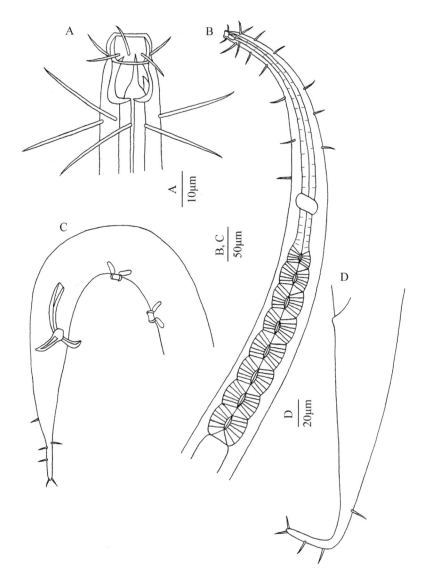

图 11.47 尖头管球线虫 *Belbolla stenocephalum*

A. 雄体头端，示口腔齿；B. 雄体咽区，示咽球；C. 雄体尾部，示交接刺、引带和肛前辅器；D. 雌体尾部

带分成上、下 2 室，基部着生 3 个齿，其中右亚腹齿大，左亚腹齿和背齿小。咽柱状，在神经环之后逐渐加粗，形成 7 个咽球。尾锥柱状，长 116–140μm，为泄殖孔相应体径的 4.8–5.6 倍，前 2/3 锥状，逐渐过渡为柱状，末端稍膨大，具有 3 根尾端刚毛和少量尾刚毛。

雄体生殖系统具有 2 个精巢。交接刺宽阔，略向腹面弯曲，长为泄殖孔相应体径的 1.3–2.5 倍，近端较粗，向远端逐渐变细。引带三角形，背部具有很短的尾状突，长 7–8μm。2 个肛前辅器袋状，后面 1 个距泄殖孔 130–156μm，2 个辅器间距 49–60μm。

雌体小于雄体，体长 1230–1390μm，最大体宽 36μm，无尾端刚毛。具有 2 个反向排列的反折的卵巢，雌孔位于身体中后部，距头端距离为体长的 55%–59%。

分布于大陆架泥质沉积物中。

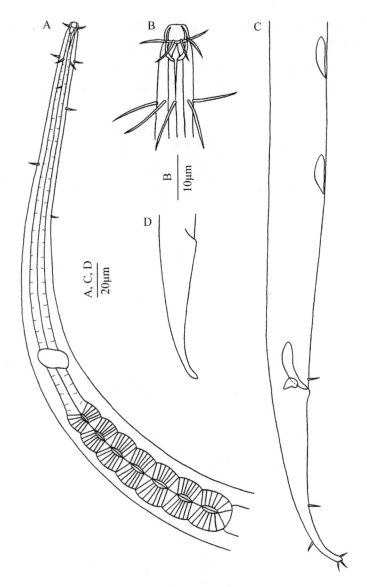

图 11.48　瓦氏管球线虫 *Belbolla warwicki*
A. 雄体咽区，示神经环、咽球；B. 雄体头端，示口腔齿、颈刚毛；C. 雄体后部，示交接刺、引带和肛前辅器；
D. 雌体尾部

11.7.2.4　越南管球线虫 *Belbolla vietnamica* Gagarin & Nguyen Dinh Tu，2016（图 11.49）

身体柱状，体长 1.1–1.2mm，最大体宽 41–43μm（a=26.9–28.7）。头端尖细。内唇感器乳突状，6 根外唇刚毛和 4 根头刚毛等长，排列成 1 圈，长 5μm。具有 4 列颈刚毛，每列 2 或 3 根。咽前端侧面具有色素点，距头端 24–26μm。口腔内具有 1 个大的背齿和 2 个小的亚腹齿（右亚腹齿比左亚腹齿大）。角质化环带光滑，无齿状突起，将口腔分为 2 室。咽圆柱状，向基部逐渐膨大形成 4 个咽球。贲门锥状。神经环距头端 145–158μm。尾锥柱状，长为泄殖孔相应体径的 5.7–6.3 倍，后 70% 为较细的柱状，无尾端刚毛。

交接刺长 39–49μm，为泄殖孔相应体径的 1.3–1.7 倍，弯曲，远端锥状尖。引带背侧具有小的引带突，长 4–5μm。具有 5 个翼状肛前辅器。

雌体无色素点。2 个卵巢相对排列，反折。雌孔位于体长的 52%–55%处。

分布于福建省云霄红树林潮间带泥质沉积物中。

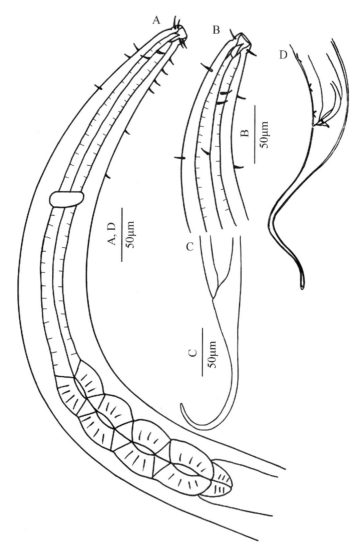

图 11.49　越南管球线虫 *Belbolla vietnamica*
A. 雄体咽部；B. 雌体头端；C. 雌体尾部；D. 雄体尾部

11.7.3　阔口线虫属 *Eurystomina* Filipjev，1921

体长 3–7mm。口腔大，内有 3 个大齿和 1–5 排小齿，右亚腹齿最大。具有 2 个翼状肛前辅器；有引带突及尾腺细胞。

11.7.3.1 眼点阔口线虫 *Eurystomina ophthalmophora* Filipjev，1921（图 11.50）

体长 3.1–3.8mm，最大体宽 45–50μm，头径 20μm。6 根外唇刚毛长 9μm，与 4 根头刚毛排列成 1 圈，头刚毛长 5μm。化感器横向卵圆形。口腔深 17–18μm，被 3 排小齿分为 2 室。咽圆柱状，长 660–680μm，无咽球。排泄孔位于化感器。具有色素点，距头端 40μm。颈前端有腺体样的结构。尾圆锥状，末端圆钝，具有短粗的尾刚毛，尾长为泄殖孔相应体径的 3.0–3.3 倍。

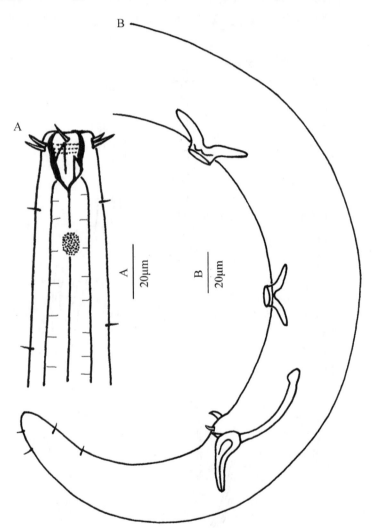

图 11.50 眼点阔口线虫 *Eurystomina ophthalmophora*
A. 雄体前部；B. 雄体后部

交接刺长 62–66μm，弯曲，近端头状，远端较尖。引带背侧具有引带突，长 30μm。肛前具有 2 根粗壮的刚毛和 2 个翼状辅器，分别距泄殖孔 75μm 和 155μm。

分布于潮间带藻类上。

11.7.4 拟多球线虫属 *Polygastrophoides* Sun & Huang，2016

头部尖细，颈部细长。口腔分为 2 或 3 室。无咽球。交接刺细长；无引带突；具有乳突状肛前辅器。

11.7.4.1 丽体拟多球线虫 *Polygastrophoides elegans* Sun & Huang，2016（图 11.51）

身体细长，雄体体长 3460–3583μm，最大体宽 84μm。前端尖细，头径 11μm，为咽基部体径的 28%。角皮光滑，散布许多 5–10μm 长的体刚毛。内唇感器乳突状，外唇感

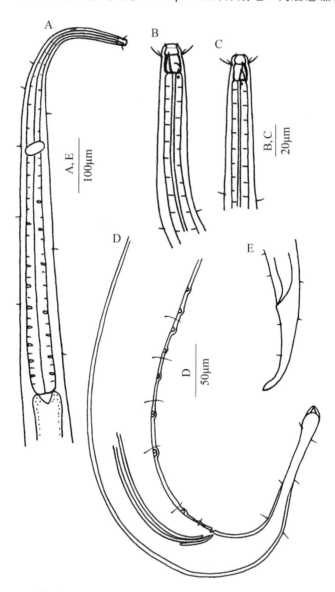

图 11.51　丽体拟多球线虫 *Polygastrophoides elegans*

A. 雄体咽区；B. 雄体头端，示口腔齿、色素点；C. 雌体头端；D. 雄体后部，示交接刺、引带和肛前辅器；E. 雌体尾部

器刚毛状，长 3μm，与 4 根 8μm 长的头刚毛排列成 1 圈，着生于口腔最前端环带处，距头端 10μm。口腔下身体两侧各具有 1 个圆形的色素点。神经环位于咽的中前部，为咽长的 42%。口腔杯状，深 15μm，基部宽 6.5μm，被 1 条环带分成上、下 2 室，基部着生 3 个齿，其中右亚腹齿大，左亚腹齿和背齿小。咽柱状，向后逐渐均匀加粗，不形成咽球。贲门圆锥状。尾锥柱状，长为泄殖孔相应体径的 4.4 倍，前半部分锥状，逐渐过渡为柱状，具有短的尾刚毛，末端稍膨大，无尾端刚毛，具有帽状黏液管开口。

雄体生殖系统具有 2 个伸展的精巢。交接刺细长，为泄殖孔相应体径的 3.2 倍，略向腹面弯曲，近端头状。引带棒状，长 23μm，无引带突。肛前腹面具有 1 根粗短的生殖刚毛和 11 个乳突状辅器，最后 1 个辅器位于肛前 16μm 处，最前端 1 个辅器距泄殖孔 350μm。肛前具有 2 排亚腹刚毛，每排 6 根，每根 16–18μm。

雌体较雄体粗，最大体宽 95–106μm。口腔较大，深 17μm，基部宽 7μm，被 2 个环带分成上、中、下 3 室。化感器新月形。生殖系统具有 2 个反向排列的反折的卵巢，雌孔位于身体中后部，距头端距离为体长的 57%。

分布于潮间带泥质沉积物中。

11.7.5　多球线虫属 *Polygastrophora* de Man，1922

具有眼点。化感器螺旋形。口腔被角质化的环带分为多个室。咽后部具有连续的咽球。肛前辅器有或无。

11.7.5.1　九球多球线虫 *Polygastrophora novenbulba* Jiang，Wang & Huang，2015（图 11.52）

体长 2325μm，最大体宽 63μm。前端尖细，头径 9.5μm，为咽基部体径的 15%。6 个内唇感器乳突状，6 根外唇刚毛和 4 根头刚毛等长，长 4μm，排列成 1 圈，着生于口腔最前端环带处。颈部无规则散布许多刚毛，长达 14μm。神经环位于咽的中部。口腔杯状，深 15μm，宽 6μm，被 3 个环带分成上、下 4 室，基部着生 3 个齿，其中右亚腹齿大，左亚腹齿和背齿小。咽柱状，在神经环之后逐渐加粗，形成 9 个咽球。贲门圆锥状。尾锥柱状，长为泄殖孔相应体径的 4.3 倍，前半部分锥状，逐渐过渡为柱状，末端稍膨大，无尾端刚毛。柱状部分具有 8 对亚腹刚毛和 1 根亚端刚毛。3 个尾腺细胞开口于尾的末端。

雄体生殖系统具有 2 个精巢。交接刺细长，为泄殖孔相应体径的 3.4 倍，略向腹面弯曲，近端较粗，逐渐变细，远端钩状。引带棒状，无引带突，长 23μm。肛前具有 6 个乳突状辅器，最后 1 个辅器位于肛前 10μm 处，越向前端辅器之间距离越大，最前端 1 个辅器距泄殖孔 425μm。

雌体未发现。

分布于潮间带泥质沉积物中。

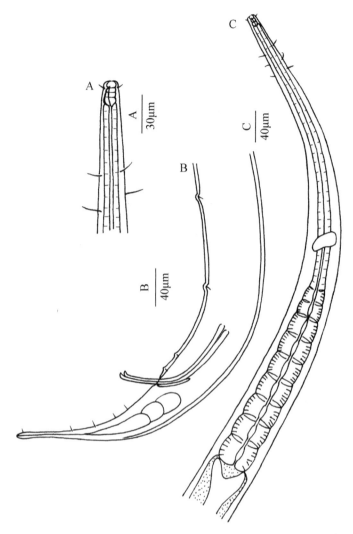

图 11.52 九球多球线虫 *Polygastrophora novenbulba*

A. 雄体头端，示口腔齿；B. 雄体尾端，示交接刺、引带和肛前辅器；C. 雄体咽区，示神经环和咽球

11.8 瘤线虫科 Oncholaimidae Filipjev，1916

11.8.1 奇异线虫属 *Admirandus* Belogurov & Belogurova，1979

头感器乳突状。口腔长桶状，内具有 3 个齿，右亚腹齿最大，其余 2 个等长。交接刺细长，弯曲，近端稍膨大。有引带。雌体具有德曼系统。尾锥柱状。

11.8.1.1 多孔奇异线虫 *Admirandus multicavus* Belogurov & Belogurova，1979（图 11.53）

体长 2412–2644μm，最大体宽 56–61μm。6 个圆形唇瓣上有 6 个小的乳突。6 个外唇感器和 4 个头感器均为乳突状。口腔大，长筒状，内具有 3 个齿。右亚腹齿比其他 2 个大，其他 2 个齿等长。化感器袋状，直径 8.5μm，位于口腔中部。咽长为体长的 0.18

倍，基部膨大，无明显咽球。排泄孔至头端距离为口腔深度的 2 倍。神经环位于咽的中部。咽前端具有几根短的乳突状体刚毛。尾部具有一些较长的尾刚毛。尾锥柱状，长为泄殖孔相应体径的 2.8 倍。尾部具有一些短的尾刚毛和 3 根尾端刚毛。

交接刺细长，弯曲，长 95μm，为泄殖孔相应体径的 2.4 倍，近端头状，远端尖细。引带棒状，平行于交接刺，近端具有 1 尾状引带突。亚腹侧具有 2 排 7 或 8 根环肛刚毛，长 3–4μm。

雌体比雄体大，卵巢成对，反折，相对排列。雌孔位于身体中部（距头端距离 47%–51%）。未见德曼系统。

分布于潮下带泥沙质沉积物中。

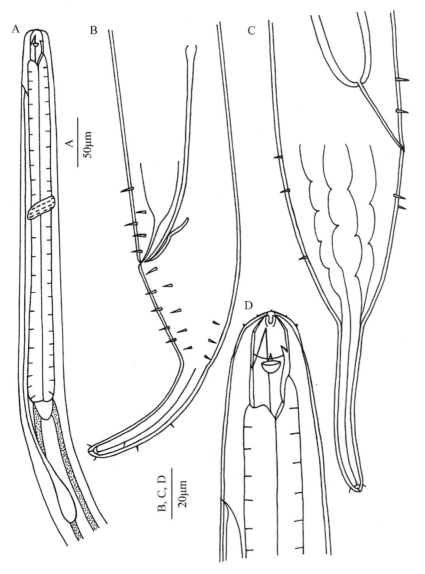

图 11.53　多孔奇异线虫 Admirandus multicavus
A. 雄体咽部；B. 雄体尾部；C. 雌体尾部；D. 雄体头端

11.8.2 近瘤线虫属 *Adoncholaimus* Filipjev，1918

体长 2–7mm。口腔大，右亚腹齿大。交接刺长，引带有或无。雌体具有德曼系统。

11.8.2.1 拟粗尾近瘤线虫 *Adoncholaimus paracrassicaudus* Liu & Guo sp. nov.（图 11.54）

身体柱状，体长 2.1–3.1mm，最大体宽 85–98μm（*a*=24.6–31.1）。6 个圆形唇瓣具有 6 个乳突状感器；4 根粗壮的头刚毛长 2μm。在头刚毛后有 1 个凹槽。口腔很大，

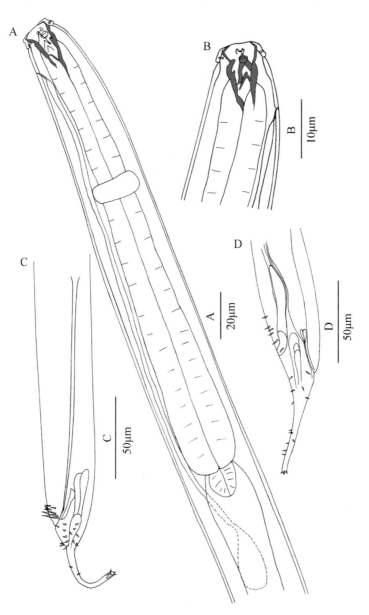

图 11.54 拟粗尾近瘤线虫 *Adoncholaimus paracrassicaudus* sp. nov.

A. 雄体咽部；B. 雄体头端；C. 雄体尾部；D. 雌体尾部

有 3 个齿，右亚腹齿比其他 2 个大。化感器袋状，直径 8–9μm，位于右亚腹齿的顶端位置。咽柱状，基部膨大，无明显咽球。贲门锥状。排泄孔位于口腔基部。神经环位于咽长的 38%–41% 处。

雄体生殖系统具有 2 个伸展的精巢，位于肠的右侧。交接刺细长，直伸，长 236–261μm，为泄殖孔相应体径的 5.3–6.1 倍，近端头状，远端较尖。具有 5–8 圈肛前刚毛，长 12μm。引带板状，长 33–40μm，平行于交接刺，无引带突。尾前半部分锥状，突然收缩为柱状，长为泄殖孔相应体径的 2.7–3.1 倍。尾部具有几根短的尾刚毛和 3 根尾端刚毛。

雌体具有 2 个相对排列的反折的卵巢。德曼系统发育良好，开口于背侧。雌孔位于体长的 48% 处。

分布于福建省宁德红树林潮间带泥质沉积物中。

11.8.3 迈耶斯线虫属 *Meyersia* Hopper，1967

口腔较大，具有 2 个等长的亚腹齿和 1 个较小的背齿。交接刺短。有引带。雌体具有 2 个反折的卵巢。德曼系统对称。

11.8.3.1 *Meyersia* sp.（图 11.55）

体长 2356μm，最大体宽 71μm。角皮光滑，无环纹或斑点。头径 25μm，具有 6 根短的外唇刚毛，长 3μm；4 根较长的头刚毛长 5μm。颈刚毛长 4μm。化感器袋状，宽 14μm，为相应体径的 40%，位于口腔中后部，距口腔前端 23μm。口腔较大，深 42μm，宽 16μm，内具有 3 个齿。2 个亚腹齿较大，等长，背齿小。咽长 470μm，柱状。神经环位于咽中部。尾锥柱状，锥状部分占 1/3，柱状部分占 2/3，尾长 176μm，为泄殖孔相应体径的 4.5 倍。具有短的尾刚毛。

雄体生殖系统具有 2 个相对的伸展的精巢。交接刺长 40μm，近端稍膨大，远端锥状。引带棒状，长 15μm。泄殖孔前具有 4 或 5 对孔状肛前辅器。在泄殖孔周围具有成对的短粗的亚腹刚毛。

分布于潮下带泥质沉积物中。

11.8.4 后瘤线虫属 *Metoncholaimus* Filipjev，1918

口腔大，具有 3 个齿；左亚腹齿大。交接刺细长；有引带。雌体单子宫，具有德曼系统。

11.8.4.1 栈桥后瘤线虫 *Metoncholaimus moles* Zhang & Platt，1983（图 11.56）

体长 3.0–4.3mm，最大体宽 52–61μm。角皮光滑，无侧装饰。头感器呈 6+10 模式排列，内唇感器乳突状，外唇感器刚毛状，与头刚毛排成 1 圈，长 6–8μm。体刚毛 4–7μm。化感器袋状，外廓椭圆形，位于口腔中部，宽 10μm，占相应体径的 33%。口腔宽大，桶状，深 26–30μm，内有 3 个齿，其中左亚腹齿大，右亚腹齿和背齿小。咽圆柱形，基部略膨大，但不形成咽球。排泄孔位于口腔基部，距头端 29–36μm。神经环位于咽的

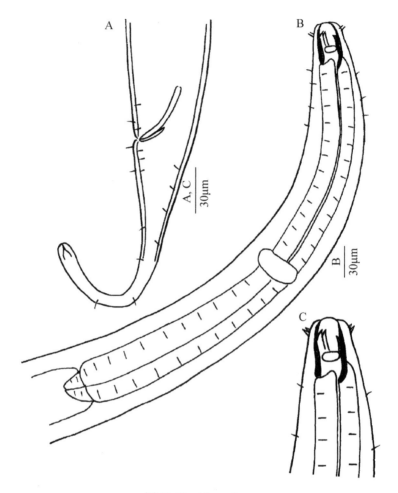

图 11.55 *Meyersia* sp.
A. 雄体尾部；B. 雄体咽部；C. 雄体头端

前半部分,占咽长的 44%–49%。尾亚圆柱状,向腹面弯曲,长为泄殖孔相应体径的 3.6–4.2 倍,具有尾刚毛和尾端刚毛,近末端亚腹面有 3 对粗刚毛。

雄体生殖系统具有 2 个反向排列的精巢。交接刺长 43–52μm,为泄殖孔相应体径的 1.2 倍,弓形弯曲,近端头状,远端尖细。引带具有 1 个 21–22μm 长的尾状突。肛前具有 9–11 对粗的生殖刚毛和 4–6 对短钝的刚毛。

雌体生殖系统具有 1 个前置卵巢。雌孔位于身体中后部,至头端距离占体长的 68%–78%。德曼系统较简单,端管开口呈横向缝隙状,位于肛前 65μm 处,此处身体收缩,周围具有成对的亚腹、亚背短刚毛。

分布于陆架泥沙质沉积物中。

11.8.5　拟八齿线虫属 *Paroctonchus* Shi & Xu，2016

口腔内具有 1 个背齿和 2 个亚腹齿,左亚腹齿最大,口腔壁角质化加厚,分布许多

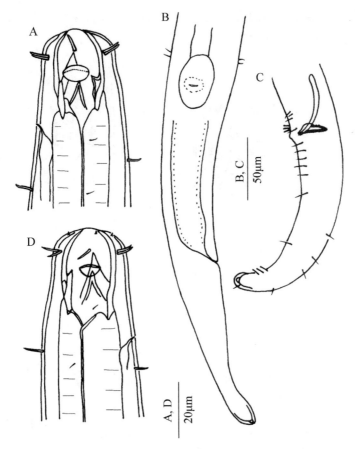

图 11.56　栈桥后瘤线虫 *Metoncholaimus moles*（Zhang and Platt，1983）
A. 雄体头端，示口腔齿、化感器；B. 雌体尾部，示德曼系统；C. 雄体尾部；D. 雌体头端

小齿。口腔基部被咽组织包围。化感器袋状，具有横向狭缝状孔，位于口腔中部。交接刺短而直。无引带。具有肛前辅器。尾锥柱状。

11.8.5.1　南麂岛拟八齿线虫 *Paroctonchus nanjiensis* Shi & Xu，2016（图 11.57）

　　体长 3516–4750μm。角皮光滑。具有 6 个圆形唇瓣。具有 6 个乳突状内唇感器，6 根外唇刚毛和 4 根头刚毛排列成 1 圈，等长。口腔大而宽，口腔壁角质化加厚，基部被咽组织包围。口腔内具有 1 个大背齿和 2 个大亚腹齿，其中左亚腹齿最大；另外有 27 个小齿分布于口腔壁上。化感器袋状，具有横向狭缝状孔，位于口腔中部。6 根亚头刚毛着生于口腔基部。4 纵列颈刚毛着生于咽部。咽柱状。神经环在咽的前 1/3 处。贲门锥状。尾锥柱状，末端稍膨大，着生 4 根尾端刚毛。3 个尾腺细胞向泄殖孔前延伸 60–130μm。

　　雄体生殖系统具有 2 个相对排列的伸展的精巢，位于肠的右侧。交接刺短而直，匕首状。无引带。腹侧具有 2 排 10 个乳突状肛前辅器。泄殖孔区具有 2 个粗短的亚腹刚毛。雄体远端向腹侧强烈弯曲。

　　雌体生殖系统具有 2 个相对排列的反折的卵巢。雌孔横缝状，位于体长的 64%–65%

处。未观察到德曼系统。尾前 1/3 锥状，后 2/3 柱状，具有 4 根亚端刚毛。

分布于潮间带泥沙质沉积物中。

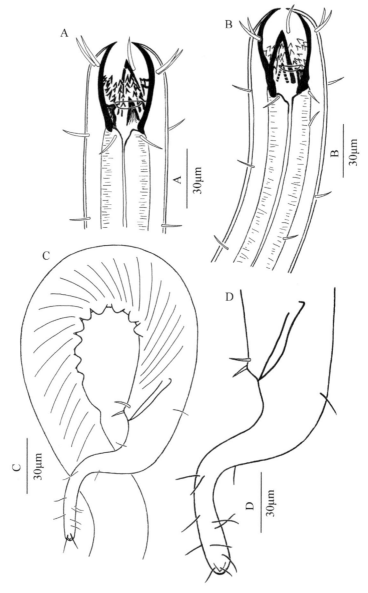

图 11.57　南麂岛拟八齿线虫 *Paroctonchus nanjiensis*（Shi and Xu，2016）

A. 雄体头端；B. 雌体头端；C. 雄体后部；D. 雄体尾部

11.8.6　显齿线虫属 *Viscosia* de Man，1890

口腔大，具有 3 个齿，其中右亚腹齿大。交接刺短，无引带。雌体具有 2 个反折的卵巢。德曼系统简单。

11.8.6.1　美丽显齿线虫 Viscosia elegans（Kreis，1924）（图 11.58）

体长 2.0–3.1mm，最大体宽 30–50μm（a= 63–73）。6 个内唇感器乳突状，6 根外唇刚毛长 3–4μm，4 根头刚毛稍短。颈刚毛位于口腔基部侧面。口腔大，右亚腹齿大，左亚腹齿小，近端具有 2 个尖的突起；背齿小。化感器袋状，开口椭圆形，直径 10μm，为相应体径的 0.6 倍。尾长为泄殖孔相应体径的 6–9 倍，锥柱状，具有较长的柱状部分，末端膨大呈球状，亚背侧具有尾端刚毛。

交接刺长 20–27μm，为泄殖孔相应体径的 1.2–1.3 倍，稍弯曲，近端头状。成对的刚毛包围泄殖孔，一直到尾。

分布于潮下带泥质沉积物中。

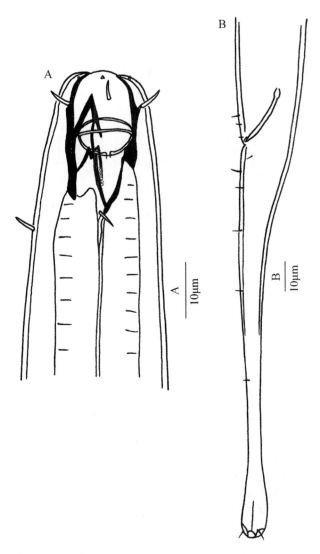

图 11.58　美丽显齿线虫 Viscosia elegans（Platt and Warwick，1983）
A. 雄体头端；B. 雄体尾部

11.8.6.2 裸显齿线虫 *Viscosia nuda* Kreis，1934（图 11.59）

身体柱状，具有长的丝状尾，体长 1.7–2.3mm，最大体宽 36–40μm（*a*= 48.1–57.3）。表皮光滑。6 个圆形唇瓣具有 6 个小的乳突状唇感器。4 个头乳突长 1.5μm。口腔桶状，具有 3 个齿，右亚腹齿大于左亚腹齿和背齿。化感器袋状，开口椭圆形。咽圆柱状，长 297–306μm。贲门锥状。神经环位于咽长的 51%–53%处。尾锥柱状，远端 5/6 丝状，尾末端稍膨大。

雄体生殖系统具有 2 个直伸的精巢。交接刺长 22–28μm（1.1–1.3 a.b.d.），稍直，近端头状，远端较尖。具有 1 根短的肛前刚毛。

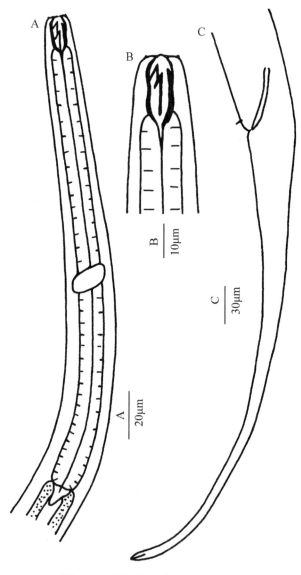

图 11.59　裸显齿线虫 *Viscosia nuda*
A. 雄体咽部；B. 雄体头端；C. 雄体尾部

　　雌体生殖系统具有 2 个相对、直伸的卵巢。雌孔至头端的距离为体长的 48.7%–49.2%。

　　分布于沿岸藻类上或泥沙质沉积物中。

11.8.6.3　凹槽显齿线虫 *Viscosia scarificaio* Liu & Guo sp. nov.（图 11.60）

　　身体纺锤状，体长 2.8–2.9mm，最大体宽 115–127μm（*a*= 21.9–24.3）。表皮光滑。6 个唇瓣圆形，内唇感器乳突状，外唇感器刚毛状，长 2μm，与 4 根头刚毛排列成 1 圈，头刚毛长 1.5μm。口腔桶状，内具有 3 个齿，其中右亚腹齿较大，左亚腹齿和背齿较小。化感器袋状，开口椭圆形，直径为相应体径的 25%–36%倍。咽近柱状，长 418–447μm。贲门锥状。排泄孔至头端距离为 45–77μm。神经环至头端距离为 198–232μm。尾锥柱状，柱状部分急剧收缩，细长占尾长的 2/3，具有稀疏的短的尾刚毛。尾末端稍膨大，具有 3 根尾端刚毛，长 2μm。尾腺细胞明显。

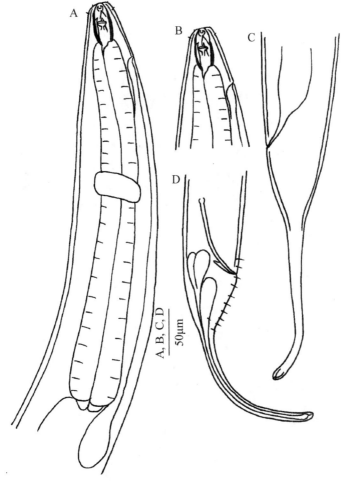

图 11.60　凹槽显齿线虫 *Viscosia scarificaio* sp. nov.

A. 雄体头端，示口腔、咽部、化感器等；B. 雌体头端，示口腔齿、化感器；C. 雌体尾部；
D. 雄体尾部，示交接刺和引带

雄体生殖系统具有2个直伸的精巢，都在肠的右侧。交接刺细长，稍弯曲，近端头状，远端较尖，长65–78μm，为泄殖孔相应体径的1.2–1.5倍。具有2对肛前刚毛和7对肛后刚毛。

雌体生殖系统具有2个相对排列的直伸的卵巢。雌孔位于体长的52%–53%处。未观察到德曼系统。

分布于福建省泉州市潮间带泥质沉积物中。

11.8.7 瘤线虫属 *Oncholaimus* Dujardin，1845

桶状口腔具有3个齿，左亚腹齿大。交接刺短，无引带。雌体单子宫，前卵巢反折。德曼系统发育良好。尾短。

11.8.7.1 多毛瘤线虫 *Oncholaimus multisetosus* Huang & Zhang，2006（图11.61）

身体圆柱形，体长2850–3620μm，最大体宽62–85μm。体表光滑，颈部前端具有8纵列短的体刚毛。头部圆钝，宽28–33μm，在头刚毛着生处下面收缩。6个唇瓣圆形，

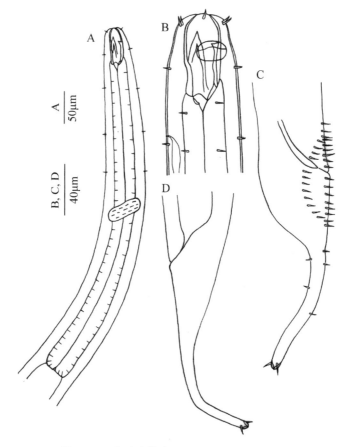

图 11.61 多毛瘤线虫 *Oncholaimus multisetosus*

A. 雄体咽区，示口腔齿、神经环；B. 雄体头端，示口腔齿、化感器；C. 雄体尾部，示交接刺和刚毛；D. 雌体尾部

内唇感器乳突状，外唇感器刚毛状，长 7μm，与 4 根头刚毛排列成 1 圈，头刚毛长 8μm。化感器袋状，直径 16–18μm，外廓椭圆形，开口新月形，位于背齿处。排泄孔位于头端后约 80μm 处的腹面。神经环位于咽的中部。口腔较大，桶状，深 44–47μm，宽 20–22μm，口腔壁角质化加厚，内具有 3 个齿，其中左亚腹齿较大，右亚腹齿和背齿较小。咽圆柱状，长 517–540μm，基部稍膨大。尾锥柱状，长为泄殖孔相应体径的 3.5 倍，锥状部分基部急剧收缩呈细的柱状部分，并向背面弯曲。具有短的尾刚毛和 3 根 7μm 长的尾端刚毛。尾端稍膨大，具有黏液管开口。

雄体生殖系统具有 2 个反向排列的精巢。2 根交接刺较短，稍直，远端渐尖，中后部稍膨大。无引带和肛前辅器。具有 2 圈环肛刚毛，腹侧的 1 圈由 15 对 6–11μm 长的刚毛组成，背侧的 1 圈由 12 对 8μm 长的刚毛组成。

雌体尾部与雄体异形，锥状逐渐过渡为柱状，无尾刚毛。生殖系统具有 1 个前置反折的卵巢。雌孔开口于身体的后部，距头端距离为体长的 71%–72%。没有发现德曼系统。

分布于大陆架泥质沉积物中。

11.8.7.2　小瘤线虫 *Oncholaimus minor* Chen & Guo，2015（图 11.62）

体长 1541–2002μm，最大体宽 27–49μm。角皮光滑。头径 20–26μm，无收缩。具有 6 个圆形唇瓣；6 个小的内唇感器乳突状。外唇刚毛和头刚毛着生于 1 圈，6 根外唇刚毛长 7–8μm，4 根头刚毛长 5–6μm。化感器浅杯状，直径为相应体径的 27%–43%，距头端 14–18μm。咽较长，圆柱状，为体长的 19%–21%，神经环位于咽的中部。排泄孔位于腹部，距头端 52–68μm。雌、雄体尾部形状明显不同。尾锥柱状，短粗，中间明显向腹面弯曲，具有尾刚毛和 3 根尾端刚毛。泄殖孔开口被 12 根粗壮的环肛刚毛环绕。交接刺短而直，长 24–25μm，中后部膨大，远端尖。无引带。泄殖孔周围具有几个乳突。

雌体尾长 93μm，略向腹面弯曲。雌孔位于体长的 70%处。德曼系统位于肠的右侧。

分布于厦门黄厝海岸潮间带砂质沉积物中。

11.8.7.3　青岛瘤线虫 *Oncholaimus qingdaoensis* Zhang & Platt，1983（图 11.63）

身体圆柱形，体长 2380–2640μm，最大体宽 25–27μm。体表光滑，无侧装饰，具有纵向排列的短的体刚毛。头部圆钝，内唇感器乳突状，外唇感器刚毛状，与 4 根头刚毛排列成 1 圈，为 6+10 模式，长 8–9μm，为头径的 40%–45%。头部在头刚毛下稍收缩。化感器袋状，9μm 宽，位于口腔基部。排泄孔位于头端后 48–64μm 处。神经环位于咽的中前部，咽长的 43%–48%处。口腔较大，深 25–27μm，内有 3 个角质化的齿，其中左亚腹齿较大，右亚腹齿和背齿较小。咽管圆柱状，末端稍膨大，无咽球。尾短，锥状，向腹面弯曲，具有多数尾刚毛。近末端腹面具有 1 个乳突。

雄体生殖系统具有 2 个反向排列的精巢。2 根交接刺等长，直伸，长 34–36μm，为泄殖孔相应体径的 1.8 倍。近端头状，远端渐尖，中后部稍膨大。无引带和肛前辅器。

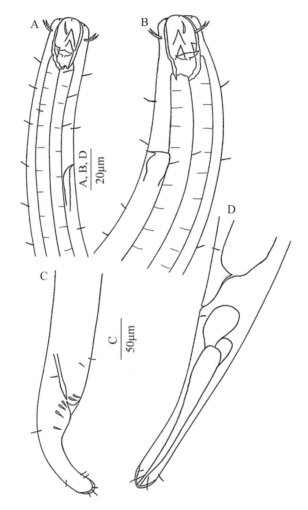

图 11.62　小瘤线虫 Oncholaimus minor

A. 雄体前端，示口腔齿、化感器、头感器；B. 雌体前端；C. 雄体尾部，示交接刺、生殖刚毛等；
D. 雌体尾部，示尾腺细胞、尾端刚毛

具有多对长 3–7μm 粗钝的亚腹刚毛，其中 4 对位于肛前，4 对位于肛后，3 对分布在尾上。另有 2 对肛前刺突。

雌体尾短，雌雄两形，锥柱状，为肛门相应体径的 2 倍。生殖系统具有 1 个前置反折的卵巢，雌孔开口于身体中后部腹面，距头端距离为体长的 69%。

分布于海滨潮间带泥沙质沉积物中。

11.8.7.4　中华瘤线虫 Oncholaimus sinensis Zhang & Platt，1983（图 11.64）

雄体圆柱形，体长 2010–2770μm，最大体宽 38–42μm。体表光滑，无侧装饰，具有纵向排列的短的体刚毛。头部圆钝，内唇感器乳突状，外唇感器刚毛状，与 4 根头刚毛排列成 1 圈，为 6+10 模式，长 6μm。化感器袋形，宽 7–8μm，位于背齿齿尖处。排泄孔位于距头端 120μm 处的腹面。神经环位于咽的中部。口腔较大，深 24–26μm，内具有 3 个角质化的齿，其中左亚腹齿较大，右亚腹齿和背齿较小。咽圆柱状，末端稍膨

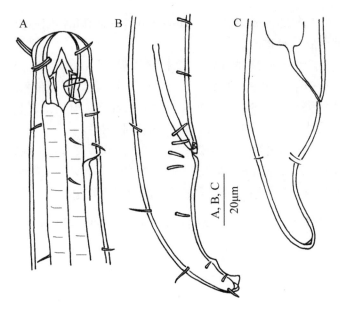

图 11.63　青岛瘤线虫 *Oncholaimus qingdaoensis*
A. 雄体前端，示口腔齿、化感器；B. 雄体尾部，示交接刺和尾乳突；C. 雌体尾部。

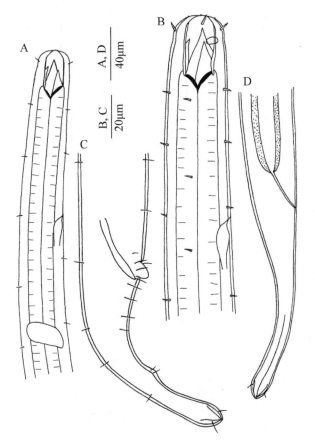

图 11.64　中华瘤线虫 *Oncholaimus sinensis*
A. 雄体咽区，示口腔齿、神经环；B. 雄体前端；C. 雄体尾部，示交接刺和乳突；D. 雌体尾部

大。尾锥柱状，末端稍膨大成棒状，长 90–94μm，为泄殖孔相应体径的 3.4–4.0 倍。尾腺细胞向前延伸至肛前身体的后端。

生殖系统具有 2 个反向排列的精巢。2 根交接刺等长，稍弯曲，近端头状，远端尖，中后部稍膨大，长 26–27μm，为泄殖孔相应体径的 1.2 倍。无引带和肛前辅器。肛前具有 1 个显著的肉质突起，尾的中部腹面有 1 个肛后乳突，着生 2 对长约 3μm 的刚毛。除尾部亚背侧刚毛外，还有约 11 对 5–9μm 长的环肛刚毛。

雌体尾长 134μm，锥柱状，末端膨大呈棒状，无肉质突起。生殖系统具有 1 个前置反折的卵巢，成熟的卵长椭圆形。雌孔开口于身体的中后部，距头端距离为体长的 67%。

广泛分布于东海、黄海潮间带和潮下带泥沙质沉积物中，为个体较大的优势种。

11.8.7.5　厦门瘤线虫 Oncholaimus xiamenense Chen & Guo，2014（图 11.65）

体长 2480–3012μm，最大体宽 34–50μm。表皮光滑。头径 23–27μm，无收缩。具有 6 个圆形唇瓣；6 个小的内唇感器乳突状。6 根外唇刚毛和 4 根头刚毛着生于 1 圈，

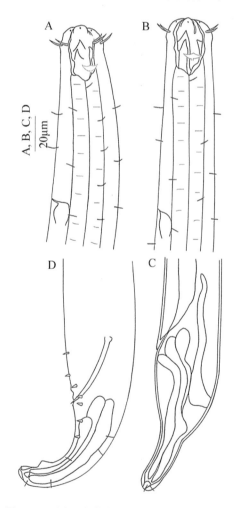

图 11.65　厦门瘤线虫 Oncholaimus xiamenense
A. 雄体前端；B. 雌体前端；C. 雌体尾部；D. 雄体尾部

长度几乎相等。口腔大，桶状，深 27–32μm，宽 12–15μm，口腔壁角质化加厚，有 3 个齿，左亚腹齿大于右亚腹齿和背齿。化感器浅杯状，直径约为相应体径的 40%，距头端 18–21μm。咽圆柱状，为体长的 14%–16%倍。排泄孔距头端 88–112μm。神经环距头端 197–220μm。雌、雄体尾部形状明显不同。雄体尾部锥状，向腹侧弯曲。从泄殖孔到尾末端大约 3/4 处具有 1 明显的腹部突起。泄殖孔开口前、后两侧各有 3 排粗壮的刚毛。

雄体生殖系统具有 2 个相对的伸展的精巢，前精巢在肠的右侧，后精巢大部分在肠的右侧。交接刺稍向腹侧弯曲，长 44–52μm（1.4–2.0 a.b.d.），远端尖，近端略为头状。无引带。

雌体尾部近端锥状部分膨大，然后突然变窄成柱状部分。生殖系统具有单子宫，卵巢位于肠的右侧。雌孔位于体长的 68%处。德曼系统发育良好，位于肠的右侧。

分布于厦门鼓浪屿和黄厝海岸潮间带砂质沉积物中。

11.8.7.6　张氏瘤线虫 *Oncholaimus zhangi* Gao & Huang，2017（图 11.66）

雄体圆柱形，较大，体长 3718–3934μm，最大体宽 63–69μm。体表光滑，具有 6 列纵向排列的短的体刚毛。头部圆钝，6 个唇瓣圆形，内唇感器乳突状，外唇感器刚毛状，

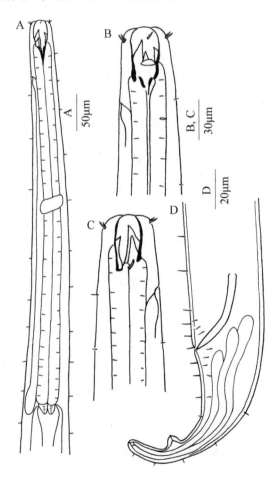

图 11.66　张氏瘤线虫 *Oncholaimus zhangi*

A. 雄体咽区，示口腔齿、神经环；B. 雄体头端；C. 雌体头端；D. 雄体尾部，示交接刺、尾腺细胞和乳突

与 4 根头刚毛排列成 1 圈，为 6+10 模式，长 7μm。化感器杯状，位于口腔中部。口腔较大，桶状，深 33–35μm，宽 18–20μm，口腔壁角质化加厚，内有 3 个齿，其中左亚腹齿较大，右亚腹齿和背齿较小。咽圆柱状，长 550–560μm，末端不膨大。贲门发达。排泄孔位于头端后 49–57μm 处的腹面。神经环位于咽的中部。尾锥柱状，向腹面弯曲，长 98–110μm，为泄殖孔相应体径的 2.4–3.1 倍。尾刚毛较短，在尾的中后部腹面有 1 个大的乳突。3 个尾腺细胞延伸至肛前，尾端具有 1 个帽状的开口。

雄体生殖系统具有 2 个反向排列的精巢。2 根交接刺等长，中部稍弯曲，近端头状，远端渐尖，中后部稍膨大。无引带和肛前辅器。具有 6 对 4μm 长的环肛刚毛和 1 纵排 6 或 7 根 5μm 长的腹刚毛，肛前 3 或 4 根，肛后 3 根。

雌体生殖系统具有 1 个前置反折的卵巢，位于肠的右侧。雌孔开口于身体中后部的腹面，距头端距离为体长的 65%–67%。德曼系统为发育良好的管道系统，位于肠的右侧，主管末端开口于身体的侧面。

分布于福建省东山岛潮间带砂质沉积物中。

11.8.8　曲咽线虫属 *Curvolaimus* Wieser，1953

头部通过 1 个狭缝略收缩。内唇感器乳突状，外唇感器和头感器刚毛状或缺失。化感器大，杯状，位于口腔。口腔呈拉长的柱状，口腔壁弯曲。雌体单子宫。交接刺短，无引带。尾丝状。

11.8.8.1　丝状曲咽线虫 *Curvolaimus filiformis* Zhang & Huang，2005（图 11.67）

雄体细长，体长 2562–3413μm，最大体宽 41–56μm。头端渐尖，基部收缩，头径为咽基部体径的 22%–34%。角皮光滑，无侧装饰。内唇感器乳突状，外唇感器刚毛状，长 8–11μm，与 4 根等长的头刚毛排列成 1 圈，距头端 5–6μm。化感器袋状，宽 10μm，为头径的 70%–80%。神经环位于咽的中后部，距头端距离占咽长的 55%–60%。排泄孔紧邻口腔基部。口腔长菱形，稍微角质化，长 24–30μm，约为头径的 2 倍，宽 7μm，中间和基部各有 1 个明显的小齿。咽圆柱形，细长，325–332μm 长，基部膨大，但不形成明显的咽球。尾锥柱状，前 1/4 锥状，突然变细成柱状（丝状），锥状部分有 2 对短的亚腹刚毛，无尾端刚毛。

雄体生殖系统具有 2 个反向排列的精巢。交接刺短而直，轻度角质化，长 25–34μm，远端渐尖。无引带和肛前辅器，具有 2 对短的肛后亚腹刚毛。

雌体略大，体长 3458–3680μm，最大体宽 52–60μm。生殖系统只有 1 个前置卵巢，长 900μm，雌孔位于身体后半部分，距头端距离为体长的 68%–70%。无德曼系统。

分布于大陆架泥质沉积物中。

11.8.9　丝瘤线虫属 *Filoncholaimus* Filipjev，1927

个体较大，角皮光滑。口腔桶状，具有 2 个等长的亚腹齿和 1 个小的背齿。尾长，丝状。

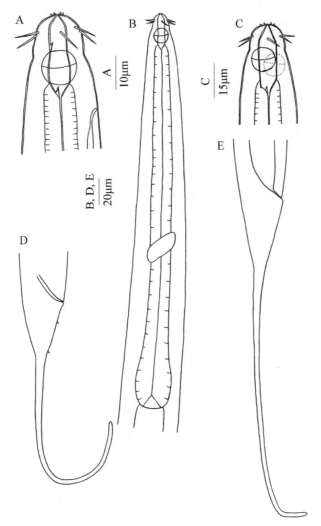

图 11.67　丝状曲咽线虫 *Curvolaimus filiformis*
A. 雄体头端，示口腔齿、化感器；B. 雄体咽区；C. 雌体头端；D. 雄体尾部，示交接刺；E. 雌体尾部

11.8.9.1　前丝瘤线虫 *Filoncholaimus prolatus* Hopper，1967（图 11.68）

　　体长 4645–5828μm，体表光滑，无环纹或装饰点，最大体宽 98–110μm。头部 6 个内唇感器乳突状；6 根外唇刚毛和 4 根头刚毛长 5–9μm，排列成 1 圈。颈刚毛较短，长 4μm，纵向排列成 8 列。化感器袋状，开口椭圆形，宽 12–14μm，位于亚腹齿的顶端位置。口腔长桶状，长 65–70μm，宽 25–26μm，内有 3 个齿。亚腹齿大且等长，占口腔长度的 70%，背齿小，占口腔长度的 30%。咽圆柱形，长 890–1040μm。神经环距头端 80–150μm。尾前端锥状，后端丝状，长 1020–1210μm，为泄殖孔相应体径的 15–17 倍。

　　雄体生殖系统具有 2 个反向伸展的精巢，交接刺细长，弧形，长 112–140μm。侧面具有棒状引带，具有 1 对肛后刚毛。肛前具有 2 对乳突，后 1 对乳突位于交接刺近端。

雌体未发现。

分布于潮下带泥质沉积物中。

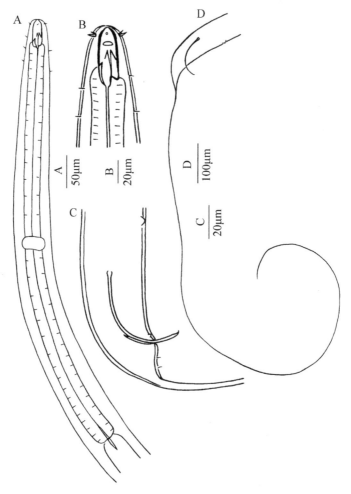

图 11.68　前丝瘤线虫 *Filoncholaimus prolatus*
A. 雄体咽部；B. 雄体头端；C. 雄体泄殖孔区；D. 雄体尾部

11.9　桂线虫科 Lauratonematidae Gerlach，1953

11.9.1　桂线虫属 *Lauratonema* Gerlach，1953

身体纤细。角皮具有环纹。化感器袋状。口腔桶状。输卵管与直肠末端联合，共同形成泄殖孔（Keppner and Tarjan，1989）。

11.9.1.1　东山桂线虫 *Lauratonema dongshanense* Chen & Guo，2015（图 11.69）

身体细长，两端渐尖，体长 1.4–1.6mm。角皮具有环状排列的细横纹，由化感器的后端一直延伸至尾的末端。6 个外唇感器刚毛状，长 8–10µm，与 4 根 5–7µm 长的头刚毛排列成 1 圈，头刚毛距头端 8–10μm。口腔漏斗状，具有明显角质化的条状结构。深度与宽度大致相等。咽圆柱状，基部稍膨大，贲门较大，近似心形，被肠组织包围。神经环位于咽长的 47%–51%处。排泄管非常短，排泄孔位于神经环前 54–73μm 处。腹腺细胞位于咽基部前 40–50μm 处。尾长锥状，长为泄殖孔相应体径的 5.3–5.6 倍。2 排尾刚毛位于亚腹部。尾腺细胞发达。

　　雄体生殖系统具有双精巢，前精巢位于肠的右侧，后精巢位于肠的左侧。交接刺短，直，类似刀片状，长度为泄殖孔相应体径的 58% - 67%。无引带。在泄殖孔前 15μm 处具有 1 个小的乳突。

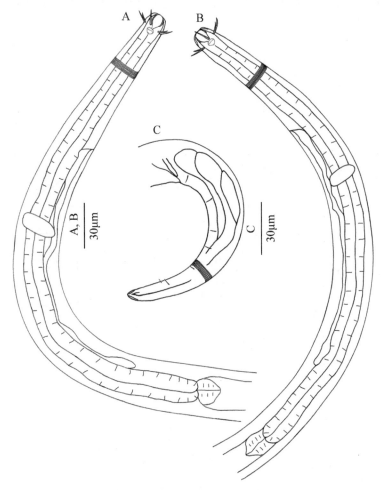

图 11.69　东山桂线虫 *Lauratonema dongshanense*
A. 雌体咽部；B. 雄体尾部，示交接刺；C. 雄体咽部

　　雌体尾相对较长，为 137–141μm，无尾刚毛。生殖系统具有单子宫，具有 1 个反折的卵巢，位于肠的右侧。卵原细胞 1 或 2 列，生长区具有 1 列逐渐长大的卵细胞。输卵管与直肠末端联合，共同形成泄殖孔。

　　分布于福建省漳州潮间带砂质沉积物中。

11.9.1.2 大口桂线虫 *Lauratonema macrostoma* Chen & Guo，2015（图 11.70）

雄体圆柱状，两端渐细，体长 1615–1760μm，最大体宽 30–32μm。角皮具有细环纹，附着杆状细菌。内唇感器不明显，外唇感器刚毛状，长 13–17μm，与 4 根 9–12μm 长的头刚毛排列成 1 圈，着生于口腔的 2/3 处。化感器杯状，宽为相应体径的 1/3，紧邻头刚毛着生处。口腔较大，桶状，中部收缩呈鼓形，壁角质化加厚，无齿。咽圆柱形，末端稍膨大，无咽球。贲门发达，心形。神经环位于咽的前半部分，占咽长的 42%–47%。排泄孔开口于神经环前 49–65μm 处，距头端 77–91μm。腹腺细胞较小，位于咽基部前 40μm 处。尾长锥状，长为泄殖孔相应体径的 4.6–5.7 倍，具有 2 排亚腹刚毛，无尾端刚毛。3 个尾腺细胞明显。

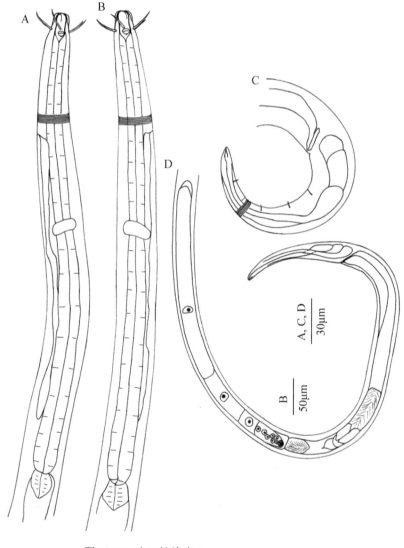

图 11.70　大口桂线虫 *Lauratonema macrostoma*

A. 雄体咽区；B. 雌体咽区；C. 雄体尾部，示交接刺；D. 雌体后半部，示生殖系统

雄体生殖系统具有 2 个同向的精巢，前面 1 个位于肠的右侧，后面 1 个位于肠的左侧。交接刺短且直，刀片状，长 14–16μm，为泄殖孔相应体径的 55%–65%。无引带和肛前辅器。

雌体生殖系统具有 1 个前置弯折的卵巢，位于肠的右侧。卵原细胞 1 或 2 列，生长区具有 1 列逐渐长大的卵细胞，成熟卵细胞圆球形。输卵管与直肠末端联合，共同形成泄殖孔，距头端距离为体长的 91%。

分布于福建省东山岛潮间带砂质沉积物中。

11.10　长尾线虫科 Trefusiidae Gerlach，1966

11.10.1　非洲线虫属 *Africanema* Vincx & Furstenberg，1988

口腔长桶状，角皮具有环纹。头感器刚毛状，3 圈，外唇刚毛分节，内唇刚毛和头刚毛可能分节。化感器纵向伸长。咽部可能具有辅器。肛前辅器乳突状。具有 2 个相对排列的精巢。只有 1 个后置反折的卵巢。

11.10.1.1　多突非洲线虫 *Africanema multipapillatum* Shi & Xu，2017（图 11.71）

身体细长，体长 1998–2750μm。角皮具有不明显的环纹。无头鞘。6 根较粗壮的内唇刚毛分为 2 节。6 根外唇刚毛较长，分为 3 节。4 根头刚毛位于口腔基部，纤细且较外唇刚毛短，为头径的 1.5 倍。化感器位于口腔基部，呈伸长的凹槽形，有横纹。颈刚毛稀疏。口腔长桶状，无齿，壁角质化加厚，且一半被咽组织包围。咽柱状且光滑。贲门呈三角形。无体刚毛。

交接刺角质化增粗，弯曲，长为泄殖孔相应体径的 2 倍。引带角质化加厚且有指向背部的引带突。具有 13 个乳突状肛前辅器。2 个反向排列的精巢都位于肠的左侧，前端精巢较长，前端接近咽的基部。精子纤细。尾锥柱状，末端略微膨大，长为泄殖孔相应体径的 10 倍，无尾刚毛。

雌体尾部相对较短且较圆，约为泄殖孔相应体径的 4.3 倍，只有 1 个反折的后卵巢，位于肠的左边。雌孔位于身体前端 1/4 处，约在咽部后，阴道长且角质化。受精囊较大，充满纤细的精子。

分布于浙江省南麂列岛大沙岙沙滩潮间带砂质沉积物中。

11.10.2　杆线虫属 *Rhabdocoma* Cobb，1920

表皮光滑。头钝，略圆，有 3 个唇瓣。外唇刚毛和头刚毛分节。化感器圆形，双边。口腔小或无。颈部腹面有乳突；具有乳突状肛前辅器。尾长，通常缠绕。雌体单子宫，具有 1 个后置的卵巢。

11.10.2.1　长尾杆线虫 *Rhabdocoma longicaudata* Zhai，Sun & Huang，2020（图 11.72）

身体细长，两端渐尖，体长 2080–2240μm。表皮光滑。头钝，略圆，有 3 个唇瓣。

内唇感器不明显。6 个外唇感器刚毛状,较粗,每个分 3 节,为头径的 90%。4 根较细的头刚毛,每根分 2 节,长 6μm,位于化感器前,距头端 16μm。化感器双环形,直径 6μm,距头端 21μm。腹侧从化感器的位置至咽长的 80%左右具有 1 列 6 个小的颈部乳突。口腔漏斗状,深 4.5μm,无齿。咽柱状,内壁角质化,基部稍胀大,不形成咽球。贲门较小,锥状。神经环位于咽中部。尾很长,约占体长的 44%,丝状,紧密盘绕。

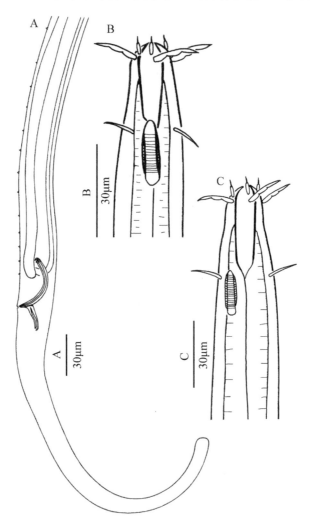

图 11.71　多突非洲线虫 *Africanema multipapillatum*(Shi and Xu,2017)
A. 雄体后部,示交接刺、引带和肛前辅器;B. 雄体头端;C. 雌体头端

雄体生殖系统具有 2 个直伸的精巢。交接刺纤细,呈弓形,长 31μm,无中央隔膜,近端腹侧具有角质化的刺状突出物。引带棒状,长 10μm。腹侧具有 4 个乳突状肛前辅器,间距 20–22μm,每个顶端着生 1 根短刚毛。

雌体个体较大,具有较长的头刚毛(长 8μm)。不具有颈部乳突。生殖系统具有单卵巢,向后反折。成熟的卵椭圆形。雌孔位于身体前部,体长的 26%处。

分布于潮下带泥质沉积物中。

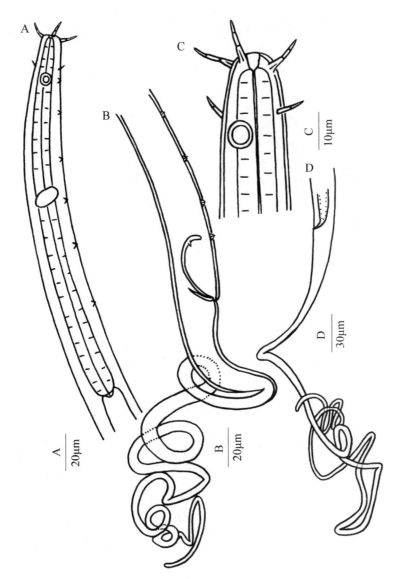

图 11.72 长尾杆线虫 *Rhabdocoma longicaudata*
A. 雄体咽部，示头刚毛、化感器、颈乳突；B. 雄体尾部，示交接刺、引带、肛前辅器和长尾；
C. 雌体头端；D. 雌体尾部

11.10.2.2 四节毛杆线虫 *Rhabdocoma quadrisegmentata* Zhai，Sun & Huang，2020 （图 11.73）

身体柱状，细长，体长 2929μm。角皮光滑，无环纹。头钝，略圆，具有 3 个唇瓣。内唇感器乳突状，长 1.5–2μm。6 根外唇刚毛每根由 4 节组成，末端圆钝，长为头径的 0.93 倍。4 根头刚毛每根由 2 节组成，长 6μm，着生于化感器下方，距头端 20μm。化感器双环形，直径 6μm，为相应体径的 0.38 倍，距头端 16μm。口腔小，锥状，深 3μm，无齿。咽柱状，基部稍胀大。贲门很小，锥状。神经环位于咽长的 1/3 处。尾锥柱状，较长，约占体长的 30%，丝状部分相互缠绕。

雄体生殖系统具有 2 个伸展的精巢。交接刺纤细，呈弓形，无腹侧刺状突起及中央隔膜，长 32μm。引带小。腹侧具有 9 个小的乳突状肛前辅器，间距 10–12μm。

分布于潮下带泥质沉积物中。

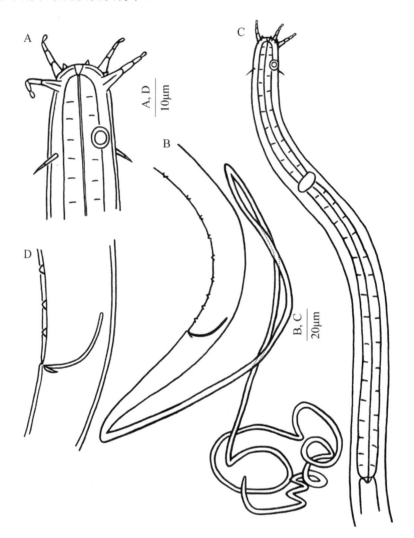

图 11.73　四节毛杆线虫 *Rhabdocoma quadrisegmentata*
A. 雄体头端，示头刚毛、颈刚毛和化感器；B. 雄体尾部，示肛前辅器、交接刺、引带和长尾；
C. 雄体咽部；D. 雄体泄殖孔区，示交接刺和引带

11.10.3　长尾线虫属 *Trefusia* de Man，1893

角皮光滑或具有非常细的环纹。内唇感器呈乳突状，外唇感器和头刚毛分节。化感器袋状，呈椭圆形或马蹄形。颈部腹侧具有乳突。口腔小，漏斗状。雄体具有乳突状肛前辅器，腹侧 1 列或亚腹侧 2 列，无肛后乳突状辅器。交接刺近端通常为柄状。雌体具有 2 个卵巢。尾锥状、锥柱状或丝状（Leduc，2013）。

11.10.3.1　长尾线虫 *Trefusia longicaudata* de Man，1893（图 11.74）

体长 1.9–2.6mm，最大体宽 26–33μm（*a*=58–80）。角皮具有细环纹。具有 6 个圆形唇瓣，每个都有 1 个小的唇乳突。6 根外唇刚毛分节，长 7–11μm，基部粗钝，顶端尖细。4 根头刚毛长 4–6μm，着生于化感器顶端或稍后。化感器袋状，直径 3–5μm。化感器前具有 1 圈 6 个角质化的锥状突起。口腔小，锥状。咽长约为体长的 10%，柱状。神经环距头端的距离约为咽长的 50%。尾极长，丝状，长度可达泄殖孔相应体径的 40 倍。

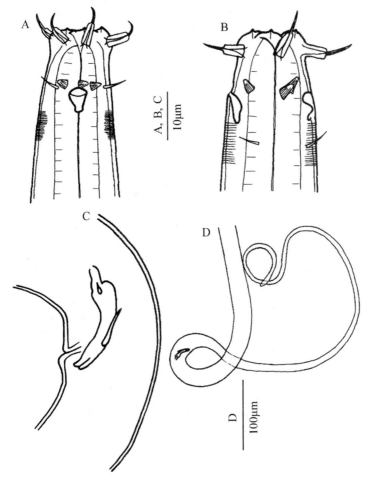

图 11.74　长尾线虫 *Trefusia longicaudata*（Platt and Warwick，1983）

A. 雄体头端侧面观，示头刚毛、颈刚毛、化感器等；B. 雄体头端背面观；C. 雄体泄殖孔区，示交接刺和引带；
D. 雄体尾部

交接刺长 24–27μm，具有背侧翼，靠近近端具有小的楔形隔膜。引带长 15–16μm，成对，远端齿状，具有 2 个小齿。无肛前辅器。

雌体卵巢成对，反折，后卵巢略大于前卵巢。雌孔距头端距离约为体长的 36%。

分布于潮下带泥质沉积物中。

11.10.3.2 东海长尾线虫 *Trefusia donghaiensis* sp. nov.（图 11.75）

身体细长，圆柱状，体长 2677μm，最大体宽 30μm。角皮光滑。头圆钝，有 3 个唇瓣；6 根锥状内唇刚毛短；6 根外唇刚毛分为 3 节，外唇刚毛长。4 根头刚毛长 4μm，分为 2 节，位于外唇刚毛之后。化感器圆形，直径 3.5μm，距头部 23μm。在距头端 45μm 处有 1 个小的乳突。口腔较小，漏斗状，无齿。咽柱状，前、后端均不膨大。贲门小，锥状。神经环位于咽的 34%处。尾较长，长为泄殖孔相应体径的 18 倍，锥柱状，无尾刚毛，不卷曲。

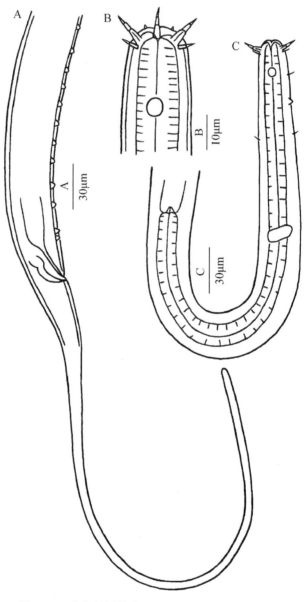

图 11.75　东海长尾线虫 *Trefusia donghaiensis* sp. nov.

A. 雄体后部，示交接刺和肛前辅器；B. 雄体头端；C. 雄体咽部

雄体生殖系统具有 2 个伸展的精巢，交接刺成对，粗短，蝌蚪状，长 31μm，近端 1/3 处略微弯曲。无引带。腹侧具有 12 个乳突状肛前辅器，远端两个间距 2μm，其他间距 12μm。最近端 1 个辅器距泄殖孔 150μm，最远端 1 个距泄殖孔 21μm。

在大小、形状和缺乏引带上该新种近似于斯氏长尾线虫 *Trefusia schiemeri* Ott，1977，但区别在于具有较长的尾（后者尾长只有泄殖孔相应体径的 5.5–6.2 倍），只有 1 个颈部乳突（后者有十余个）和不同的交接刺形态结构。

分布于潮下带泥质沉积物中。

11.11　似三孔线虫科 Tripyloididae Filipjev，1918

11.11.1　深咽线虫属 *Bathylaimus* Cobb，1894

角皮光滑，无环纹。头刚毛分节。化感器单螺旋形。口腔大，分为前、后 2 室，后室有齿。雄体的引带较大。

11.11.1.1　阿纳托利深咽线虫 *Bathylaimus anatolii* Smirnova & Fadeeva，2011（图 11.76）

身体柱状，体长 1320–1950μm。角皮光滑。唇感器刚毛状，内唇刚毛分为 2 节，长 10–17μm，外唇刚毛分为 4 节，长 22–39μm，4 根头刚毛简单，不分节，长 10–11μm。化感器呈向后的螺旋状，雌体直径为相应体径的 18%，雄体直径为相应体径的 30%；位于口腔之后。口腔 2 室，前室宽大，后室较小，具有 1 个背齿和 2 个亚腹齿。咽圆柱形，向基部稍增粗。神经环距头端 92–112μm。排泄孔开口于头刚毛处。尾粗短，锥状，向腹面弯曲，长为泄殖孔相应体径的 2.6–3.1 倍。3 个尾腺细胞显著。

雄体生殖系统具有 1 个前置的精巢。交接刺弯曲，长 35.3–46.5μm，近端头状，远端渐尖。引带宽大，肾形，远端锥形，侧面具有 1 对齿。

雌体生殖系统具有前、后 2 个反折的卵巢。雌孔位于身体中后部，距头端距离为体长的 56%–68%。紧邻雌孔具有 1–3 对孔前和孔后腹刚毛，长 8.3–13.5μm。

分布于潮下带泥沙质沉积物中。

11.11.1.2　澳洲深咽线虫 *Bathylaimus australis* Cobb，1894（图 11.77）

身体圆柱状，雄体体长 1810–2040μm，最大体宽 41–47μm。角皮光滑且具有短的体刚毛。唇感器刚毛状，细长发达，头感器呈 6+10 排列。6 根内唇刚毛长 3μm；6 根外唇刚毛长 7μm，分为 2 节。4 根头刚毛长 18–20μm，分为 4 节。口腔较大，两边均有小的齿。化感器圆形，宽 5–6μm，距头端 20μm，位于口腔的后部。咽圆柱形，咽长为体长的 0.13 倍。未观察到神经环。尾锥状，长为泄殖孔相应体径的 4.2–4.6 倍，具有几根稀疏的短的尾刚毛，具有 3 个尾腺细胞。

交接刺细长，略向腹面弯曲，近端头状，远端渐尖，长 32–37μm。引带肾形，向腹面弯曲，长 36–40μm，远端具齿，无引带突。

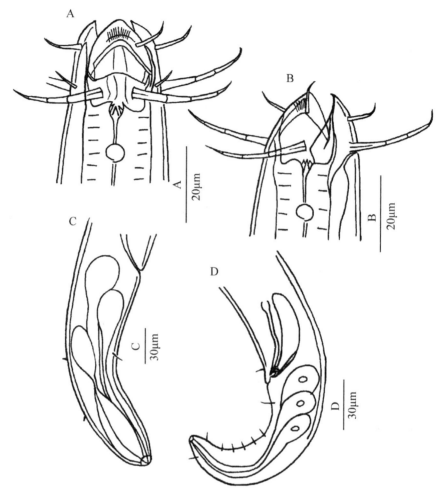

图 11.76 阿纳托利深咽线虫 *Bathylaimus anatolii*（Platt and Warwick，1983）
A. 雄体头端；B. 雌体头端；C. 雌体尾部；D. 雄体尾部

　　雌体较雄体粗，最大体宽 61–62μm。尾锥柱状。具有前、后 2 个反折的卵巢。雌孔位于身体中部。

　　分布于潮间带砂质沉积物中。

11.11.1.3　小齿深咽线虫 *Bathylaimus denticulatus* Chen & Guo，2015（图 11.78）

　　体长 971–1318μm，最大体宽 25–36μm。角皮光滑。口腔被 3 个圆形且边缘锯齿状的唇瓣包围。内唇刚毛锥状，长 2μm。外唇刚毛分为 3 节，长 12–16μm。头刚毛不分节，长 4μm。口腔相对较小，分为上、下 2 室，前室较宽，呈矩形，角质化加厚且具有 1 个明显的背齿；后室较小，具有 2 个明显的亚背齿。化感器单螺旋形（0.8–0.9 圈），直径 6–7μm，位于口腔的后面偏下，距头端 29–33μm。咽柱状，咽长为体长的 17%–20%。神经环位于咽的中部。尾指状，长为泄殖孔相应体径的 3.2–4.4 倍，具有短的尾刚毛和 3 个尾腺细胞。

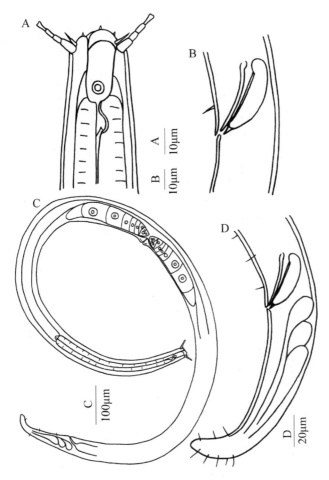

图 11.77　澳洲深咽线虫 *Bathylaimus australis*
A. 雄体头端；B. 雄体泄殖孔区；C. 雌体；D. 雄体尾部

交接刺细长，略弯曲，长 20–24μm。引带肾形，长 17–22μm，腹侧角质化增厚，近端圆形，远端狭窄，侧面具有齿状结构。

雌体具有前、后 2 个反折的卵巢。雌孔位于身体中后部，距头端为体长的 54%–57%处。

分布于厦门黄厝潮间带砂质沉积物中。

11.11.1.4　黄海深咽线虫 *Bathylaimus huanghaiensis* Huang & Zhang，2009（图 11.79）

雄体体长 2177–2447μm，最大体宽 34–36μm。体表光滑，散布着稀疏的体刚毛。头部圆钝，口腔由 3 个圆形的唇瓣组成，每瓣深裂。6 个内唇感器乳突状；6 个外唇感器刚毛状，长 16–19μm，粗钝，分为 3 节；4 根头刚毛短，分为 2 节。口腔分为 2 室，前室较大，具有 1 个较大的三角形背齿；后室较小，无齿。化感器螺旋形，具有 1.2 圈，宽约为相应体径的 28%，位于口腔的后部两侧。排泄孔不明显。神经环位于整个咽的中前部。咽圆柱形，长为体长的 13%，后端稍膨大，基部与肠相连。尾圆锥状，长 110–125μm，即为肛径的 3.5 倍。有尾刚毛；3 个尾腺细胞共同开口于尾部末端。

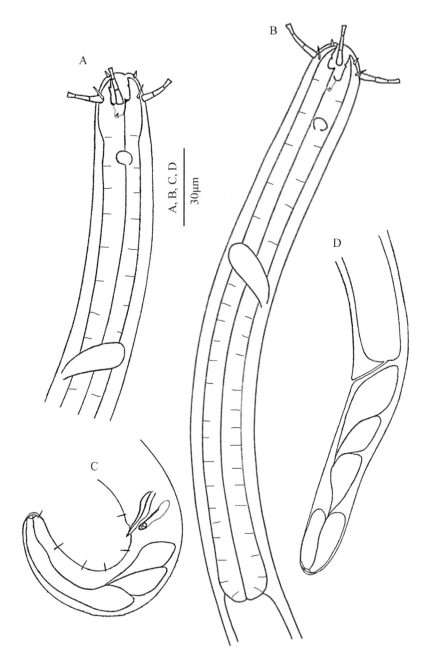

图 11.78 小齿深咽线虫 *Bathylaimus denticulatus*
A. 雄体前端；B. 雌体咽部；C. 雄体尾部；D. 雌体尾部

雄体生殖系统具有 1 个伸展的精巢。交接刺细，结构简单，不弯曲，长 28–31μm。引带肾形，宽阔，长 26–29μm，具有 1 个小的引带突。

雌体与雄体相似，稍粗，最大体宽 43–45μm。具有 2 个反向排列的反折的卵巢，雌孔开口于身体中部腹面，距头端距离约为体长的 55%。

分布于潮下带泥质沉积物中。

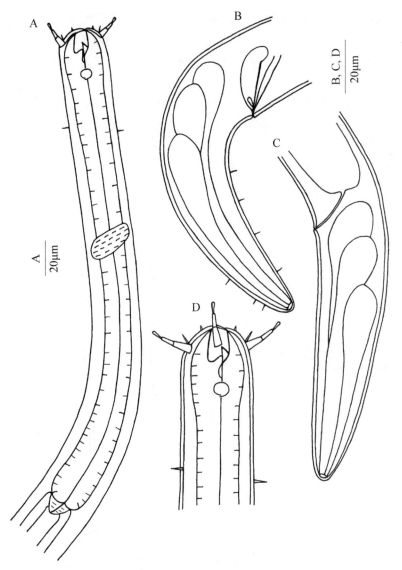

图 11.79　黄海深咽线虫 *Bathylaimus huanghaiensis*

A. 雄体咽区；B. 雄体尾部，示交接刺、引带和尾腺细胞；C. 雌体尾部；D. 雄体头端，示头刚毛、口腔齿、化感器

11.12　德曼棒线虫科 Rhabdodemaniidae Filipjev，1934

11.12.1　德曼棒线虫属 *Rhabdodemania* Baylis & Daubney，1926

角皮光滑。内唇感器乳突状；外唇感器刚毛状，与头刚毛合生 1 圈。化感器孔穴状。口腔狭窄，漏斗状，通常具有 3 个齿。尾柱状，具有 2 个尾腺细胞。

11.12.1.1　小德曼棒线虫 *Rhabdodemania minor* Southern，1914（图 11.80）

身体圆柱状，体长 4.8–5.0mm，最大体宽 86μm（*a*= 56–58）。角皮光滑，颈部及尾部具有 1 根体刚毛。6 根外唇刚毛长 12μm（0.5 h.d.），4 根头刚毛长 5μm。头刚毛与外唇刚毛间距较近。化感器长 180μm，未见化感器前缘。口腔漏斗状，具有 3 个齿。咽圆柱形。排泄孔位于口腔基部稍后。神经环距头端的距离为咽长的 46%。尾长锥状，长为泄殖孔相应体径的 2.8–2.9 倍。

交接刺长 58μm，为泄殖孔相应体径的 80%，略向腹面弯曲，近端头状，远端锥状。引带棒状，近端弯曲手柄状，长 43μm。肛前具有 18 个小的孔状辅器。

雌体生殖系统具有 2 个相对、反折的卵巢。雌孔至头端的距离为体长的 58%。

分布于潮下带泥质沉积物中。

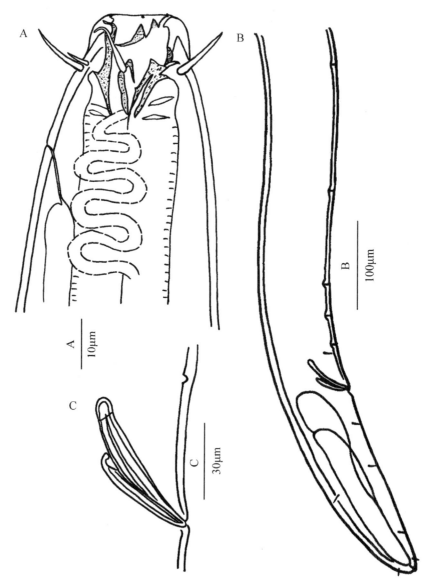

图 11.80　小德曼棒线虫 *Rhabdodemania minor*（Platt and Warwick，1983）

A. 雌体头端，示头感器、口腔、化感器；B. 雄体尾部，示交接刺、肛前辅器和尾腺细胞等；
C. 交接刺和引带

主要参考文献

Bastian H C. 1865. Monograph of the Anguillulidae, or Free Nematoids, Marine, Land, and Freshwater; with Descriptions of 100 New Species. The Transactions of the Linnean Society of London, 25(2): 73-184.

de Man J G. 1922. Über Einige Marine Nematoden Von Der Küste Von Walcheren, neu für die Wissenschaft und Für unsere Fauna, unter welchen der sehr merkwürdige Catalaimus Max Weberi n. sp. Bijdragen Tot De Dierkunde: 117-124.

Keppner E J, Tarjan A C. 1989. Illustrated key to the genera of free-living marine nematodes of the order Enoplida. NOAA Technical Report NMFS 77, U.S. Department of Commerce: 32.

Leduc D. 2013. Two new free-living nematode species (Trefusiina: Trefusiidae) from the Chatham Rise crest, Southwest Pacific Ocean. European Journal of Taxonomy, 55(55): 1-13.

Murphy D G. 1963. Three new species of marine nematodes from the Pacific near Depot Bay, Oregon. Proceedings of the Helminthological Society of Washington, 30: 249-256.

Ott J A. 1977. New Freeliving Marine Nematodes from the West Atlantic I. Four New Species from Bermuda with a Discussion of the Genera *Cytolaimium* and *Rhabdocoma* Cobb, 1920. Zoologischer Anzeiger Jenaische, 198(1/2): 120-138.

Platt H M, Warwick R M. 1983. Free-living Marine Nematodes: Part I. British Enoplids (Synopses of the British Fauna No. 28). Cambridge: Cambridge University Press: 307.

Shi B Z, Xu K D. 2016. *Paroctonchus nanjiensis* gen. nov., sp. nov. (Nematoda, Enoplida, Oncholaimidae) from intertidal sediments in the East China Sea. Zootaxa, 4126(1): 97-106.

Shi B Z, Xu K D. 2017. Morphological and molecular characterizations of *Africanema multipapillatum* sp. nov. (Nematoda, Enoplida) in intertidal sediment from the East China Sea. Marine Biodiversity, 48: 281-288.

Tchesunov A V, Thanh N V, Tu N D. 2014. A review of the genus *Litinium* Cobb, 1920 (Nematoda: Enoplida: Oxystominidae) with descriptions of four new species from two contrasting habitats. Zootaxa, 3872(1): 157.

Vitiello P. 1970. Nématodes libres marins des vases profondes du Golfe du Lion. I. Enoplida. Téthys, 2: 139-210.

Zhang Z N. 2005. Three new species of free-living marine nematodes from the Bohai Sea and Yellow Sea, China. Journal of Natural History, 39(23): 2109-2123.

Zhang Z N, Platt H M. 1983. New species of marine nematodes from Qingdao, China. Bulletin of the British Museum (Natural History) Zoology, 45(5): 253-261.

中文名索引

拉丁名索引